智能优化技术
——适应度地形理论及组合优化问题的应用

Intelligent Optimization
——The Theory of Fitness Landscape and Application in Combinatorial Optimization Problem

路辉　周容容　石津华　孙升杰　编著

机 械 工 业 出 版 社

智能优化技术作为解决工程领域优化问题的核心方法，在金融、医疗、交通、航空、航天等领域发挥着非常重大的作用。适应度地形理论作为智能优化技术的研究热点，从优化问题解空间特性分析方法出发，挖掘问题解空间特性，为优化问题的求解方法设计以及参数控制等方面提供指导。作者基于多年从事智能优化技术以及组合优化问题研究的思考，从时域、频域和空域分别对适应度地形理论进行研究、整理，并以工程应用中的组合优化问题为载体，对适应度地形理论的实际应用进行介绍。作者在本书内容的介绍过程中，结合个人及相关人员的研究成果，不仅可以对智能优化理论提供技术支持，同时也可为各领域中实际工程问题的特性分析以及解决方法提供借鉴。

本书可供计算机、电子、自动化、管理、航天工程等各领域的本科生、研究生以及相关领域的科学技术人员阅读，同时为从事智能优化技术及工程应用的相关机构提供翔实的资料。

图书在版编目（CIP）数据

智能优化技术：适应度地形理论及组合优化问题的应用/路辉等编著. —北京：机械工业出版社，2020.6（2022.1重印）

ISBN 978-7-111-65846-7

Ⅰ.①智…　Ⅱ.①路…　Ⅲ.①最优化算法　Ⅳ.①O242.23

中国版本图书馆CIP数据核字（2020）第100886号

机械工业出版社（北京市百万庄大街22号　邮政编码100037）
策划编辑：林春泉　责任编辑：林春泉
责任校对：肖　琳　封面设计：王　旭
责任印制：郜　敏
北京盛通商印快线网络科技有限公司印刷
2022年1月第1版第2次印刷
184mm×260mm · 11.5印张 · 281千字
1 501—2 000册
标准书号：ISBN 978-7-111-65846-7
定价：88.00元

电话服务
客服电话：010-88361066
010-88379833
010-68326294

网络服务
机　工　官　网：www.cmpbook.com
机　工　官　博：weibo.com/cmp1952
金　书　网：www.golden-book.com
机工教育服务网：www.cmpedu.com

序

当今时代，信息技术发展迅速，包括人脑仿生、机器学习、智能决策、机器视觉、增强现实、无人系统等智能系统已经成为第五次科技革命的技术突破点，带来了机遇和挑战。智能优化技术作为上述技术问题的一个关键点，是目前的研究热点。

智能优化作为解决具体某一领域优化问题的核心技术，面临着许多挑战，如何根据问题特性研究更为适合的智能优化算法，如何根据问题特性设计相应的搜索策略，如何根据问题特性和迭代过程控制智能优化算法的参数，从而可以寻求更优的解，进而为解决实际问题提供更高效、更合理的解决方案，一直是智能优化领域的难点和热点问题。适应度地形理论是突破上述问题的新技术途径之一。

北京航空航天大学路辉教授长期从事基于智能优化的组合优化问题的研究，是适应度地形理论和技术研究的活跃学者。她从问题性出发探讨解决方案，形成了较为丰厚的研究积累，在学术界有较高的认可度。《智能优化技术——适应度地形理论及组合优化问题的应用》正是作者及所在研究组成员10多年来研究成果的总结，是一本难得的系统介绍适应度地形理论最新进展的学术专著。更为难得的是，作者将适应度地形理论实际用于智能优化算法设计与参数控制理论，为推进适应度地形理论的发展做出了贡献。

该书遵循理论研究、实际应用与平台建设的逻辑思路，在适应度地形模型的基础上，创新性地从时域、频域和空域三个角度对适应度地形理论开展研究，在不同域给出了相应的地形特性指标，并基于测试任务调度问题、柔性车间调度问题和并行机调度问题等实际问题开展求解方法设计、参数控制方法设计以及测试验证工作。全书学科交叉性强、立题新颖、内容全面、逻辑性强、理论和实际并重，具有重要的参考价值。

希望该书的出版能够为优化技术的发展以及组合优化问题的研究做出贡献，对智能优化技术在实际军用和民用智能领域的发展和应用起到重要的推动作用。

史玉回
IEEE Fellow
2020 年 6 月

前言

优化是一个老生常谈的问题，在军事和民用领域中都具有广阔的应用空间。现实生活中的优化问题大部分为组合优化问题，解空间大，具有组合爆炸效应等，求解难度大。因此，智能优化成为解决实际领域中组合优化问题的关键技术。

目前，智能优化算法在自身性能优化及算法融合方面依赖人工经验，对于算法参数的选择、邻域搜索策略设计等方面考虑较少，算法融合的效果也大部分依赖于后期的实验调节，缺少理论性量化的分析。另外，算法的设计与问题的耦合程度不深，借助于特定的智能优化算法框架（如差分进化算法、粒子群算法、蚁群算法等），缺乏从求解问题搜索空间角度的分析和研究。然而，正是解空间的结构决定了问题的难度，也决定了算法的搜索策略。因以调度问题为例，类似领域间调度问题的研究没有形成关联，在调度理论研究方面相对独立，虽然不同的调度问题特性不同，但彼此之间在解空间结构等方面可能存在内在的联系和相似性，需要进行深入的挖掘和探讨。

适应度地形理论旨在从优化问题解空间特性的角度出发，分析优化问题解空间地形分布特性，进而挖掘出优化问题的解空间特性，从而为了解优化问题提供技术手段，为优化问题求解以及参数控制等方面提供指导，即为解决上述问题提供一种新思路。

本书共有15章内容，分别介绍了适应度地形理论和应用。

第1章引言对本书涉及的一些基础内容进行了概述，介绍了优化问题、组合优化问题、智能优化方法以及适应度地形等内容。

第2~9章为本书的第一部分，重点介绍了适应度地形理论的主要特性以及相应的特征指标等内容，全面地探讨了适应度地形。这部分内容一方面从静态适应度地形和动态适应度地形分析两个角度探讨了地形特性；另一方面分别从时域、频域和空域三个角度探讨了地形特性。其中：第2章主要介绍了适应度地形的崎岖性以及评价地形崎岖性的定性和定量指标，反映适应度值的变化程度；第3章从中性的角度探讨了适应度地形以及评价地形中性的定性和定量指标，反映地形是否具有平原区域等特性；第4章介绍了适应度地形的可演进性以及相应的定性和定量指标，反映适应度值的进化能力；第5章探讨了适应度地形的依赖性以及相应的评价指标，衡量变量之间的相互依赖程度；第6章介绍了适应度地形的相似性以及相应的特性指标，衡量不同问题间或者同类问题间的关系；第7章利用频域分析技术探讨了适应度地形的特征，重点介绍了幅度谱、振幅变化稳定性、频域尖锐性、周期性以及平均适应度值变化程度等技术指标，将研究视角切换到频域，探讨了适应度地形的特性；第8章从地形可视化和空域分析的角度探讨了适应度地形，并详细介绍了空间映射方法等技术。第9章从动态适应度地形的角度出发，重点介绍了动态地形的分析方法，用以反映动态优化条件下的地形特征。

第10~15章为本书的第二部分，以调度问题为例重点介绍了适应度地形理论在组合优化问题中的应用。其中：第10章重点分析了调度问题，凝练一类Job-based调度问题，并阐述了其解空间的获取方法，为介绍后续章节提供了基础；第 11 章利用适应度地形特性指标从时域、频域和空域三个角度对调度问题的解空间特性进行了探讨；第 12 章基于地形分析的结果，利用调度问题间的异同性，从通用调度算法框架设计的角度进行了阐述，并给出一种通用框架体系以及相应的讨论；第 13 章和第 14 章分别从单目标优化算法设计、多目标优化算法设计和问题特性的角度出发，利用适应度地形分析结果指导算法设计，分别给出多中心变尺度优化算法、基于 Pareto 前沿预测等思想的调度理论，并利用适应度地形参数作为反馈量，探讨了基于适应度地形参数的适应性参数控制理论；第 15 章介绍了调度问题仿真平台的相关内容，在理论研究的基础上形成一体化应用平台，以便灵活扩展。本书内容覆盖适应度地形的主要内容，撰写过程中力图覆盖从理论研究到实际应用的全过程，注重实用性。

衷心感谢国家自然科学基金面向项目（61671041）、国家自然科学基金青年基金（61101153）、教育部基础科研课题、国防科工局基础科研课题和国防科工局技术基础等课题的支持。感谢 IEEE Fellow 史玉回教授在百忙之中认真审阅书稿，并给予了宝贵意见和建议。感谢本书所有作者的共同努力，感谢本领域相关同事和国内外同行专家、学者在本书撰写过程中给予的热心指导和宝贵建议。感谢北京航空航天大学智能仿真、通信与导航研究组全体成员。

非常希望献给读者一本适应度地形理论方面既有前沿理论又体现实际应用的好书，但由于作者水平有限，书中难免存在疏漏和不妥之处，恳请各位专家、学者和广大读者不吝指正。

路辉

Email：mluhui@buaa.edu.cn

2019 年 6 月于北京航空航天大学

目　　录

第1章　引　　言

"优化问题无所不在，优化理论无所不能"，或许人们不会觉得这句话过于夸张或者引起非议，现实世界中的很多问题都可以被抽象为优化问题，都可以设计相应的优化方法得到相应的答案。每个人每天都会遇到各种优化问题，如排课系统、电梯调度、公交车调度和路径规划等，我们都在享受优化技术带来的便利。优化技术应该是类似于人工智能技术那样接地气、妇孺皆知。

无论从理论研究的角度还是从实际应用的角度来看，组合优化问题的是非常具有代表性的优化问题，在工业、航空、航天、电力系统等各个领域都发挥着重要的作用，如流水线调度问题、无人机任务规划与协同问题、对地观测卫星任务规划问题、智能电网能源调度问题等。研究这些问题的解空间特性，从而设计更为适用和实用的求解方法是各个领域都迫切关注的研究热点，也是促进相关领域发展的一项支撑性技术。

适应度地形理论研究优化问题的解空间特征，为了解现实问题的特性提供了一种技术途径，近年来得到了学者们的广泛关注。本章从组合优化问题出发，引出适应度地形的基本定义，为后续章节提供基础。

1.1　优化问题

一般来说，优化问题 P 定义为

$$P \in (S,\ \Omega,\ f)$$

式中，S 是定义在决策变量 $X_i(i=1,\ 2,\ \cdots,\ n)$ 的有限集合基础上的搜索空间；Ω 是决策变量的约束条件集；f 是需要进行优化的目标空间。

决策变量（Decision Variable）、约束条件（Constraints）和目标函数（Objective function）是优化问题的三要素。优化问题的一般描述是要选择一组参数（变量），在满足相关限制条件（约束）下，使设计指标（目标）达到最优值，一般采用数学规划的形式加以描述。

$$X = [x_1, x_2, \cdots, x_n]^T$$
$$s.t.\ g_i(X) \leqslant 0 (i = 0, 1, \cdots, n)$$
$$h_j(X) = 0 (i = 0, 1, \cdots, n)$$
$$\max f(X) \text{ or } \min f(X)$$

最优化模型分类方法有很多，可按变量、约束条件、目标函数个数、目标函数和约束条件的是否线性、是否依赖时间等进行分类，如连续优化问题和组合优化问题、无约束优化问题和约束优化问题、线性优化问题和非线性优化问题、单目标优化问题和多目标优化问题，静态规划问题和动态规划问题等。本书主要探讨组合优化问题，其决策变量在解空间中具有离散状态，约束条件一般情况下也具有离散状态。

1.2 组合优化问题

1.2.1 组合优化问题的定义

组合优化问题是最优化问题的一类。最优化问题可以自然地分成两类：一类是连续变量的问题，另一类是离散变量的问题。其中，具有离散变量的问题称为组合问题。在连续变量的问题里，一般是求一组实数或者一个函数；在组合问题里，是从一个无限集或者可数无限集里寻找一个较优对象，如一个整数，一个集合，一个排列或者一个图。一般地，这两类问题具有不同的特点与不同的求解方式。

组合优化问题通常可描述为：$\Omega=\{s_1,s_2,\cdots,s_n\}$ 为所有状态构成的解空间，$C(s_i)$ 为状态 s_i 对应的目标函数值，要求寻找最优解 s^*，使得

$$\forall s_i\in\Omega, C(s^*)=\min C(s_i)$$

组合优化往往涉及排序、分类、筛选等问题。

$$\min f(x)$$

$$s.t.\ x\in S, S\in X(S,X\text{:拥有有限个或可数无限个解的离散集合})$$

式中，$f(x)$是目标函数；x 是问题的解；X 是解空间；S 是可行解空间（可行域），X 包含 S。

如果 S 是有限集合，从理论上讲，只要遍历所有的组合，就能找到最优解，然而随着问题规模的增大，S 中解的个数会迅速增大，实际上要想遍历所有的解，几乎是不可能的。

所谓组合优化，是指在离散的、有限的数学结构上，寻找一个（或一组）满足给定约束条件并使其目标函数值达到最小的解，即在离散状态下求极值的问题。把某种离散对象按某个确定的约束条件进行安排，当已知合乎这种约束条件的特定安排存在时，寻求这种特定安排在某个优化准则下的极大解或极小解。组合优化的理论基础包括线性规划、非线性规划、整数规划、动态规划、网络分析等，组合优化技术提供了一个快速寻求极大解或极小解的方法。

具体而言，组合优化问题的目标是从组合问题的可行解集中尽可能地求出最优解。组合优化往往涉及排序、分类、筛选、分配等问题，它是运筹学的一个重要分支，在信息技术、经济管理、工业制造、交通运输、通信网络等领域得到广泛的应用。

1.2.2 组合优化问题的特点

1. 约束性

在不同的应用背景下，组合优化问题往往具有一个或多个约束条件，如各变量间的优先级关系、变量取值范围等。例如，测试任务调度是一类典型的组合优化问题，一般而言，测试任务之间存在各种相关性，因此在测试过程中需要严格遵守任务的先后顺序，即任务优先级约束。同时，由于仪器的测试能力有限，必须为任务分配可以处理本次测试任务的仪器，即资源约束。

2. 离散性

在组合优化问题中，变量是离散的，解空间也是离散的，由大量散点组成。例如：测试

任务调度就是一个离散问题，测试任务以及所选仪器均是离散的。对于该类问题，梯度下降法、牛顿法等连续优化方法的使用受限，最初是利用数学规划或离散系统建模的方法来解决。

3. 计算复杂性

在组合优化问题中，随着变量数的增加，解空间呈指数倍增长，具有组合爆炸效应，从计算时间复杂度来看是一个 NP 难题（Non - Deterministic Polynomial Problem），求解非常困难。在 NP 类问题中有这样一些问题，如果其中有一个存在（不存在）有效算法，那么所有其他问题也都存在（不存在）有效算法，这些问题被称为 NP - 完备问题或 NPC 问题。绝大多数组合优化问题都是 NP - 完备的。

例如，测试任务调度问题实际分为两个部分，一是测试任务的合理调度，二是测试资源的优化配置，这两方面相互影响。从测试任务的角度讲，不同的任务序列的全排列有 n 种（n 为任务个数）。从测试资源的角度讲，测试任务可选的测试方案组合的总数是按任务个数的指数规律增加的。也就是说，测试任务调度问题是一个在若干约束条件下的组合优化问题，随着任务和资源个数的增加，解空间急速增大，求解难度增大。

4. 多目标

传统的组合优化问题以求最小值或最大值为目标，可以转化为最小化或最大化问题。随着应用场景复杂程度的增加，组合优化问题呈现出多目标的趋势，如何使多个目标相互协调，在满足约束条件的前提下满足问题的需要，成为组合优化问题的一大难点。例如，对于调度问题来说，针对不同的应用场景，需要满足的调度目标一般不同，甚至可能在某些情况下需要同时满足多个方面的调度目标的需求，而且这些目标之间往往是有冲突的。比如调度时间最短、资源的总负荷最小等。所以，多目标使组合优化问题的求解更加困难。

一般来说，组合优化问题通常带有大量的局部极值点，往往是不可微的、不连续的、多维的、有约束条件的、高度非线性的 NP 完全（难）问题，求解该类问题往往无法利用导数信息，精确得到全局最优解的“有效”算法一般是不存在的。

1.2.3 组合优化问题的应用

1. 旅行商问题

旅行商问题（Traveling Salesman Problem，TSP）是一个经典的组合优化问题。经典的 TSP 可以描述为一个商品推销员要去若干个城市推销商品，该推销员从一个城市出发，需要经过所有城市后，回到出发地。应如何选择行进路线，以使总的行程最短。从图论的角度来看，该问题实质是在一个带权完全无向图中，找一个权值最小的回路。由于该问题的可行解是所有顶点的全排列，随着顶点数的增加，会产生组合爆炸，它是一个 NP 完全问题。由于其在交通运输、电路板线路设计以及物流配送等领域内有着广泛的应用，国内外学者对其进行了大量的研究。

2. 加工调度问题

加工调度问题是由任务排序子问题和资源分配子问题组成，包括柔性车间调度（Flexible Job - shop Scheduling Problem，FJSP）、并行机调度（Parellel Machine Scheduling Program，PMSP）、测试任务调度（Test Task Scheduling Problem，TTSP）等，广泛应用于制造业、服务业、云计算、物联网等领域。该类问题可以归纳为一个特定约束条件下的组合优化问题，它由一系列顺序或并行执行的任务（如工件、测试任务等调度需求）组成，每个任务需占用一定的资源并可能存在资源冲突，任务间相互独立或具有局部优先级关系，其调度目标是将所有任务以合理的顺序和方式分配给相互独立的资源，达到资源利用率高、系统可靠性强等目的。

3. 0-1背包问题

背包问题（Knapsack Problem）是一种组合优化的NP完全问题。问题可以描述为给定一组物品，每种物品都有自己的重量和价格，在限定的总重量内，我们如何选择才能使得物品的总价格最高。问题的名称来源于如何选择最合适的物品放置于给定背包中。相似问题经常出现在商业、组合数学，计算复杂性理论、密码学和应用数学等领域中。例如，寻找最少浪费的方式来削减原材料，选择投资和投资组合，选择资产支持资产证券化等。可见，背包问题在各种决策领域中有广泛的应用。

4. 装箱问题

经典的装箱问题要求把一定数量的物品放入容量相同的一些箱子中，使得每个箱子中的物品大小之和不超过箱子容量并使所用的箱子数目最少。装箱问题广泛存在于工业生产中，包括服装行业的面料裁剪，运输行业的集装箱货物装载，加工行业的板材型材下料，印刷行业的排样和现实生活中包装、整理物件等。在计算机科学中，多处理器任务调度、资源分配、文件分配、内存管理等底层操作均是装箱问题的实际应用，甚至还出现在一些棋盘形、方块形的数学智力游戏中。装箱问题的研究文献分布面很广，在运筹学、计算机辅助设计、计算机图形学、人工智能、图像处理、大规模集成电路逻辑布线设计、计算机应用科学等诸多领域都有装箱问题最新的研究动态和成果出现，从这个角度来讲，布局问题涉及了工业生产的方方面面，也足以证明了装箱问题的应用前景日趋广泛。

5. 图着色问题

图着色问题（Graph Coloring Problem，GCP）又称着色问题，是最著名的NP-完全问题之一。它由地图的着色问题引申而来：用多种颜色为地图着色，使得地图上的每一个区域着一种颜色，且相邻区域颜色不同。图着色问题大体分为两类，即顶点着色和边着色。顶点着色中，给定无向图，用每种颜色为图中的每个顶点着色，要求每个顶点着一种颜色，并使相邻两顶点之间有着不同的颜色。在边着色问题中，给定无向图，用每种颜色为图中的每条边着色，并使相邻两条边有着不同的颜色。图着色问题应用领域广泛，如交通管理系统中交叉路口的信号灯设计、不相容化学制品的分库储藏问题、排课时间表问题、会场安排问题等。

1.2.4 组合优化问题的求解方法

求解组合优化问题的方法可以分为精确算法和近似算法两类。常用的精确算法有动态规划法、分支定界法和枚举法。

动态规划法是运筹学的一个分支，是求解决策过程最优化的常用方法。对于组合优化这类离散问题，由于解析数学无法发挥作用，动态规划便成为一种非常有用的工具。动态规划可以按照决策过程的演变是否确定分为确定性动态规划和随机性动态规划；也可以按照决策变量的取值是否连续分为连续性动态规划和离散性动态规划。虽然动态规划主要用于求解以时间划分阶段的动态过程的优化问题，但是一些与时间无关的静态规划（如线性规划、非线性规划），只要人为地引进时间因素，把它视为多阶段决策过程，也可以用动态规划方法方便地求解。

一般来说，只要问题可以划分成规模更小的子问题，并且原问题的最优解中包含了子问题的最优解，则可以考虑用动态规划解决。动态规划的实质是分治思想和解决冗余，因此，动态规划是一种将问题实例分解为更小的、相似的子问题，并存储子问题的解而避免计算重复，以解决最优化问题的算法策略。由此可知，动态规划法与分治法和贪心法类似，它们都是将问题实例归纳为更小的、相似的子问题，并通过求解子问题产生一个全局最优解。其中贪心法的当前选择可能要依赖已经做出的所有选择，但不依赖于有待于做出的选择和子问题。因此贪心法自上向下，一步一步地做出贪心选择；而分治法中的各个子问题是独立的（即不包含公共的子问题），因此一旦递归地求出各子问题的解后，便可自下而上地将子问题的解合并成问题的解。但不足的是，如果当前选择可能要依赖子问题的解时，则难以通过局部的贪心策略达到全局最优解；如果各子问题是不独立的，则分治法要做许多不必要的工作，重复地求解公共的子问题。解决上述问题的办法是利用动态规划。该方法主要应用于最优化问题，这类问题会有多种可能的解，每个解都有一个值，而动态规划找出其中最优（最大或最小）值的解。若存在若干个取最优值的解的话，它只取其中的一个。在求解过程中，该方法也是通过求解局部子问题的解达到全局最优解，但与分治法和贪心法不同的是，动态规划允许这些子问题不独立，也允许其通过自身子问题的解做出选择，该方法对每一个子问题只解一次，并将结果保存起来，避免每次碰到时都要重复计算。因此，动态规划法所针对的问题有一个显著的特征，即它所对应的子问题树中的子问题呈现大量的重复。动态规划法的关键就在于，对于重复出现的子问题，只在第一次遇到时加以求解，并把答案保存起来，让以后再遇到时直接引用，不必重新求解。

分枝定界法是一个用途十分广泛的算法，运用这种算法的技巧性很强，不同类型的问题解法也各不相同。分支定界法的基本思想是对有约束条件的最优化问题的所有可行解（数目有限）空间进行搜索。该算法在具体执行时，把全部可行的解空间不断分割为越来越小的子集（称为分支），并为每个子集内的解的值计算一个下界或上界（称为定界）。在每次分支后，对凡是界限超出已知最优值的那些子集不再做进一步分支。这样，解的许多子集就可以不予考虑了，从而缩小了搜索范围。这一过程一直进行到找出可行解为止，该可行解的值不大于任何子集的界限。这种算法一般可以求得最优解，但不适用于大规模解空间的搜索。

随着组合优化问题的发展，问题解空间越来越大，早已超出了精确算法的求解能力。目前，人们尚未找到任何一个 NP－完备问题的有效算法。但在很多实际应用中，人们只需找到 NP－完备问题的“不错的”解，而不必是最优解。因而，近似算法成为求解组合优化问题的方法之一。近似算法分为基于数学规划（最优化）的近似算法、启发式算法和基于智能优化的近似算法。

1）基于数学规划的近似算法是根据对问题建立的数学规划模型，运用如拉格朗日松弛、列生成等算法以获得问题的近似解。拉格朗日松弛算法求解问题的主要思想是分解和协调。首先对于组合优化问题，其数学模型须具有可分离性。通过使用拉格朗日乘子向量将模型中复杂的耦合约束引入目标函数，使耦合约束解除，形成松弛问题，从而分解为一些相互独立的易于求解的子问题，设计有效的算法求得所有子问题的最优解。利用乘子的迭代更新实现子问题解的协调。列生成算法是一种已经被认可的成功用于求解大规模线性规划、整数规划及混合整数规划问题的算法。与智能优化算法相比，基于数学规划的近似算法的优点是通过建立问题的数学模型，松弛模型中难解的耦合约束或整数约束，得到的松弛问题的最优解可以为原问题提供一个下界。同时，基于数学规划的近似算法还具有很好的自我评价功能，通过算法运行给出的问题的近优解（或最优解）为原问题提供一个上界，上界与下界进行比较，可以衡量算法的性能。

2）启发式算法是根据求解问题的特点，按照人们经验的或某种规则设计的。这是一种构造式算法，比较直观、快速，利用问题的知识设计求解的方法步骤，具有操作简单的优点，但所得解的质量不一定好。

3）基于智能优化的近似算法是基于一定的优化搜索机制，并具有全局优化性能的一类算法。这类智能优化算法常见的有：模拟退火算法（Simulated Algorithm，SAA）、遗传算法（Genetic Algorithm，GA）、蚁群算法（Ant Colony Optimization，ACO）、迭代局部搜索算法（Iterated Local Search，ILS）、禁忌搜索算法（Tabu Search，TS）、分散搜索算法（Scatter Search，SS）、粒子群算法（Particle Swarm Optimization，PSO）等，这些算法也称超启发式算法（Meta - heuristic）。

智能优化算法是一种通用的算法框架，只要根据具体问题特点对这种算法框架结构进行局部修改，就可以直接应用它去解决不同的问题。这类算法本身不局限于某类问题，具有实践的通用性，适应于求解工业实际问题，在较快地处理大规模数据的同时得到令人满意的解。基于智能优化的近似算法，采用不同的搜索策略和优化搜索机制，寻找问题的近似最优解，具有很好的求解优势。虽然基于智能优化的近似算法不能保证求得全局最优解，但因其高效的优化性能、无需问题特殊信息、易于实现且速度较快等优点，受到诸多领域广泛的关注和应用。基于智能优化的近似算法成为求解复杂组合优化问题主要的有效方法。

1.3 智能优化方法

1.3.1 智能优化方法简介

随着科技的快速发展，多学科的分布式合作在制造业中越来越流行。资源分配规模迅速增长，从设计、仿真到生产、运维的整个生产周期越来越复杂。为了进一步缩短工业周期，提高运作效率，改善资源和信息的利用率，很多宏观和微观过程中的复杂问题有待解决和优化。从数学的角度，这些问题均可以根据变量、特性等内容分解为连续的数值优化问题和离散的组合优化问题。例如，复变函数优化、控制和仿真领域的非线性方程、复杂非线性规划均可以划归为连续数值优化问题；生产过程和系统管理领域的车间/任务调度、服务组合最优选择、合作伙伴选择和资源分配问题均可以划归为离散组合优化问题。由于计算方法和决策方式直接决定了生产系统的效率，各领域的专家都致力于将约束条件下的复杂问题进行建模，然后设计确定性或近似算法来解决它们。对于解空间规模较小的问题，很多确定性算法就可以高效地给出最优解。然而，在实际情况中，大多数优化问题都是 NP 难题，随着问题规模的增大，传统确定性算法的搜索时间呈指数增长，这就意味着没有一个确定性算法能在多项式时间内找到最优解。在这种情况下，以遗传算法（GA）、模拟退火法（SAA）、蚁群算法（ACO）、粒子群算法（PSO）等为典型代表的智能优化算法，为大规模 NP 难题的解决带来了新的思路。

智能优化方法是由多个相对独立的技术领域融合发展而来，它已成为优化领域和人工智能领域的主要研究方向之一。当前的主流智能优化算法都是基于种群迭代模式，它们产生包含一组个体的初始种群，在每一代中保持解空间的优良信息，并通过迭代步步趋近较好位置。这一类算法独立于特定问题，可以广泛应用于传统优化算法难以解决的复杂优化问题，并具有一些共同特征：

1）所有操作作用于每一代中的当前个体；

2）搜索机制是基于迭代演进的；

3）可以通过多种群机制实现并行优化；

4）多数情况下可以给出较为满意的近优解，而不保证能得到全局最优解；

5）算法寻优具有一定的随机性，不能保证高效搜索到近优解。

智能优化方法的一般性过程如下：首先，根据问题描述、问题特性、约束条件等信息，设计编码方式。编码方式是问题变量的映射，它直接决定了算法的演进速度。当选择了合适的编码机制后，算法进行初始化，根据问题变量的定义生成包含一定数目个体的种群。每个个体是在定义范围内随机产生的，其适应度值根据问题的目标函数（适应度函数）计算。在迭代过程中，各个演进操作的组合起到了主要作用，比如遗传算法中的选择操作、交叉操作、变异操作，蚁群算法中的路径选择和信息素更新操作。不同的操作在算法中具有不同的影响，因此不同操作的组合在解决问题时往往具有不同的效果。经过几步操作后，种群中的一部分或全部个体发生了改变，通过新个体的解码即可产生一组新解，再由适应度函数评估出种群中的最优合体和最差个体。其次，采用随机迭代、精英代替、合并最优个体等策略更新整个种群，并引发新一轮迭代。当迭代次数达到最大值或找到令人满意的近优解或最优解时，算法跳出循环迭代并输出全局最优解。

在这种演进模式下，问题变量和目标值反映在编码方式和适应度函数上，而约束条件则往往以惩罚函数的形式体现在适应度函数上，或以定义取值边界的形式体现在编码过程中。算法中的操作独立于特定问题，并且易于实现。这种统一的迭代过程使得智能优化方法的设计、改进和混合研究变得更容易、更直观、更灵活，并且基于迭代的多点优化搜索机制，使得智能优化方法可以高效地解决 NP 难题，避免组合爆炸效应。当然，并不是所有的操作都可以任意组合成高效算法。由于演进过程具有随机性，各操作在探索和开发能力上具有不同的特点和缺陷，很多智能优化方法具有早熟收敛、易陷入局优解等缺点。因此，不同领域的研究者在编码方式、演进操作、算法融合等方面进行着不断探索，以期以较小的迭代次数和种群规模获得更好的解。

1.3.2 智能优化方法的分类

近年来，包含不同演进机制的多种智能优化方法得到空前发展，研究者针对特定问题的不同背景和目标，在算法设计方面做了大量工作，并涌现出很多研究成果。按照不同的标准，智能优化方法可以被分为多个类别。根据研究重点的不同，智能优化算法方面的主流工作大体可以分为四类：①算法革新；②算法改进；③算法融合；④算法应用。另外，根据不同算法的搜索机制，基本的智能优化方法又可以分为三类：①演进学习算法；②邻域搜索算法；③群智能算法。

1）演进学习算法包括遗传算法、演进规划、人工免疫算法、DNA 计算等，它们来源于自然的学习演进机制。种群中的个体根据不同的启发式操作，通过每一代内个体间的相互学习进行更新。在这一类方法中，应用最广泛的代表是遗传算法和人工免疫算法。

2）邻域搜索算法包括模拟退火法、禁忌搜索和可变邻域搜索。这一类算法中的邻域搜索一般通过随机或规则的步进变化实现。在搜索过程中，附加的控制参数或个体接受规则逐渐变化以达到收敛。因此，这类算法的主要特征是个体的独立局域搜索，目前，它们主要作为其他算法的改进策略应用。

3）群智能算法包括蚁群算法、粒子群算法、人工鱼群算法等，它们通过模拟群居动物（如蚁群、蜜蜂、鸟群等）的自组织行为进行算法设计。通常它们通过传播从个体中获得的社会信息实现组织结构的优化，目前最流行的群智能算法是蚁群算法和粒子群算法。

另外，一些具有不同特征的算法改进策略相继提出。研究者在算法收敛性、探索和开发能力等方面做了相关工作，以期指导算法找到更好的近优解。根据策略的不同功效，也可以将策略分为三类：自适应改进、开发改进和探索改进。

自适应改进旨在平衡前期的搜索广度和后期的挖掘深度。参数自适应改进、模糊自适应改进和基于目标的自适应改进是这类策略的典型代表。开发改进主要提高算法的挖掘能力，主要表现为优化搜索方向和小范围遍历。探索改进又称为全局搜索改进，它主要用来增加算法搜索到的种群多样性，防止算法陷入局部最优解。混沌策略、多种变异策略是这一类改进的典型代表。

1.3.3 典型的智能优化方法

1. 遗传算法

遗传算法（Genetic Algorithm，GA）是模拟达尔文生物进化论的自然选择和遗传学机理的生物进化过程的计算模型，是一种通过模拟自然进化过程搜索最优解的方法。遗传算法是从代表问题潜在解集的一个种群开始的，一个种群是由经过编码的一定数目的个体（染色体）组成。一个个体实际上是一个可能解的编码映射。染色体作为遗传物质的主要载体，即多个基因的集合，其内部表现（即基因型）是某种基因组合，它决定了个体形状的外部表现，实际代表了问题变量的组合方式。因此，在一开始需要实现从表现型到基因型的映射，即编码工作。由于仿照基因编码工作很复杂，往往进行简化，如二进制编码，初代种群产生之后，按照适者生存和优胜劣汰的原理，逐代演化产生出越来越好的近似解，在每一代，根据问题域中个体的适应度大小选择个体，并借助于自然遗传学的遗传算子进行组合交叉（crossover）和变异，产生出代表新的解集的种群。这个过程将导致种群像自然进化一样，后代种群比前代更加适应于环境，末代种群中的最优个体经过解码，可以作为问题近似最优解。

遗传算法的基本运算过程如下：

1）初始化：设进化代数计数器位 t，初始时刻 $t=0$；设置最大进化代数 T；设置种群规模为 M，随机生成 M 个个体作为初始群体 $P(0)$。

2）个体评价：根据适应度函数（目标函数或其变体）计算种群 $P(t)$ 中每个个体的适应度值，用于衡量个体的优劣程度。

3）选择运算：采用合适的选择算子作用于种群。其目的是把优质的个体选择出来，使其有机会作为父体，把优良的全部或部分基因遗传到下一代。选择操作包括轮盘赌选择策略、精英选择策略等，它是建立在种群中个体的适应度评估基础上的。

4）交叉运算：设置交叉概率，产生随机数，当时以某种方式交换两个父体的部分基因，产生新个体进入下一代种群。交叉操作是算法迭代进化的关键步骤，包括单点交叉、多点交叉等多种方式，其作用是继承优良个体的部分基因，并产生新个体，增加种群的多样性。

5）变异运算：设置变异概率，产生随机数，以某种方式将当前个体的某一位基因变成其等位基因。变异操作旨在通过基因突变的方式发现更优解，增加了算法跳出局部最优解并向更优区域搜索的可能性。

群体 $P(t)$ 经过选择、交叉、变异运算之后得到下一代群体 $P(t+1)$。

6）终止条件判断：若 $t=T$，则以进化过程中所得到的具有最大适应度个体作为最优解输出，终止计算，否则跳转步骤2），进行新一轮迭代。

2. 模拟退火法

模拟退火法来自冶金学的专有名词退火。退火是将材料加热后再经特定速率冷却，目的是增大晶粒的体积，并且减少晶格中的缺陷。材料中的原子原来会停留在使内能有局部最小值的位置，加热使能量变大，原子会离开原来位置，而随机在其他位置中移动。退火冷却时速度较慢，使得原子有较多可能可以找到内能比原先更低的位置。

模拟退火的原理也和金属退火的原理近似：将热力学的理论套用到统计学上，将搜寻空间内每一点想像为空气内的分子；分子的能量，就是它本身的动能；而搜寻空间内的每一点，也像空气分子一样带有“能量”，以表示该点对命题的合适程度。算法先以搜寻空间内一个任意点作起始：每一步先选择一个“邻居”，然后再计算从现有位置到达“邻居”的概率。

模拟退火的基本思想：

1）初始化：初始温度 T（充分大），初始解状态 S（是算法迭代的起点），每个 T 值的迭代次数 L。

2）对 $k=1$，…，L，做第3）至第6）步：

3）产生新解 S'。

4）计算增量 $\Delta t'=C(S)-C(S')$，其中 $C(S')$ 为评价函数。

5）若 $\Delta t'<0$，则接受 S' 作为新的当前解，否则以概率 $\exp(-\Delta t'/T)$ 接受 S' 作为新的当前解。

6）如果满足终止条件，则输出当前解作为最优解，结束程序，当连续若干个新解都没有被接受时，终止算法。

7）T 逐渐减少，且 $T\to 0$，然后转第2）步。

模拟退火算法新解的产生和接受可分为如下四个步骤：

1）由一个产生函数从当前解产生一个位于解空间的新解；为便于后续的计算和接受，减少算法耗时，通常选择由当前新解经过简单地变换即可产生新解的方法，如对构成当前解的全部或部分元素进行置换、互换等，产生新解的变换方法决定当前新解的邻域结构。

2）计算与新解所对应的目标函数差。因为目标函数差仅由变换部分产生，所以目标函数差的计算最好按增量计算。对大多数应用而言，这是计算目标函数差的最快方法。

3）判断新解是否被接受，判断的依据是一个接受准则，最常用的接受准则是 Metropolis 准则：若 $\Delta t'<0$，则接受 S'作为新的当前解 S，否则以概率 $\exp(-\Delta t'/T)$接受 S'作为新的当前解 S。

4）当新解被确定接受时，用新解代替当前解，这只需将当前解中对应于产生新解时的变换部分予以实现，同时修正目标函数值即可。此时，当前解实现了一次迭代。可在此基础上开始下一轮试验。而当新解被判定为舍弃时，则在原当前解的基础上继续下一轮试验。

模拟退火算法与初始值无关，算法求得的解与初始解状态 S（是算法迭代的起点）无关；模拟退火算法具有渐近收敛性，已在理论上被证明是一种依概率收敛于全局最优解的全局优化算法。另外，模拟退火算法具有并行性。

3. 粒子群算法

粒子群（Particle Swarm Optimization，PSO）算法是基于种群的进化计算方法，它的灵感来自于鸟群和鱼群等生物体的行为。在 PSO 算法中，每个元素称作一个粒子，每个粒子根据个体经验和邻域经验或种群经验持续更新自己的速度向量，以此在多维搜索空间中移向有利位置。在搜索过程中，个体间共享社会信息，指导搜索方向朝最优解的位置趋近。总体来讲，PSO 算法自适应考虑全局和局部探索能力，是具有较好的平衡机制的简单启发式算法。与遗传算法相比，可以更迅速地收敛到最优解。与梯度下降法、拟牛顿法等经典优化算法不同，PSO 算法不需要优化问题是可微的，并且可应用于非正规的、含噪声的优化问题。由于思想简单、易于实现、收敛迅速，PSO 算法被成功应用于各个领域，如神经网络训练、任务分配、排序问题等。

在 PSO 算法中，随机产生初始种群并初始化参数。在评价适应度值后，PSO 算法按如下步骤迭代：

1）如果粒子发现了更好值，则更新个体最优值（每个个体到目前为止找到的最好值）；

2）按照下式，根据个体最优值和全局最优值更新所有粒子的速度，并据此更新每个粒子的位置；

$$v_{ij}^{t} = w^{t-1}v_{ij}^{t-1} + c_1\gamma_1(p_{ij}^{t-1} - x_{ij}^{t-1}) + c_2\gamma_2(g_{ij}^{t-1} - x_{ij}^{t-1})$$

$$x_{ij}^{t} = x_{ij}^{t-1} + v_{ij}^{t}$$

式中，v_{ij}^{t}代表了粒子 i 在第 t 轮迭代中第 j 维速度（$j=1, \cdots, n$）。p_{ij}^{t}代表了粒子 i 在第 t 轮迭代中第 j 维位置。c_1 和 c_2 是正加速参数，分别称为认知参数和社会参数，γ_1 和 γ_2 是（0，1）之间的随机数。ω 是惯性权重，按照下式更新：

$$\omega^{t} = \omega^{t-1} \times \alpha$$

式中，α 是一个缩减因数。ω 的值越大，先前速度对于当前速度的影响越大。

3）计算每个解的适应度值，重复迭代过程，直到达到最大迭代次数。

1.4　适应度地形

1.4.1　适应度地形的基本概念

实际中的优化问题往往非常复杂，元启发式算法在解决这些问题时取得了较好的效果，但是在解决某一特定问题时，选择何种算法和如何进行参数设置给研究人员带来了巨大挑战。解决这一困境的方法是在确定算法前，利用适应度地形理论分析了解问题的特性，为算法设计提供先验知识。对于多数优化问题，都存在一个适应度函数来反映问题所要解决的目标。适应度函数决定了问题潜在解的适应度值，并由此衡量解的优劣。

适应度地形的概念来源于生物学，最早由 Wright 在 1932 年提出[22]，作为基因型和适应度值的一种映射关系。基因型可以通过变异的方式变化到邻近基因型，而适应度地形则自然地由每个基因型的适应度值组成。适应度地形的拓扑结构特征对于观察解空间的动态演进具有重要意义，便于解释随着演进过程的推进，基因型的变化规律。另一方面，随着算法的迭代，适应度地形表面的演进路径也往往成为关注的重点，它由一系列连续生成的基因型组成，刻画了种群中的基因型从低适应度值区域到高适应度值区域的演进过程。

适应度地形以适应度函数为基础，它将解空间中的解按照某种邻域方式排列，并由每个解的适应度值组成适应度地形。一般的适应度地形由三个元素确定：问题的解空间 X，基于 X 的邻域、最小距离或可达性定义$\mathcal{N}$，以及适应度函数 $f(x):X\rightarrow\Re$。按照$\mathcal{N}$规定的顺序将解的适应度值表示成一维数组的形式，即得到适应度向量。将 X 中的解视为离散点，按照$\mathcal{N}$定义的顺序排列作为横坐标，适应度向量作为纵坐标绘制二维曲线，即得到适应度地形图。这是以静态适应度地形为例，其可以表示为：

$$\Re_s=(X,N,f)$$

式中，X 为解空间；$N(x)$为邻域结构，它决定了每个解 $x\in X$ 的邻域解；$f(x):X\rightarrow\Re$ 为适应度函数，它决定了每个解的适应度值并以此衡量解的质量。

以邻域结构相连接的解空间表达了“位置”的概念，而适应度值是从位置衍生出的正投影，表达了“海拔”或“高度”的概念，并为每个“位置”赋予了其最重要的特征。适应度值往往是一个单一的参数，但它有可能由多维高度值表征。

1.4.2　适应度地形的发展

适应度地形的相关理论在 20 世纪 90 年代才得到关注并发展，其发展过程如图 1-1 所示。

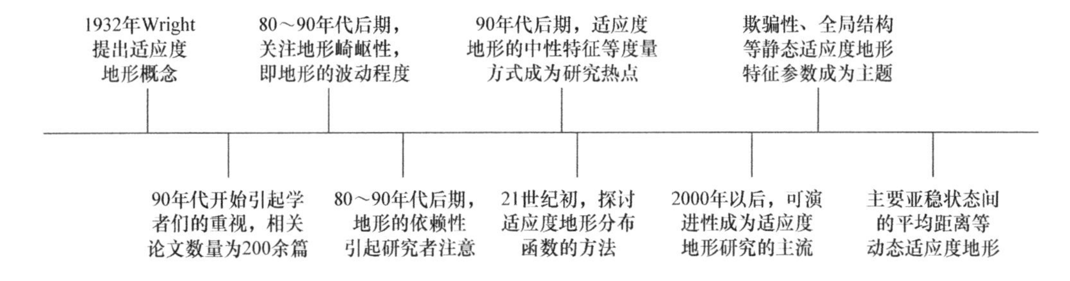

图 1-1　适应度地形理论的发展过程

目前，适应度地形理论在地形拓扑结构、特征参数以及对算法设计的指导等方面取得了一些研究成果。针对不同的适应度地形特征建立相应的参数描述体系是适应度地形理论发展的一个主要方向。参数描述体系是对适应度地形进行定性和定量刻画的一个基础，它通过描述地形的形状、崎岖性、可演进性等性质，反映问题的困难程度等特征。由于优化问题可分为静态优化问题和动态优化问题，因此参数描述体系也相应地分为静态和动态两类。相关研究的分类和指标如图 1-2 所示，在后续章节中将进行详细的介绍。

图 1-2　适应度地形的分类和指标

研究人员对于静态适应度地形的研究起步较早，经过长时间的探索与改进，有关静态适应度地形的评价参数已较为丰富，其研究过程主要分为以下几个基本阶段。在 80 年代后期到 90 年代中期，相关研究主要集中在地形崎岖性的分析。地形崎岖性是指地形的波动程度，它与局优解的数目和分布密切相关。衡量地形崎岖性的评价参数较多，Weinberger[23] 提出了自相关函数和相关长度的概念，它通过随机游走在地形中获得一系列适应度值，然后计算这些值与一段距离之外的同样数目的适应度值的相关性，相关性越小，地形越崎岖。Lipsitch[24] 提出了相关长度的另一种计算方式，简化了自相关函数的计算。这些评价只能在地形统计各向同性的前提下使用。几年后，Vassilev[25] 等人提出了第一熵和第二熵测量，他们通过计算与序列中崎岖元素的概率分布有关的信息熵，获得一个图表来反映地形崎岖性。此外，Hordijk[26] 另辟蹊径，通过幅度谱反映地形的整体特征，利用傅里叶变换和拉普拉斯矩阵，将适应度地形分解为子地形，并获得相关长度信息。

在同一时期，地形间的依赖性也引起了学者的广泛关注。依赖性是指变量间的依赖程度，当优化问题中的各变量相互依赖时，就意味着不可能只通过独立地调节一个变量获得最优解。衡量依赖性的典型方法有依赖方差和按位依赖性。依赖方差是由 Davidor 提出的用于遗传算法的评价参数[27]，它通过一个字符串的适应度值的一系列线性计算，得到预测字符串值，该字符串的适应度值和预测值的方差就是依赖方差的大小。按位依赖是由 Fonlupt 等人提出的另一种衡量依赖性的方法[28]，它按位比较基因型中每位为 0 和 1 时的适应度值的差值，计算这些差值的方差。

在 90 年代后期，一些学者投入到中性特征的研究中。中性是与崎岖性相对应的一个特征，它表征了地形中解的适应度值相同或相近的某一区域，能揭示局优解的信息并暗示搜索算法成功的可能性。Reidys [29] 提出了一种基于离散空间的中性游走，它从起始点开始，寻找使总距离（距起始点的距离）增大的中性邻居，直到不存在使总距离增加的中性邻居，最终获得中性游走的步数。该方法在边缘相关性较大时会有较大的偏差，且需事先明确邻域的定义，只能用于离散空间。Verel 等人[30]由局优网络分析适应度地形的中性结构，但该方法需要通过枚举获得全部解空间。

2000 年以后，可演进性成为适应度地形研究的主流。可演进性是指能使搜索过程移动到更好区域的能力，这个更好的区域具有更好的适应度值。与其他评价指标不同，可演进性与算法相关，只有当明确特定搜索策略时才有意义。Smith 等人提出了适应度可演进图[31]，它通过计算子代适应度值大于等于父代适应度值的概率、子代平均适应度值等一系列可演进性指标，获得适应度值相同解的平均度量，并以此建立适应度可演进图。适应度云[32]是衡量可演进性的另一种方法，它将父代适应度值所对应的子代适应度值在演进图中绘制出来，以此描述父代与子代适应度值之间的关系。Vanneschi[33]等人在适应度云的基础上又提出了负斜率系数，它将适应度云分成离散的几部分，并定义线段作为相邻部分的中心距，计算线段间的负斜率之和即可得到负斜率系数。此外，Lu 等人提出了适应度概率云[34]，基于个体的适应度值和逃脱率研究地形的可演进性，它改进了适应度云的不足，不依赖地形间相关性的变化。

除了以上提到的研究地形特征的方法外，还有其他一些地形评价参数。比如，欺骗性是地形的一种特征，它是指地形中存在误导算法搜索的信息，并且与特定算法有关。Deb 提出了在基因算法中衡量欺骗性的参数，即基因欺骗性[35]，它将欺骗程度分为完全欺骗和部分欺骗，并给出了每种欺骗程度的定义和条件。该方法计算量不大，但只给出了充分条件，不满足这些条件的地形也有可能具有欺骗性。全局地形结构是地形的另一特征[36]，它是指由集中的局优解组成的全局盆地形状。离差度量是衡量全局地形结构的一种方法，它通过计算采样点中最好部分点之间的两两距离平均值，衡量采样点之间的邻近程度，进而反映地形特征。

以上评价参数衡量了地形各方面的特征，但均是针对静态适应度地形提出的。自 2013 年以来，学者们将目光逐步投向了动态地形评价参数的研究，并获得了一些研究成果。Rohlfshagen 给出了动态适应度地形的基本定义与数学描述[37]，并给出了动态中立性以及崎岖性的基本描述。在评价指标方面，动态适应度距离相关是衡量搜索困难程度的一种方法[38]，它首先计算每个变化周期内的适应度距离相关性，然后计算这些适应度距离相关性与初始地形的平均差值。平均最优适应度值通过计算最优解在连续变化周期内的平均变化差值，反映最优解适应度值的变化。

主要亚稳状态间的平均距离由 Tinós 提出[38]，它衡量了主要亚稳状态在连续变化周期内的平均欧式距离。主要亚稳状态是指搜索空间的收敛点，它的计算与算法有关，不同的优化算法具有不同的计算方式。与主要亚稳状态有关的另一评价参数是达到亚稳状态的平均时间百分比，它是指种群向量到达亚稳状态的平均时间，即所需的进化代数。这两种评价参数计算较为复杂，并且依赖于特定算法，不具有一般性。

综上所述，目前的适应度地形参数大部分都是针对某一领域特定的静态问题开展的研究，基于动态适应度地形分析的参数较少。如衡量崎岖性的评价指标与动态适应度距离相关，在计算时需要最优解的先验信息，且变量必须为二元正态分布。衡量依赖性的典型方法，如依赖方差和按位依赖性是针对遗传算法提出的，不适用于其他算法。衡量中性的方法，如中性游走、局优网络分析需要依赖邻域距离的定义方式或需要解空间的全枚举，限制了它们的使用范围。可演进性指标反映了算法产生更优子代的能力，只有明确了特定算法、特定操作算子后才有意义，并不能通过适应度地形直接反映问题特性。因此，适应度地形理论本身处于发展完善的过程，相应的特征参数、分析手段无法完全适用于各种问题的解空间特性分析。

适应度地形的研究为了解问题特性提供了一种手段，利用适应度地形的研究成果指导优化算法设计，成为目前和未来发展的主要趋势。目前，在优化领域中已经出现了一些研究成果。Cotta[39]用以调度规则为基础的启发式算法，发现产品调度问题的适应度地形存在大山谷和高原，局部最优解很多，进而说明初始化的重要性。华中科技大学高亮教授团队针对静态单目标车间调度问题开展了研究工作，文峰[40]提出了一种基于 Logistic 模型的适应度地形研究方法。Lu [41]针对单目标测试任务调度问题提出了基于编辑距离的适应度地形分析方法。Verel[42]重点分析多目标组合优化算法的行为，提出一种考虑各目标函数间相关性的多目标地形。该研究考虑了问题的维度、非线性程度、目标个数、各目标 Pareto 前沿的相关性等因素。Fabre[43]重点研究基于原始目标函数分解的多目标优化理论，并针对多目标优化提出相应的适应度地形理论和中立性分析方法。He[44]提出利用适应度地形指导进化计算领域中标准测试函数的设计，并对适应度函数的难易程度进行了理论分析和评估方法研究。Basseur [45]重点关注爬山组合优化问题，考虑了问题的大小、地形的崎岖度和中立性等因素，同时提出一种预测机制帮助爬山算法快速进入最优状态。Huang [46]分析了基于认知无线电系统的多用户 OFDM（Orthogonal Frequeny Dirision Multiple Xing）系统资源分配问题的适应度地形，研究利用适应度地形的分析来指导算法中遗传操作的选择。Lu 等 [47]将适应度地形分析引入到算法的参数控制，通过适应度地形调整所提出方法的参数，从而进一步提升算法求解测试任务调度问题的能力。

1.5 本章小结

本章主要对优化问题、组合优化问题、智能优化算法和适应度地形等基础知识进行介绍，为后续章节提供基础。

组合优化问题作为实际生活中的典型问题，具有广阔的应用领域和应用前景，目前研究人员和工业界人士已经提出了很多解决组合优化问题的方法，并且根据实际问题的特性开展了很多有意义的研究工作。组合优化问题一直是理论研究的热点，也必然一直是民用和军用领域的关键技术。

参 考 文 献

[1] Shi Jinhua, Lu Hui, Mao Kefei. Solving the test task scheduling problem with a genetic algorithm based on the scheme choice rule [C]. In: Tan Y, Shi Y, Li L (Eds.), Advances in Swarm Intelligence. ICSI 2016. Lecture Notes in Computer Science, Springer, Cham, 2016: 19 - 27.

[2] Lu Hui, Niu Ruiyao, Liu Jing, et al. A chaotic non - dominated sorting genetic algorithm for the multi - objective automatic test task scheduling problem [J]. Applied Soft Computing, 2013, 13 (5): 2790 - 2802.

[3] JAIN A S, MEERAN S. Deterministic job - shop scheduling: past, present and future [J]. European Journal of Operational Research, 1999. 113 (2): 390 - 434.

[4] Wang Xiaojun, Gao Liang, Zhang Chaoyong, et al. A multi - objective genetic algorithm based on immune and

entropy principle for flexible job - shop scheduling problem [J]. International Journal of Advanced Manufacturing Technology, 2010, 51: 757 - 767.

[5] VALLADA E, RUIZ R. A genetic algorithm for the unrelated parallel machine scheduling problem with sequence dependent setup times [J]. European Journal of Operational Research, 2011, 211 (3): 612 - 622.

[6] 付新华, 肖明清, 夏锐. 基于蚁群算法的测试任务调度 [J]. 系统仿真学报, 2008, 20 (16): 4352 - 4356.

[7] 付新华, 肖明清, 刘万俊, 周越文. 一种新的并行测试任务调度算法 [J]. 航空学报, 2009, 30 (12): 2363 - 2370.

[8] SAIDI - MEHRABAD M, FATTAHI P. Flexible job shop scheduling with tabu search algorithms [J]. International Journal of Advanced Manufacturing Technology, 2007, 3: 563 - 570.

[9] Liu Hongbo, ABRAHAM A, Wang Zuwen. A multi - swarm approach to multi - objective flexible job shop scheduling problems [J]. Fundamenta Informaticae, 2009, 95 (4): 465 - 489.

[10] BENAVENT E, MARTÍNEZ A. Multi - depot Multiple TSP: a polyhedral study and computational results [J]. Annals of Operations Research, 2013, 207: 7 - 25.

[11] 黄岚, 王康平, 周春光, 等. 粒子群优化算法求解旅行商问题 [J]. 吉林大学学报, 2003, 41 (4): 477 - 480.

[12] 马欣, 朱双东, 杨斐. 旅行商问题 (TSP) 的一种改进遗传算法 [J]. 计算机仿真, 2003, 20 (4): 36 - 37.

[13] SINHA A, ZOLTNERS A. The multiple - choice knapsack problem [J]. Operations Research, 1979, 27 (3): 507 - 515.

[14] 马良, 王龙德. 背包问题的蚂蚁优化算法 [J]. 计算机应用, 2001, 21 (8): 4 - 5.

[15] MARTELLO S, VIGO D. Exact solution of the two - dimensional finite bin packing problem [J]. Management science, 1998, 44 (3): 388 - 399.

[16] 曹先彬, 刘克胜. 基于免疫遗传算法的装箱问题求解 [J]. 小型微型计算机系统, 2000, 21 (4): 361 - 363.

[17] MCCORMICK S T. Optimal approximation of sparse hessians and its equivalence to a graph coloring problem [J]. Mathematical Programming, 1983, 26: 153 - 171.

[18] 廖飞雄, 马良. 图着色问题的启发式搜索蚂蚁算法 [J]. 计算机工程, 2007, 33 (16): 191 - 192.

[19] SAKOE H, CHIBA S. Dynamic programming algorithm optimization for spoken word recognition [J]. IEEE transactions on acoustics, speech, and signal processing, 1978, 26 (1): 43 - 49.

[20] 赵子臣, 相年德. 应用启发式与逐步动态规划法进行机组最优组合 [J]. 清华大学学报, 1997, 37 (1): 57 - 60.

[21] DAVIS P S, RAY T L. A branch - bound algorithm for the capacitated facilities location problem [J]. Naval Research Logistics Quarterly, 1969, 16 (3): 331 - 344.

[22] WRIGHT S. The roles of mutation, inbreeding, crossbreeding, and selection in evolution, 1932.

[23] WEINBERGER E. Correlated and uncorrelated fitness landscapes and how to tell the difference [J]. Biological Cybernetics, 1990, 63: 325 - 336.

[24] LIPSITCH M. Adaptation on rugged landscapes generated by iterated local interactions of neighboring genes [C]. in: BELEW R K, BOOKER L B (Eds.), Proceedings of the 4th International Conference on Genetic Algorithms, Morgan Kaufmann, San Diego, CA, USA, 1991: 128 - 135.

[25] VESSELIN K VASSILEV, TERENCE C FOGARTY, JULIANF MILLER. Information Characteristics and the Structure of Landscapes [J]. Evolutionary Computation, 2000, 8: 31 - 60.

[26] HORDIJK W, STADLER P F. Amplitude Spectra of Fitness Landscapes [J]. Advances in Complex Systems,

1998, 1: 39 – 66.

[27] DAVIDOR Y. Epistasis variance: a viewpoint on GA – hardness [J]. Found Genetic Algorithms, 1991: 23 – 35.

[28] FONLUPT C, Robilliard D, Preux P. A bit – wise epistasis measure for binary searchspaces [C]. In: EIBEN A, BÄCK T, SCHOENAUER M, SCHWEFEL H P (Eds.), Parallel Problem Solving from Nature – PPSN V, Springer, Berlin Heidelberg, 1998: 47 – 56.

[29] REIDYS C M, STADLER P F. Neutrality in fitness landscapes [J]. Applied Mathematics and Computation, 2001, 117: 321 – 350.

[30] VEREL S, OCHOA G, TOMASSINI M. Local optima networks of NK landscapes with neutrality [J]. IEEE Transactions on Evolutionary Computation, 2011, 15: 783 – 797.

[31] SMITH T, HUSBANDS P, LAYZELL P, et al. Fitness landscapes and evolvability [J]. Evolutionary Computation, 2002, 10: 1 – 34.

[32] VEREL S, COLLARD P, CLERGUE M. Where are bottlenecks in NK fitness landscapes [C]. The 2003 Congress on Evolutionary Computation, 2003: 273 – 280.

[33] VANNESCHI L, CLERGUE M, COLLARD P, et al. Fitness Clouds and Problem Hardness in Genetic Programming [C]. In: Deb K (Eds.), Genetic and Evolutionary Computation – GECCO 2004. Springer Berlin Heidelberg, 2004: 690 – 701.

[34] Lu Guanzhou, Li Jinlong, Yao Xin. Fitness – Probability Cloud and a Measure of Problem Hardness for Evolutionary Algorithms [C]. In: Merz P, Hao J K (Eds.), Evolutionary Computation in Combinatorial Optimization. Springer, Berlin Heidelberg, 2011: 108 – 117.

[35] DEB K, GOLDBERG D. Sufficient conditions for deceptive and easy binary functions [J]. Annals of Mathematics and Artificial Intelligence, 1994, 10: 385 – 408.

[36] WHITLEY D, HECKENDORN R B, STEVENS S. Hyperplane ranking, nonlinearity and the simple genetic algorithm [J]. Information Sciences, 2003, 156: 123 – 145.

[37] ROHLFSHAGEN P, YAO X. Dynamic Combinatorial Optimization Problems: A Fitness Landscape Analysis [C]. In: Alba E, Nakib A, Siarry P (Eds.), Metaheuristics for Dynamic Optimization, Springer, Berlin Heidelberg, 2013: 79 – 97.

[38] TINÓS R, YANG S X. Analysis of fitness landscape modifications in evolutionary dynamic optimization [J]. Information Sciences, 2014, 282: 214 – 236.

[39] COTTA C, FERNÁNDEZ A J. Analyzing fitness landscapes for the optimal golomb ruler problem [C]. Evolutionary Computation in Combinatorial Optimization Lecture Notes in Computer Science, 2005, 3448: 68 – 79.

[40] 文峰. 基于适应度地形理论的作业车间调度方法研究 [D]. 武汉：华中科技大学, 2012.

[41] Lu Hui, Liu Jing, Niu Ruiyao, et al. Fitness distance analysis for parallel genetic algorithm in the test task scheduling problem [J]. Soft Comptuing, 2014, 18 (12): 2385 – 2396.

[42] VEREL S, LLEFOOGHE A, JOURDAN L, et al. On the structure of multiobjective combinatorial search space: MNK – landscapes with correlated objectives [J]. European Journal of Operational Research, 2013, 227 (2): 331 – 342.

[43] FABRE M G, PULIDO G T, TELLO E R. Multi – objectivization, fitness landscape transformation and search performance: A case of study on the hp model for protein structure prediction [J]. European Journal of Operational Research, 2015, 243 (2): 405 – 422.

[44] He Jun, Chen Tianshi, Yao Xin. On the Easiest and Hardest Fitness Functions [J]. IEEE Transactions on Evolutionary Computation, 2015, 19 (2): 295 – 305.

[45] BASSEUR M, GOËFFON A. Climbing combinatorial fitness landscapes [J]. Applied Soft Computing, 2015,

30: 688 – 704.

[46] Huang Dong, Shen Zhigi, Miao Chunyan, et al. Fitness landscape analysis for resource allocation in multiuser OFDM based cognitive radio systems [J]. ACM SIGMOBILE Mobile Computing and Communications Review, 2009, 13 (2): 26 – 36.

[47] Lu Hui, Zhou Rongrong, Cheng Shi, et al. Multi – center variable – scale search algorithm for combinatorial optimization problems with the multimodal property [J]. Applied Soft Computing, 2019, (84): 105726.

第 2 章 崎 岖 性

2.1 定义

崎岖性是衡量适应度地形中局部最优解的数量和分布的一种方式，其与适应度值整体的变化程度有关[1]。如果一个优化问题解空间的适应度值变化剧烈，换句话说，邻域解的适应度值与解本身的适应度值差异性很大，那么该优化问题的地形就可以被看成是崎岖的。与此相对应，如果一个优化问题解空间的适应度地形只有一个盆地/山峰，或者是没有任何特征的平原区域，那么该优化问题的适应度地形就不能被看成是崎岖的，或者说可以被看成是平坦的。从崎岖性的特性可以看出，如果一个优化问题的适应度地形是崎岖的，那么设计该优化问题的搜索算法时需要更加关注其跳出局部最优解的能力。图 2-1 给出四种不同崎岖程度的适应度地形，对于不同崎岖程度的适应度地形，其相应搜索策略的关注点不同，这也是适应度地形特征为优化算法设计提供指导性的意义所在。

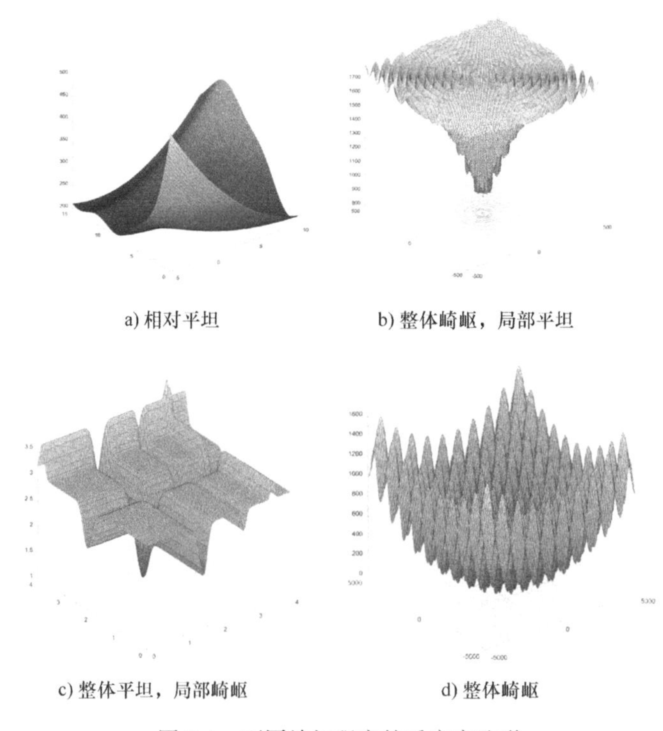

a) 相对平坦　　b) 整体崎岖，局部平坦

c) 整体平坦，局部崎岖　　d) 整体崎岖

图 2-1　不同崎岖程度的适应度地形

在定性理解崎岖性概念的同时，如何定量定义和刻画地形的崎岖性，是一个值得关注的问题。Kauffman 在研究过程中提出了 NK 地形模型[2]，该模型作为一种基准地形产生器，对于适应度地形的研究发挥了非常重要的作用，很多研究工作都是在 NK 地形的基础上开展

的。在研究崎岖性时，可以通过调节 NK 地形的参数控制地形的崎岖性，进而生成具有不同崎岖程度的地形，为研究相应的崎岖性评价指标提供验证基准。相关性分析作为适应度地形分析的一种经典方法，从自相关分析[3]和距离相关性分析[8]的角度入手，分别从不同的角度反映了适应度地形的崎岖性。自相关分析侧重于从采样解的适应度值之间的关系入手，距离相关性考量的是当前解与全局最优解之间的关系。另外，Vassilev 等人基于信息熵提出了评价问题适应度地形崎岖性的分析方法，该方法从采样解中提出包含的信息量，可以同时探讨地形的平坦性、崎岖性和中性等多个特征[11]。本书作者从适应度地形的时域分析角度出发，利用有向图及其中的坐标值定量描述地形的尖锐性，侧面反映地形的崎岖性。

2.2　NK 地形

NK 地形是由 Kauffman 最早提出的一种常用的地形模型，类似于一种基准地形生成器。因每个基因位点有 A 个可供选择的等位基因，K 个基因位点的不同组合决定了每个基因位点对适应度值的贡献，所以每个基因 $g \in R$ 的适应度值是每个基因位点贡献的平均值[4]，即

$$f(g) = \frac{1}{N}\sum_{i=1}^{N} f_i(g_i, g_{i1}, \cdots, g_{ik}) \tag{2-1}$$

式中，N 为基因模型中的基因位点数；K 为与某基因位点有相互作用的基因位点数。

因此，K 衡量了基因位点间上位相互作用的强度。随着参数的变化，NK 地形模型可以产生一系列崎岖性不同的适应度地形。当 N 相同而 K 增加时，地形由平滑的单峰地形变化为崎岖的多峰地形，因此 NK 模型可以产生不同变化特征的地形，从而为模拟不同复杂度的问题空间和验证地形评价参数提供可能，具有重要的实际意义。

当明确了 NK 地形的 N、A、K 的参数值后，还有必要定义 N 个基因位点中，K 个基因位点具有相互作用。例如，在线性结构的染色体中，对每个基因位点有相互作用的其他 K 个基因位点称为该基因的邻居，它们可能是随机选择的，或者是一些非随机的空间分布[1]。常用的三种邻居定义方式如下：

1）相邻邻居：第 i 个基因位点的邻居为依次相邻的 K 个基因位点。其邻居组记为 $V_i = \{i, i+1, \cdots i+K\}$。

2）随机邻居：第 i 个基因位点的邻居包括它本身以及在整个染色体中随机选择的其他 K 个基因位点。

3）块状邻居：第 i 个基因位点的邻居组定义如下：

$$V_i = \left\{(K+1)\left\lfloor\frac{i-1}{K+1}\right\rfloor + 1, (K+1)\left\lfloor\frac{i-1}{K+1}\right\rfloor + 2, \cdots, (K+1)\left\lfloor\frac{i-1}{K+1}\right\rfloor + (K+1)\right\}$$

给定 N、A、K，以及每个基因位点的邻居分布，则 NK 地形被确定，同时决定了地形特征。

NK 模型能提供可调节崎岖性的适应度地形，因为参数 K 能控制地形的崎岖程度。当 $K=0$ 时，每个基因位点都是相互独立的，因此由每个基因位点较好值组成的某个特定的基因序列就是适应度地形中唯一的全局最优解。适应度地形的相关性衡量了解空间中一位变异体之间适应度值的相似程度。每个长度为 N 的基因序列有 N 个一位变异邻居，通过将任意一位基因换为与其对立的等位基因获得。在 $K=0$ 的地形中，由于一位变异只能使适应度值

改变 $1/N$ 或更少，因此这类地形具有很强的相关性。而当 $K=N-1$ 时，每个基因位的适应度值贡献依赖于其他序列中的所有其他基因位，因此把任意一位基因改变为与其对立的等位基因，都会使该位的适应度贡献值变为另一个随机值。因此，和初始序列相比，任意一个一位变异邻居的适应度值是完全随机的，这时的地形也是完全随机的，这类随机地形一般有很多局优解，平均有 $2^N/N+1$ 个。

假设每个基因位点只具有两个等位基因。为每个基因位点分配一个适应度贡献值 ω_i，$\omega_i \in (0, 1)$，$1 \leqslant i \leqslant N$，$\omega_i$ 的值依赖于自身基因位点 i 和其他$K<N$ 个上位基因。由于每个基因位上的基因型可以为0 或1，因此这（$K+1$）个基因位点有 $2^{(K+1)}$ 个状态组合来决定基因位点 i 对整个染色体适应度的贡献值。每个状态组合的适应度贡献值是在均匀分布（0，1）中产生的独立随机变量，所有状态组合的适应度贡献值就组成了第 i 个基因位点的适应度表，每个基因位点都具有一个不同的、独立产生的适应度表。那么，给定任意的长度为 N 的基因序列，它的整体适应度值 W 就可以由每个基因位点的适应度贡献值的均值给出，即 $W = \frac{1}{N}\sum_{i=1}^{N}\omega_i$。

总体来看，NK 模型可以产生不同崎岖度和相关性的随机地形，可以用于模拟一些问题的解空间特性，并用于相关评价指标的检验。

2.3 适应度的相关性

20 世纪 90 年代初，Weinberger 首次提出了自相关函数（autocorrelation function）和相关长度（correlation length）这两个指标，用于衡量适应度地形的崎岖性[3]，并且在后续的研究中得到广泛应用。一般来说，在崎岖的地形中，邻域解的适应度相关性更小，因此获得更长的后续搜索方向就难以确定。反之，当地形更加平坦，邻域解的适应度相关性更大时，搜索方法就可以跟随更长的搜索梯度信息。适应度的自相关函数就是这样一个指标，用来衡量一次随机游走过程所经过的邻居解适应度的连续性。

如果随机游走得到一组随机解的适应度值是 $\{f_t\}_{t=1}^{n}$，相距 s 步的两点之间的自相关函数定义如下

$$\rho(s) = \frac{E[f_t f_{t+s}] - E[f_t]E[f_{t+s}]}{V[f_t]} \tag{2-2}$$

式中，$E[f_t]$为f_t 的期望值；$V[f_t]$为f_t 的方差。

这里的一步是指在适应度地形中从当前解移动到它的邻域解。基于这个自相关函数，相关长度 l 可以定义为[4]

$$l = -\frac{1}{\ln(|\rho(1)|)} \tag{2-3}$$

式中，$\rho(1) \neq 0$。

这里相关长度便是步长 s 为 1 的特殊情况，可以直接反映地形的崎岖程度。l 的值越小，地形越崎岖。如果通过统计分析发现适应度地形在所有方向上有着相同的拓扑特征，那么该指标就可以作为衡量问题困难程度的指标。

在后续的研究中，学者们提出了相关性分析的各种修正方法，如 Manderick[5] 提出将自

相关度和相关长度结合起来，可以用来评估与进化算子有关的相关系数，即

$$\rho(F_i,F_{i+s})=\frac{\mathrm{Cov}[F_i,F_{i+s}]}{\sqrt{V[F_i]V[F_{i+s}]}} \tag{2-4}$$

式中，F_i 为第 i 代种群的适应度值的集合；$\mathrm{Cov}[F_i,F_{i+s}]$为 F_i 与 F_{i+s}之间的协方差；$V[F_i]$为方差。

另外，Hordijk[6]使用 Box 和 Jenkins 的方法[7]来拓展相关性分析。Weinberger 在 1990 年[3]使用自回归（Auto Regressive，AR）模型统计分析在适应度地形上的随机游走。但是，Hordijk 的分析是基于自回归滑动平均（Autoregressive Moving Average，ARMA）模型，并给出了自相关和一个更精确地描述时间序列的随机模型。

2.4　距离相关性

Jones[8]在 1995 年首次提出的距离相关性 FDC（Fitness Distance Correlation）指标作为衡量适应度地形崎岖性的方法。该方法的主要思想是衡量候选解到一个解（全局最优解）之间距离的相关性。通常情况下，相关性越高，局部搜索算法找到正确方向的可能性比较大。即相关性越强，意味着可能更接近全局最优解，这对算法的指导意义更有效[9]。

假设 n 个个体的适应度值集合为 $F=\{f_1,f_2,\cdots,f_n\}$，这 n 个个体相对于距离最近的全局最优解的距离集合为 $D=\{d_1,d_2,\cdots,d_n\}$，则 FDC 定义为

$$\mathrm{FDC}=\frac{C_{FD}}{\sigma_F\sigma_D} \tag{2-5}$$

$$C_{FD}=\frac{1}{n}\sum_{i=1}^{n}(f_i-\overline{f})(d_i-\overline{d}) \tag{2-6}$$

式中，C_{FD}为 F 和 D 的协方差；σ_F 和 σ_D 为标准差；$\overline{f}$ 和 $\overline{d}$ 为 F 和 D 的平均值。

如果是最大化问题，那么随着距离变短，适应度值会增大。如果是理想化的适应度函数，FDC 的值会等于 -1.0。根据 FDC 的结果，可以推断出算法的性能表现，具体的分类情况如下[10]：

- 误导（$\mathrm{FDC}\geqslant 0.15$）：适应度值随着与全局最优解之间的距离增大而增大。
- 困难（$-0.15<\mathrm{FDC}<0.15$）：适应度值与距离之间几乎没有相关性。
- 明确（$\mathrm{FDC}\leqslant -0.15$）：适应度值随着与全局最优解之间的距离减小而增大。

2.5　信息熵分析

为了进一步研究适应度地形的结构特征，Vesselin 等人[11]提出了基于信息熵的方法去探究适应度地形的平坦性、崎岖性和中性等多个特征。其基本思想就是将适应度地形看作是对象的集合，每个对象由其和最近的邻居之间的结构构成。如图 2-2 示例，表示了如何将随机游走得到的路径表示为对象的集合。为了研究崎岖性、平坦性与地形中性的相关性，将初始对象集合分为两个子集合，对于每个子集合，当地形的中性程度增加时，信息函数可以衡量每个子集合熵的变化情况，如图 2-3 的示意图。

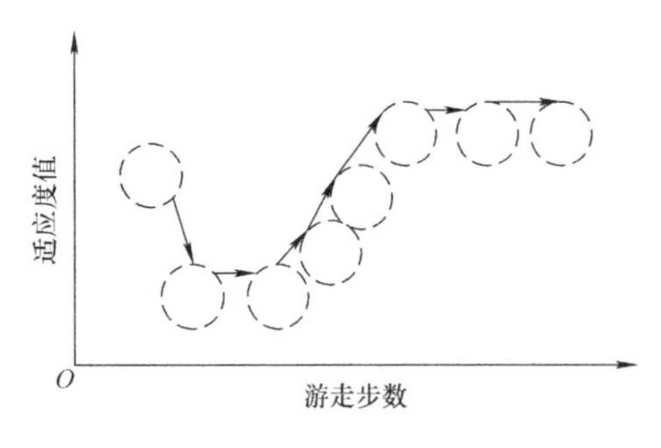

图 2-2　适应度值序列示意图

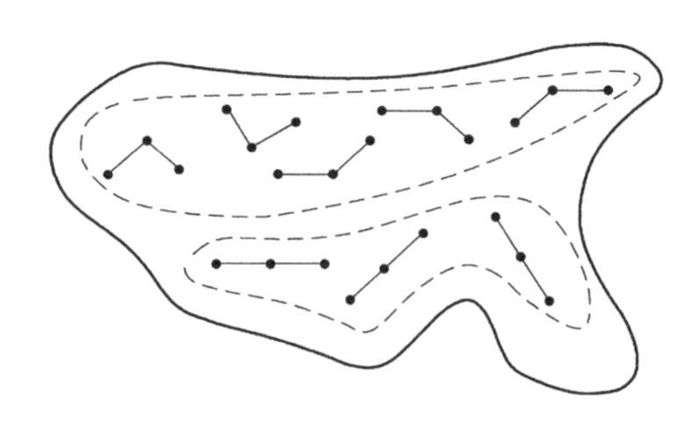

图 2-3　适应度地形元素集合示意图

Vesselin 等人指出，通过随机游走得到由适应度值组成的一个时间序列，记为$\{f_t\}_{t=0}^{n}$，该时间序列包含了适应度地形的结构信息，通过将时间序列构成对象集合就是为了提取这个信息。这个集合可以定义为一个信息串$S(\varepsilon)=s_1s_2s_3\cdots s_n$，其中$s_i\in\{\overline{1},0,1\}$，它们可以通过如下的方式获得：

$$s_i=\psi_{f_t}(i,\varepsilon) \tag{2-7}$$

$$\psi_{f_t}(i,\varepsilon)=\begin{cases}\overline{1}, 如果 f_i-f_{i-1}<-\varepsilon\\ 0, 如果 |f_i-f_{i-1}|\leqslant\varepsilon\\ 1, 如果 f_i-f_{i-1}>\varepsilon\end{cases} \tag{2-8}$$

式中，ε为一个实数参数，决定了计算$S(\varepsilon)$的正确性。

如果$\varepsilon=0$，函数ψ_{f_t}将会对适应度值之间的差异特别敏感，$S(\varepsilon)$也会越精确。这个信息串$S(\varepsilon)$包含了适应度地形的结构信息，函数ψ_{f_t}将集合$\{\overline{1},0,1\}$中的元素连接成了路径中的边，每条路径由$S(\varepsilon)$的子串s_is_{i+1}构成。$S(\varepsilon)$可以看作是适应度地形关联矩阵的采样结果。

1. 信息内容

对于$S(\varepsilon)$长度为w的子块集合，Vesselin 等人给出了两个基于熵测量的方法，分别是：

$$H(\varepsilon)=-\sum_{p\neq q}P_{[pq]}\log_6 P_{[pq]} \tag{2-9}$$

$$h(\varepsilon)=-\sum_{p=q}P_{[pq]}\log_3 P_{[pq]} \tag{2-10}$$

$H(\varepsilon)$和$h(\varepsilon)$分别记作第一熵测度（the First Entropic Measures，FEM）和第二熵测度（the Second Entropic Measures，SEM）。其中，第一熵测度评估的是地形中相对于中性的崎岖性，而第二熵测度衡量的是中性和平坦性之间的相互作用。概率$P_{[pq]}$是可能的组合pq出现的频率，定义为

$$P_{[pq]}=\frac{n_{[pq]}}{n} \tag{2-11}$$

式中，$n_{[pq]}$是在信息串$S(\varepsilon)$中子串pq出现的次数。

由于从$\{\overline{1}, 0, 1\}$中可能出现的长度为 2 的子串一共有 9 种情形，其中$p\neq q$的情形一共有 6 种，$p=q$的情形有 3 种，因此，式（2-9）和式（2-10）中对数函数的底分别是 6 和 3。

首先，通过进化操作算子对适应度地形进行随机游走，记录下每一步的适应度值，经过多步随机游走就可以得到一个时间序列，这样信息函数 $H(\varepsilon)$ 和 $h(\varepsilon)$ 的值就可以计算。其次，为了量化适应度地形的熵测度，可以采用多种信息分析方法。例如，自相关函数揭示了整个地形的相关性，相关性越低，地形越崎岖。可以采用不一样的信息分析方法，同时分析崎岖性、中性和平坦性之间的关系。

2. 部分信息内容

Vesselin 等人在文献［4］中指出适应度地形路径 $\{f_t\}_{t=0}^{n}$ 崎岖性的一个重要的特征是路径的模态，可以通过测量由一个字符串 $S(\varepsilon)$ 表示的信息量来评估。由于 $H(\varepsilon)$ 是用来评估与地形最优解相关对象的多样性，因此路径的模态不能通过 $H(\varepsilon)$ 来衡量。为了探究在地形上随机游走的路径形态，假设路径形态仅与路径上最优解数量相关的特征。因此，无论它们可能是孤立的最优解、高原等，这些对象都作为最优解。

以 $S(\varepsilon)$ 为基础按照以下的方式构造一个新的信息串 $S'(\varepsilon)$：如果 $S(\varepsilon)$ 是0串，那么 $S'(\varepsilon)$ 就为空；否则，$S'(\varepsilon)=s_{i_1}s_{i_2}\cdots s_{i_\mu}$，其中 $s_{i_j}\neq 0$ 且 $s_{i_j}\neq s_{i_{j-1}}$，$j>1$。这样通过忽略了 $S(\varepsilon)$ 中不重要的部分，得到了长度为 μ 的信息串 $S'(\varepsilon)$，并且 μ 值反映了路径模态。因此，$S'(\varepsilon)$ 的形式为“$\bar{1}1\bar{1}\cdots$”，这表示相应地形路径斜率的最短字符串。如果地形路径是最大的多模态，$S(\varepsilon)$ 就不能改变，它的长度也会保持不变。$S'(\varepsilon)$ 的长度在整数区间［0，1］之间，称为部分信息内容，具体定义如下：

$$M(\varepsilon)=\frac{\mu}{n} \tag{2-12}$$

式中，n 是 $S(\varepsilon)$ 的长度。

定义函数 $\Phi_S(i,j,k)$ 计算信息串 $S(\varepsilon)=s_1s_2s_3\cdots s_n$ 的坡度为

$$\Phi_S(i,j,k)=\begin{cases}k & \text{如果 } i>n\\ \Phi_S(i+1,i,k+1) & \text{如果 } j=0 \text{ 且 } s_i\neq 0\\ \Phi_S(i+1,i,k+1) & \text{如果 } j>0, s_i\neq 0 \text{ 且 } s_i\neq s_j\\ \Phi_S(i+1,j,k) & \text{其他}\end{cases} \tag{2-13}$$

这样，μ 的计算可以写成 $\Phi_S(1,0,0)$。如果地形路径是平坦的，即没有坡度，那么部分信息内容 $M(\varepsilon)$ 的值为0。当地形路径是最大的多模态，$M(\varepsilon)$ 的值为1。对于给定的 $M(\varepsilon)$，对应地形路径上最优解的数目为 $\left\lfloor\frac{nM(\varepsilon)}{2}\right\rfloor$。

3. 信息稳定性

Vesselin 等人指出，信息内容和部分信息内容衡量时间序列 $\{f_t\}_{t=0}^{n}$ 存在精度问题，它们主要依赖于参数 ε。因此，可以将参数 ε 视为放大镜，通过该放大镜可以实现观测适应度地形。如果参数 ε 的值非常小，那么函数 ψ_{f_t} 将会对适应度值的差异非常敏感，也就意味着这个放大镜使适应度地形的每个元素都可见。如果 ε 的值等于0，那么 $H(\varepsilon)$ 和 $M(\varepsilon)$ 的准确性就会很高。使适应度地形变得平坦的最小 ε，记为 ε^*，就被定义为信息稳定性，ε^* 对应的 $S(\varepsilon^*)$ 是一个只有0的信息串。地形路径的信息特征见表2-1。

表 2-1　地形路径的信息特征

ε	$S(\varepsilon)$	$P_{[01]}$	$P_{[10]}$	$H(\varepsilon)$	$M(\varepsilon)$
0	11111	0	0	0	1/5
0.01	01101	2/5	2/5	0.4091	1/5
0.05	00101	2/5	2/5	0.4091	1/5
0.16	00001	1/5	1/5	0.3593	1/5
0.68	00001	1/5	1/5	0.3593	1/5
0.69	00000	0	0	0	0
1	00000	0	0	0	0

2.6　尖锐性

本书直接从适应度地形的时域角度出发，通过新序列生成、类别统计、有向图绘制等步骤，利用有向图及其中的坐标值定量描述地形尖锐性[12]。其主要过程如下：

1）当被比较的两个问题规模不同时，将解空间较大的称为大规模问题，解空间较小的称为小规模问题。将大规模问题的适应度地形分成若干段，每段中的解的个数与小规模问题的解个数相同。

2）用整数序列$\{1,-1,0\}^{N-1}$代替原适应度地形。比较两个相邻解的适应度值的大小。如果前项大于后项，用1代替两者，如果前项小于后项，用−1代替两者；如果两个解的适应度值相等，则用0代替两者。通过这种方法，获得一个新的数据序列。

3）绘制散点图，横坐标为1~5。从前到后遍历新数据序列，如果0连续出现，则计算连0数并记为a_i，i代表该情况出现的次数。以累计方式在横坐标为1处标定这些a_i值，作为纵坐标。如果1或−1连续出现，则计算1或−1连续出现的次数，记为c_i和d_i，并分别在横坐标为3和4的位置标定这些值。如果1和−1交替出现，计算±1交替出现的次数并记为e_i，以累计方式在横坐标为5处记录这些值。如果出现其他情况，则用b_i记录出现次数并标定在横坐标为2处。

4）根据标定点的出现次序依次连接它们得到无向图，并将a_i，b_i，c_i，d_i，e_i最后的累计值记为a_{sum}、b_{sum}、c_{sum}、d_{sum}、e_{sum}。

5）根据每种情况对尖锐性的贡献，为a_{sum}、b_{sum}、c_{sum}、d_{sum}、e_{sum}分配权重，并最终得到尖锐性为

$$kee_{td} = a_{sum}\times(-1) + b_{sum}\times(-0.6) + c_{sum}\times(-0.2) + d_{sum}\times(-0.2) + e_{sum}\times(+1) \tag{2-14}$$

权重的分配是根据经验值获得的，可以稍作调整以达到更好的效果。尖锐性值越大，地形越尖锐，从而反映地形的崎岖性。

为了便于理解，下面来看两个例子[13]。假设示例1的解空间具有32个解，并且这些解的适应度值构成如下的适应度值向量［6 3 4 6 8 5 5 5 6 4 7 7 6 4 3 5 2 6 3 9 5 6 10 10 10 10 5 7 4 9 12 12］，示例1的解空间如图2-4a所示。然后，根据步骤1）到5）计算这个解空间的尖锐性。

1）忽略步骤1，因为只有一个解空间，并且它是小规模的。

2）从解空间中的第一个解开始，3 小于 6，所以它们被 -1 代替，4 大于 3，所以它们被 1 代替。其余部分可以以相同的方式完成，并且新的数组是 [-1 1 1 1 -1 0 0 1 -1 1 0 -1 -1 -1 1 -1 1 -1 1 -1 1 1 0 0 0 -1 1 -1 1 1 0]。

3）前两个数字属于 1 和 -1 交替出现的情况，所以 $e_1 = 2 - 1 + 1 = 2$，第二至第四个数字属于 1 连续出现的情况，所以 $c_1 = 4 - 2 + 1 = 3$，第四和第五个数字也属于 1 和 -1 交替出现的情况，所以 $e_2 = 5 - 4 + 1 = 2$。剩下的也可以用同样的方法完成，然后我们可以得到其他值：$b_1 = 2$，$b_2 = 2$，$e_3 = 3$，$b_3 = 3$，$d_1 = 3$，$e_4 = 8$，$c_2 = 2$，$b_4 = 2$，$a_2 = 3$，$b_5 = 2$，$e_5 = 4$，$c_3 = 2$，$b_6 = 2$。将这些点标记在散点图的相应位置。

4）根据出现的顺序将散点连接起来，就可以得到：$a_{sum} = a_1 + a_2 = 5$，$b_{sum} = b_1 + b_2 + b_3 + b_4 + b_5 + b_6 = 13$，$c_{sum} = c_1 + c_2 + c_3 = 7$，$d_{sum} = d_1 = 3$，$e_{sum} = e_1 + e_2 + e_3 + e_4 + e_5 = 19$。无向图如图 2-5a 所示。

5）最后计算尖锐性：$kee_{td1} = 5 \times (-1) + 13 \times (-0.6) + 7 \times (-0.2) + 3 \times (-0.2) + 19 \times 1 = 4.2$。

假设示例 2 的解空间有 32 个解，并且这些解的适应度值构成如下的适应度值向量 [6 6 6 6 8 5 5 5 6 4 7 7 6 4 5 5 5 5 5 5 5 6 10 10 10 10 5 7 4 9 9 9]，示例 2 的解空间如图 2-4b 所示，尖锐性为 $kee_{td2} = -17.2$，对应的无向图如图 2-5b 所示。

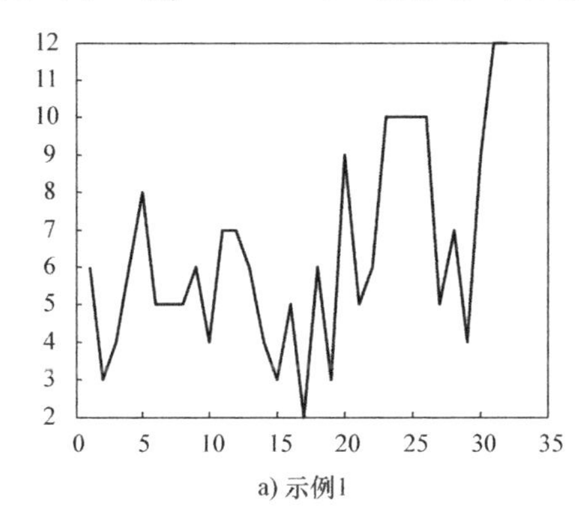
a) 示例1

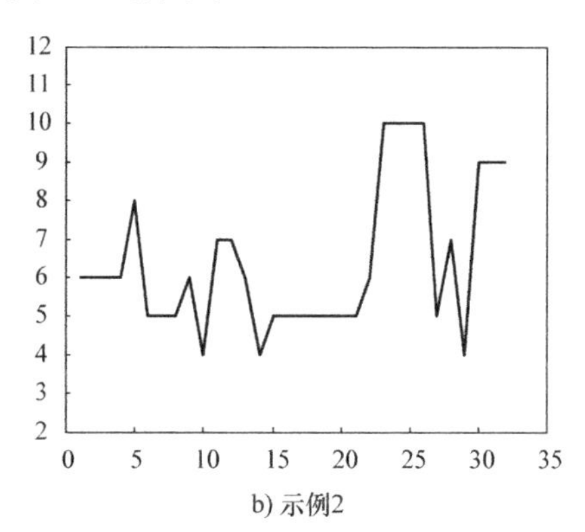
b) 示例2

图 2-4 不同示例的解空间

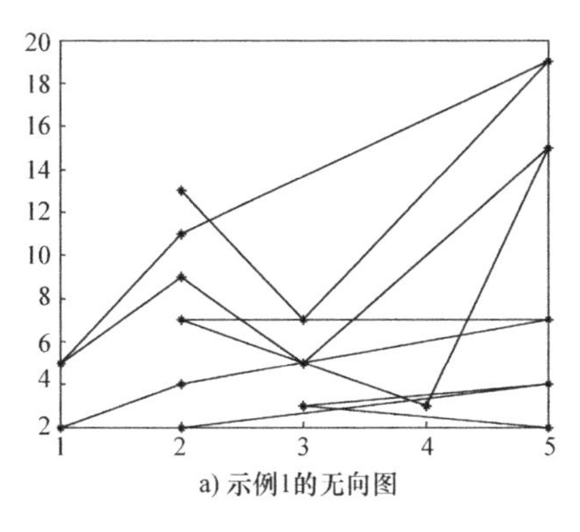
a) 示例1的无向图

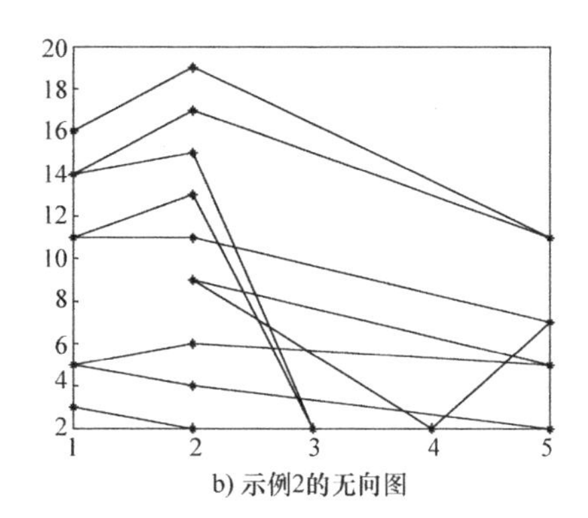
b) 示例2的无向图

图 2-5 不同示例的无向图

从仿真结果可以看出 $kee_1 > kee_2$，所以示例 1 的解空间比示例 2 的解空间更崎岖。一般情况下，在崎岖解空间的无向图中，直线向右上角倾斜，而在平坦解空间的无向图中，直线向右下角倾斜。

2.7 本章小结

本章从地形崎岖性的角度对解空间适应度地形特征进行了分析，对反映地形崎岖性的主要技术指标进行了详细的阐述，同时给出了相关示例。

NK 地形、适应度地形相关性、距离相关性和信息熵分析是目前优化领域中分析地形崎岖性的主要技术指标，他们主要是针对连续优化问题提出的技术指标。尖锐性指标是通过对组合优化问题特性的分析，从时间序列的角度构建的技术指标体系，并在分析各种调度问题中进行了应用，可以作为评价组合优化问题地形空间崎岖性的主要指标。同时，该指标也可以推广应用于连续优化的问题。

参考文献

[1] MALAN K M，ENGELBRECH A P. A survey of techniques for characterising fitness landscapes and some possible ways forward [J]. Information Sciences，2013，241：148 - 163.

[2] KAUFFMAN S A，WEINBERGER E D. The NK model of rugged fitness landscapes and its application to maturation of the immune response [J]. Journal of Theoretical Biology，1989，141 (2)：211 - 245.

[3] WEINBERGER E. Correlated and uncorrelated fitness landscapes and how to tell the difference [J]. Biological Cybernetics，1990，63 (5)：325 - 336.

[4] VESSELIN K VASSILEV，TERENCE C FOGARTY，JULIAN F MILLER. Information Characteristics and The Structure of Landscapes [J]. Evolutionary Computation，2000，8 (1)：31 - 60.

[5] MANDERICK B. The genetic algorithm and the structure of fitness landscape [C]. 4th ICGA，1991：143 - 150.

[6] HORDIJK W. A measure of landscapes [J]. Evolutionary computation，1996，4 (4)：335 - 360.

[7] GEORGE E P BOX，GWILYM M JENKINS，GREGORY C，et al. Time series analysis：forecasting and control [M]. New Jersey：John Wiley & Sons，2015.

[8] JONES T，FORREST S. Fitness distance correlation as a measure of problem difficulty for genetic algorithms [C]. Proceedings of the 6th international conference on genetic algorithms，1995：184 - 192.

[9] GEORGE L. A Methodology for the Cryptanalysis of Classical Ciphers with Search Metaheuristics with Search Metaheuristics [M]. Kassel：Kassel university press，2018.

[10] JONES T. Evolutionary algorithms，fitness landscapes and search [D]. Citeseer，1995.

[11] VESSELIN K VASSILEV，TERENCE C FOGARTY，JULIAN F MILLER. Smoothness，Ruggedness and Neutrality of Fitness Landscapes：from Theory to Application. In：Ghosh A，Tsutsui S (Eds) Advances in Evolutionary Computing. Natural Computing Series. Springer，Berlin，Heidelberg，2003.

[12] Lu Hui，Shi Jinhua，Fei Zongming，et al. Measures in the time and frequency domains for fitness landscape analysis of dynamic optimization problems [J]. Applied Soft Computing，2017，51：192 - 208.

[13] Lu Hui，Shi Jinhua，Fei Zongming，et al. Analysis of the similarities and differences of job - based scheduling problems [J]. European Journal of Operational Research，2018，270 (3)：809 - 825.

[14] STADLER P F. Landscapes and their correlation functions [J] . Journal of Mathematical Chemistry，1996，20

(1): 1－45.

[15] WEINBERGER E D. Local properties of Kauffman's N－k model: A tunably rugged energy landscape [J]. Physical Review A, 1991, 44 (10): 6399－6413.

[16] WRIGHT A H, RICHARD K THOMPSON, Jian Zhang. The Computational Complexity of N－K Fitness Functions [J]. IEEE Transactions on Evolutionary Computation, 2000, 4 (4): 373－379.

第3章　中　　性

在进化算法的研究领域，中性的作用已经得到了很多研究者的关注。如果从一个基因到另一个基因的变异没有改变基因的表型，那么这样的现象就称为中性。

进化计算系统的灵感来源于进化论，该理论提出通过选择过程，个体适应环境，这就是有效变异累积的结果。但是，在20世纪60年代，Kimura提出了大部分分子水平的进化变化都是随机固定中性变异的结果[1]，换句话说，在进化过程中，变异过程对于个体的生存既不是有利的，也不是不利的。这称为分子进化的中性理论，指的就是基因的突变不改变基因的表型。

当时，由于Kimura的理论看上去与达尔文的进化论相对立，因此受到了生物学研究界的高度批评。Kimura对这一看法进行了回答，他认为中性理论没有否认自然选择在适应性进化过程中的决定性作用，但它假设了只有一分钟进化中DNA（deoxyribonucleic acid，脱氧核糖核酸）变化的部分是适应性的，而绝大多数表型不变的分子变异对物种的生存和繁殖没有显著的影响[2]。

中性理论同时也启发了进化计算的研究人员，他们希望通过引入中性理论帮助进化过程。假设适应度地形是一个三元集合$L=(X, N, f)$，其中X是所有可能解的集合，N：$x \rightarrow 2^x$是一个邻域函数，对于每一个解$x \in X$，它的邻居解的集合是$N(x)$，f：$x \rightarrow \Re$是适应度函数。如果给定一组变异算子，N可以定义为$N(x)=\{x' \in X | x'$可以通过x一次变异得到$\}$。在很多情况下，即使搜索空间S非常大，但是f只是一个有限的集合，因此会出现大量的不同解拥有相同的适应度值。这样的情况下，该地形就是中性程度高的。

3.1　中性随机游走

在生物学领域中，关于中性理论的一些研究成果在适应度地形领域得到了关注。Huynen指出在自然界的演化过程中，大量冗余量的存在是一个关键的搜索策略。该研究将RNA（Ribonucleic Acid，核糖核酸）序列映射到RNA二级结构，这个映射中存在着大量的冗余量[3]。研究表明，尽管从统计意义上看，RNA地形非常崎岖，但是中性路径的存在依然可以进行平坦式探索。为了说明中性路径的存在，Huynen[4]等人在RNA二级结构上进行中性游走，以测量中性突变所遇到的新结构的总数，这有助于证明中性突变所发现的新结构的数量是随着时间的推移呈线性增加。

后来，Reidys和Stadler[5]给出了中性随机游走算法的具体实现过程。该过程主要包括：①生成随机解；②生成所有邻居；③选择一个可以使与初始解距离增加的中性邻居。重复该步骤直到该距离不能再增加。具体的算法伪代码如下：

算法 3-1：中性随机游走

输入：地形
x_0：随机解，*walk*：中性邻居，d：距离，ξ：中性邻居集。

过程：
while$\xi \neq \xi$**do**

对列表 ξ 进行随机排序

找到一个 $y \in \xi$，并且满足 $d(x_0, y) > d$

if 找到满足条件的 y，**then**

将 y 加入 *walk*

$\xi \leftarrow$将 y 的中性邻居赋给 ξ

$d = d(x_0, y)$

else

将 Φ 赋为 ξ

end if

end while

return *walk*

3.2　中性网络

中性网络是分析适应度地形非常有力的工具，由 Harvey 和 Thompson 在 1996 年首次提出，研究和应用都非常广泛[6]。由一组具有相同适应度值的连接点组成的网络称为适应度地形的中性网络。其中，每个连接点都是一个单独的基因型，“连接”就意味着在两点之间可以通过单步变异得到，但不影响适应度值。文献［6］指出，如果遗传编码具有许多完全冗余的位点，这些位点在任何情况下都不用于确定表型，那么这些位点自动生成中性网络。如果非中性遗传编码（产生非中性适应度地形），具有长度为 n 的二元基因，通过增加 g 个额外的冗余位点对原来的基因进行修改，那么每个基因将由这 2^g 个点表示，这些点可以形成一个连接的中性网络。

中性网络的原始定义是指在搜索空间适应度值相等的一组解，有时也指在搜索空间通过中性变异，但是适应度值不发生变化的解连接而成的网络。

中性理论的研究取得了很多有意义的成果，但 Vanneschi 等人[7]指出，一方面各种关于中性理论的概念和形式，有力地说明了中性在搜索过程中起着重要的作用，另一方面他们认为这种情况导致了中性理论的一致性缺失，从而得出了一些含糊不清，令人困惑的结论。基于这种考虑，Vanneschi 等人在中性网络的基础上提出了一系列的评价指标，目的是建立一套精确的中性度量方法，每个度量用于反映适应度地形中性的特定方面。具体的定义如下：

1. 平均中性比例（average neutrality ratio）

给定一个解 s，将既是邻居又是中性特征的解，称为中性邻居，也就是满足条件 $N(s)=\{s'\in V(s)\mid f(s')=f(s)\}$。中性邻居的数量称为 s 的中性程度（neutrality degree），将中性程度与基数 $V(s)$ 的比例定义为中性比例（neutrality ratio）。平均中性比例 $\bar{r}$ 就是网络中所有个体中性程度的平均值。

2. 平均 Δ-*fitness*

该指标衡量的是网络中个体突变之后实现的平均适应度值增益，假设 N 是中性网络，那么它的 Δ-*fitness* 可以定义为

$$\overline{\Delta f}(N):=\frac{1}{N}\sum_{s\in N}\left[\frac{\sum_{v\in V(s)}(f(v)-f(s))}{|V(s)|}\right] \tag{3-1}$$

这个评价指标与可演化性有直接的关系，也有助于统计描述网络（S，V）。如果 $\overline{\Delta f}$ 是负值，这说明了适应度值的提高；如果是正值，则说明了适应度值的减少。

3.3 局部最优网络

在搜索空间中，研究局部最优解的分布对于理解在不同地形中搜索的难度有很大帮助，也可以指导高效搜索算法。例如，在许多组合优化问题的适应度地形中，局部最优解并不是随机分布的，相反，它们往往是集中在一个“中央地段”中（如果是最小化问题，则是大峡谷）。在许多组合优化的问题中，包括旅行商问题、流水车间调度，还有 NK 地形，都呈现出了全局凸的地形结构。

为了得到局部最优网络，文献［8］给出了相关的定义和算法。

1）中性邻居：一个解 s 的中性邻居指的是与之有相同的适应度值 $f(s)$ 的邻居 x，即

$$V_n(s)=\{x\in V(s)\mid f(x)=f(s)\} \tag{3-2}$$

由式（3-2）可以看出，一个解的中性程度就是它的中性邻居的数量。如果有许多解的中性程度都很高，那么该适应度地形就是中性的。那么，该地形就可以被分解为拥有相同适应度值的几个子结构。当然，也允许适应度值之间有一定的差值，这样也认为是中性的。

2）中性网络：一个顶点拥有相同适应度值的连通子图，记作中性网络（Neutral Network，NN）。

通过位翻转变异算子，对于所有的解 x 和 y，如果 $x\in V(y)$，那么 $y\in V(x)$。在这种情况下，中性网络就与 $R(x,y)$（当且仅当 $x\in V(y)$ 且 $f(x)=f(y)$）是等价关系。为了描述方便，将此中性网络记作 $NN(s)$。

3）局部最优解：一个局部最优解，是局部区域最大的解，即存在一个解 s^*，满足条件 $\forall s\in V(s)$，$f(s)\leqslant f(s^*)$。

4）局部最优中性网络：如果中性网络的所有配置都是局部最优的，则该中性网络就是局部最优的。

可以使用随机爬山算法[9]，提取局部最优中性网络中的吸引域。在算法中，随机选择一个具有最大适应度值的邻域解，接受适应度值相等或者更优的解。具体的步骤如下：

算法 3-2：随机爬山

选择一个初始解 $s \in S$

repeat

1. 从 $\{Z \in V(s) \mid f(Z) = \max\{f(x) \mid x \in V(s)\}\}$ 中随机选择一个解 s'；

2. **if** $f(s) \leqslant f(s')$ **then**

$s \leftarrow s'$

end if

until s 在一个局部最优中性网络中

由于适应度地形的大小是有限的，可以将局部最优中性网络记作 NN_1，NN_2，$NN_3 \cdots NN_n$，这些局部最优中性网络是局部最优网络的端点。因此，在这样的情况下，就形成了一个固有网络，其节点本身就是网络。对于每个解 s，都有一个概率 $h(s) \in NN_i$，并且将概率 $P(h(s) \in NN_i)$ 记作 $p_i(s)$，对于每个 $s \in S$ 的解，满足 $\sum_{i=1}^{n} p_i(s) = 1$。

在非中性适应度地形中，其中每个中性网络的大小是 1，对于每个解 s，只有一个中性网络（实际上是一个解）NN_i，使得 $p_i(s) = 1$ 使得 p_i（s）$= 1$。

在这种情况下，局部最优中性网络 i 的吸引域是集合 $b_i = \{s \in S \mid p_i(s) > 0\}$，但是这个定义不能直接在中性适应度地形中使用，需要按照以下方式扩展该定义[8]。

5）吸引域：局部最优中性网络 i 的吸引域是集合 $b_i = \{s \in S \mid p_i(s) > 0\}$。吸引域的大小即为 $\sum_{s \in S} p_i(s)$。

6）局部最优网络：局部最优网络 $G = (N, E)$ 是一个图，它的节点都是局部最优解 NN，而且当两个解 $s_i \in b_i$ 且 $s_j \in b_j$ 满足 $s_i \in V(s_j)$ 时，节点 NN_i 和 NN_j 之间就存在一条连接的边。

7）边的权重：对于非中性地形的每个解 s 和 s'，将 s' 是 s 邻居的概率记作 $p(s \rightarrow s')$。那么，对于 $s \in S$ 有一个邻域解在吸引域 b_j 中的概率就应该为

$$p(s \rightarrow b_j) = \sum_{s' \in b_j} p(s \rightarrow s') \tag{3-3}$$

从吸引域 b_i 移动到吸引域 b_j 的总概率是所有 $s \in b_i$ 到 $s' \in b_j$ 的转移概率的平均值。

$$p(b_i \rightarrow b_j) = \frac{1}{\#b_i} \sum_{s \in b_i} p(s \rightarrow b_j) \tag{3-4}$$

$\#b_i$ 是吸引域 b_i 的大小。

图 3-1 给出了加权局部最优网络的示意图。其中，圆形表示局部最优盆地（直径表示盆地大小），加权边表示转移的概率。

对于中性地形，定义解 s 属于盆地 i 的概率 $p_i(s)$。因此，需要对下面两个公式做一定的调整。

$$p(s \rightarrow b_j) = \sum_{s' \in b_j} p(s \rightarrow s') p_j(s') \tag{3-5}$$

$$p(b_i \rightarrow b_j) = \frac{1}{\#b_i} \sum_{s \in b_i} p_i(s) p(s \rightarrow b_j) \tag{3-6}$$

其中，$\#b_i$ 是吸引域 b_i 的大小。

8）加权局部最优网络：在一个局部最优中性网络，如果两个节点 i 和 j 之间的 $p(b_i \to b_j) > 0$，那么这条边 $e_{ij} \in E$ 就加了权重 $w_{ij} = p(b_i \to b_j)$。这是一个有向图，w_{ij} 与 w_{ji} 是两个不同的值。

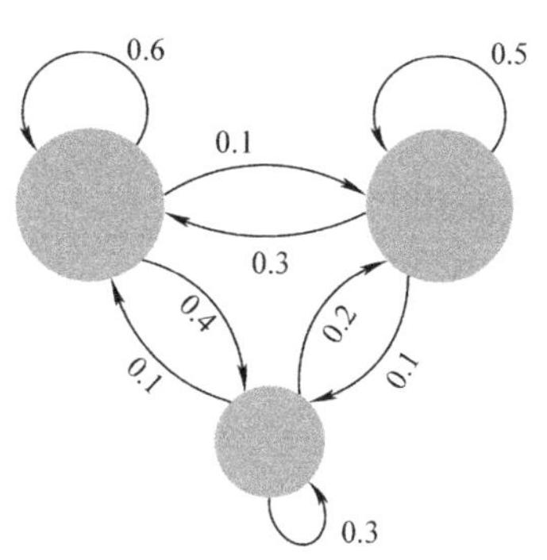

图 3-1　加权局部最优网络示意图
NK 地形（$N=6$，$K=2$）

通过随机爬山算法获得了局部最优中性网络，需要对该网络进行一定的评估，才能达到分析问题、指导算法的目的。以下评估方法从不同的角度对网络特征进行了分析。

Verel 等人[8]利用 *NK* 地形开展分析工作，采用不同的参数组合进行相应的实验，从而得出了一些非常有意义的结论。在他们的实验中，将 N 设置为其最大的可能值。他们分别探讨了标准的网络特性、吸引域和高级网络特性的三种情况。

1. 标准的网络特性

对于标准的网络特性，主要探讨节点、边缘的数量以及边缘的权重分布。标准网络特性与相应地形的搜索难度有关，它们既反映了盆地的数量，又反映了探索地形的能力。

在不同的实验条件下得到的数值不同，在图 3-2 给出节点数量与 K 之间的示意图，没有具体数值意义，具体的曲线形状和参数取值、地形类型有关。从节点数量来看，节点数量随着参数 K 的增加而快速增加。对于给定的 N 和 K，标准 *NK* 地形总是比相应的中性地形具有更多的节点。由于非中性地形中适应度地形改变的概率要比中性地形中的高，所以对于给定的 K，节点的数量随着中性的增加而减少。在其他条件相同的情况下，节点数量越多，搜索将越困难。一般情况下，随着 K 的增加，搜索更加困难，并且对于给定的 K，在中性低的情况下，搜索将更加困难。也就是说，对于较低的 K 值和高中性，搜索可能会更加容易。

从边的数量来看，边的数量随着 K 的增加而增长。一般情况下，对于 *NK* 地形边数随着所有 K 的中性增加而减小，当然也存在边数随着中性增加而增加的情况。需要说明的是，具体的曲线形状和参数取值、地形类型有关。图 3-3 仅为示意图，不代表具体某一参数下的实验结果。

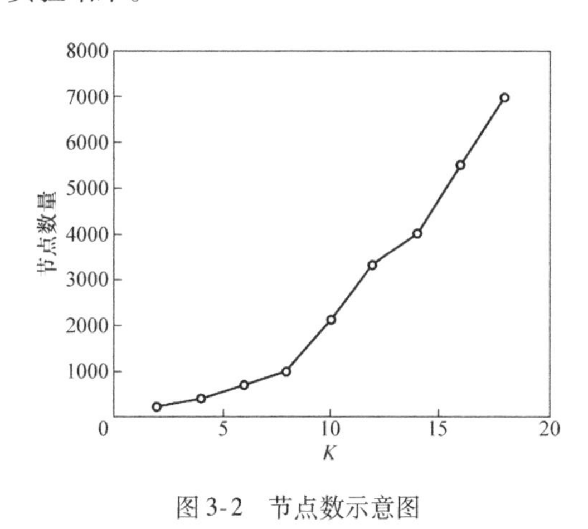

图 3-2　节点数示意图

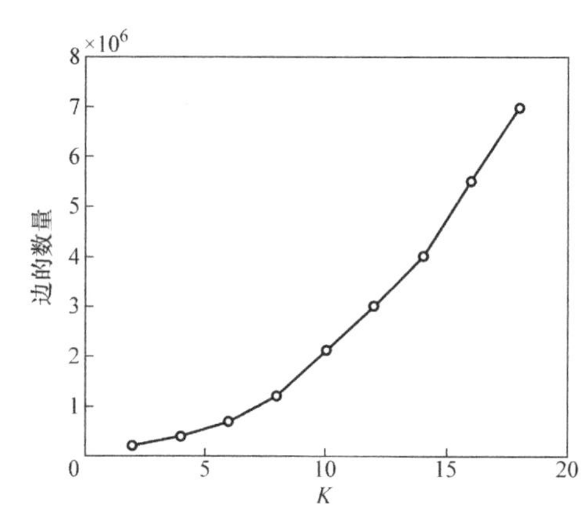

图 3-3　边的数量示意图

从权重分布来看，加权网络的权重特征包括每条边的权重 w 以及权重分布的平均值。对于任意一个节点 i，来自 i 的权重和为 1。Verel 等人重点关注了自连边的权重 w_{ii} 和节点强

度 s_i（$s_i = \sum_{j \in V(i) \setminus \{i\}} w_{ij}$），并且 $w_{ii} + s_i = 1$。节点强度代表了节点的连通性。图3-4给出了权重的示意图。网络中所有节点上的权重 w_{ii} 的平均值（可以认为是从盆地中一种结构的突变进行爬山算法之后保持在同一盆地中的概率）。可以看出，跳入另一个盆地的可能性远小于在同一盆地中走动的概率。权重 w_{ii} 随着 K 的增加而减小，这也是标准 NK 地形所遵循的趋势。

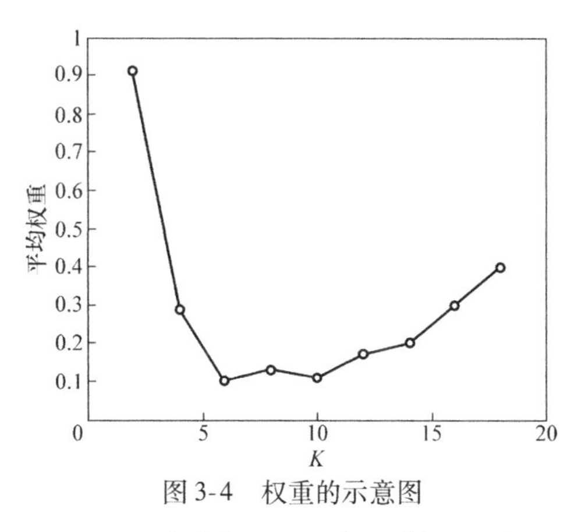

图3-4 权重的示意图

关于中性的趋势更加复杂，一般情况下，对于固定的 K，保持在同一盆地的平均权重随着中性的增加而降低。相反，也存在保持在同一盆地的平均权重随着中性而增加的情况。中性增加了给定结构逃离其盆地并到达另一个盆地的可能性，但中性也增加了当前结构所连接盆地的数量。

2. 吸引域

对于启发式搜索算法来说，吸引域和局部最优网络同样重要。同时，吸引域的某些特征可能和局部最优网络特征有关。对于吸引域，Verel等人分别分析了给定大小的吸引域数量、局部最优解的适应度值和全局最优的吸引域大小。

对于给定大小的吸引域数量来说，主要观测所研究地形中吸引域尺寸的平均值和方差。图3-5给出均值和方差变化曲线的示意图。吸引域的大小随着 K 的增加而呈指数下降。当地形的中性特征减少时，吸引域的大小也会减少。方差同样随着 K 的增加而呈指数下降，并且在中性下降时也会下降。

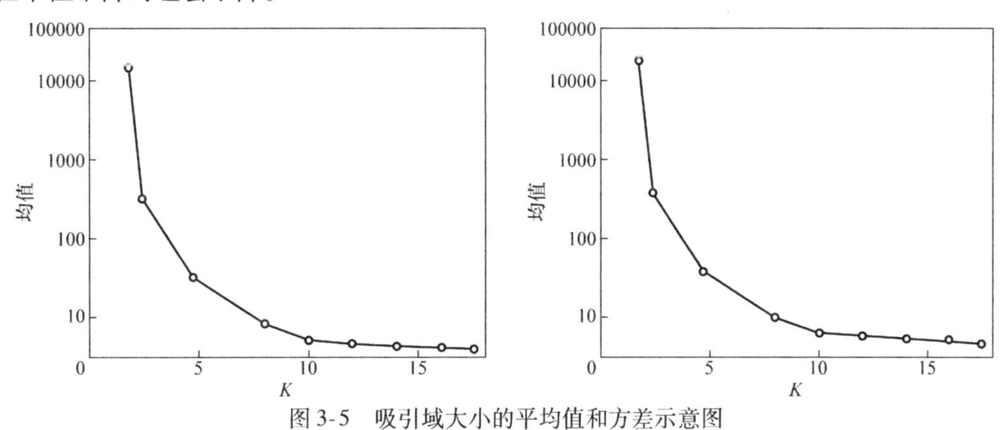

图3-5 吸引域大小的平均值和方差示意图

Verel等人还通过将吸引域的尺寸的某些分布利用对数正态分布进行拟合。对数正态分布意味着大多数盆地的大小接近平均值，并且几乎没有大于平均尺寸的盆地，这可能与潜在地形的搜索难度有关。

对于局部最优解的适应度值来说，一般用吸引域大小与其适应度值之间的相关性进行刻画。正值较大的相关系数意味着较大的吸引域具有较高的适应值，所以一般会更关注较大尺寸的吸引域。因为吸引域尺寸之间的大小差异随着基因关联的增加而减少，所以随着崎岖度的增加，找到具有更高适应性的盆地的难度也增加。就中性而言，全局最大盆地的规模随着中性的增加而增大。图 3-6 给出相关性的示意图。

对于全局最优的吸引域大小来说，其关注的是具有全局最优值的吸引域的平均大小。随着 K 的减小，全局最优的吸引域尺寸也减少。就中性而言，全局最大吸引域的规模随着中性的增加而增大。图 3-7 给出全局最优值的吸引域尺寸平均值的示意图。

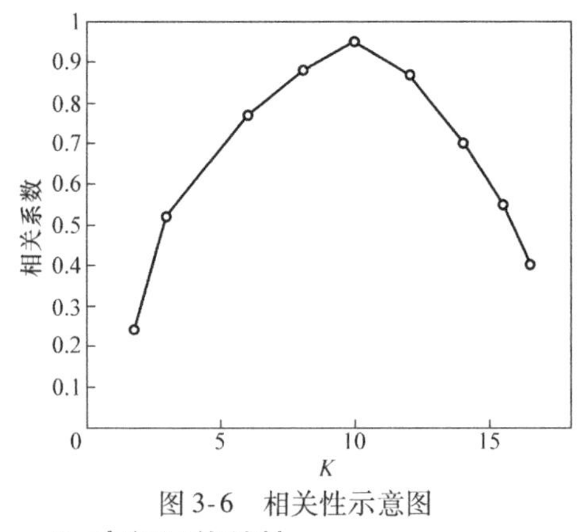

图 3-6 相关性示意图

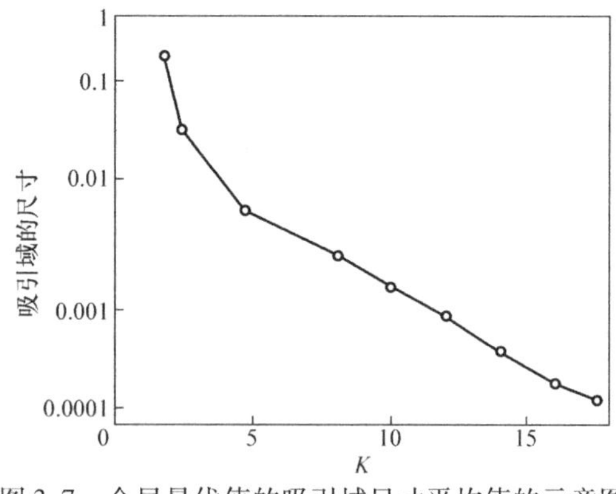

图 3-7 全局最优值的吸引域尺寸平均值的示意图

3. 高级网络特性

高级网络特性主要包括加权聚类系数、节点之间的平均路径长度以及差异系数三个方面。

对于加权聚类系数，Verel 等人考虑到标准的聚类系数没有考虑加权的边值，结合拓扑信息和网络权值分布的加权聚类系数。

$$c^w(i) = \frac{1}{s_i(k_i - 1)} \sum_{j,h} \frac{w_{ij} + w_{ih}}{2} a_{ij} a_{jh} a_{hi} \tag{3-7}$$

式中，$s_i = \sum_{j \neq i} w_{ij}$，如果 $w_{nm} > 0$，那么 $a_{nm} = 1$，如果 $w_{nm} = 0$，那么 $a_{nm} = 0$，并且 $k_i = \sum_{j \neq k} a_{ij}$。

对于在顶点 i 附近形成的每个三元组，$c^w(i)$ 计算顶点 i 的两个参与边缘的权重。c^w 被定义为网络所有顶点上平均的加权聚类系数。

图 3-8 给出加权聚类系数平均值的示意图。对于 NK 地形，加权聚类系数随着基因关联程度而降低，并随着中性程度而增加。随着基因关联的增加，聚类系数的降低与标准 NK 地形的结果一致。对于高度基因关联和低中性的情况，相邻吸引与之间的过渡较少，或者过渡发生的可能性较小。

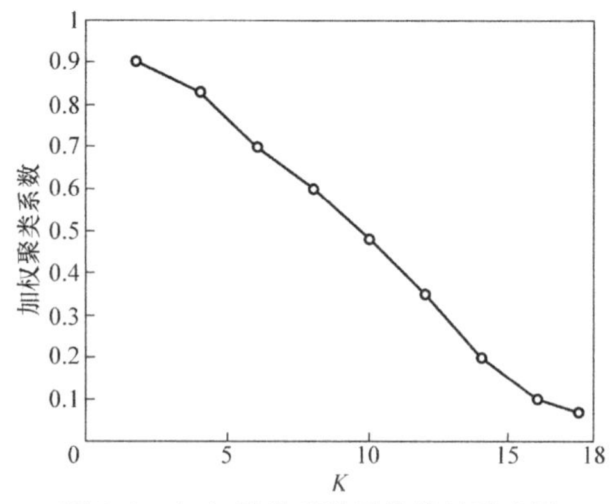

图 3-8 加权聚类系数平均值的示意图

对于差异系数来说，其主要衡量节点 i 对于总权重贡献的差异值，具体定义如下：

$$Y_2(i) = \sum_{j \neq i} \left(\frac{w_{ij}}{s_i} \right)^2 \tag{3-8}$$

图 3-9 给出差异系数的示意图，对于低 K 值，高度中性增加了平均差异。当基因关联高且无论中性程度如何，盆地更均匀地连通，因此我们可以将局部最优网络描绘为更“随机”，即更均匀，这对于地形的搜索难度有潜在的影响。

对于最短路径来说，两个节点之间的距离定义为 $d_{ij}=1/w_{ij}$，那么两个节点之间路径的长度就表示为连接各自吸引域边的距离之和。整个网络的平均路径长度是所有可能的最短路径的平均值。

图3-10给出最短路径的示意图，一般情况下，无论地形家族和中立水平如何，基因关联对结果具有相同的影响。即使中性很高，吸引域也会更远，地形的一些结构差异可以由局部最优网络捕获。

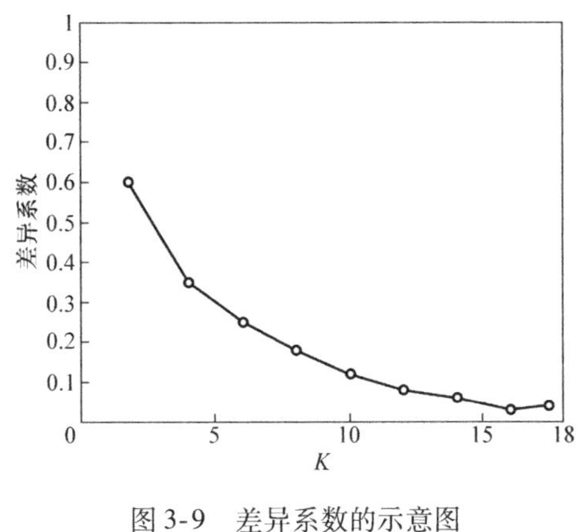

图3-9　差异系数的示意图

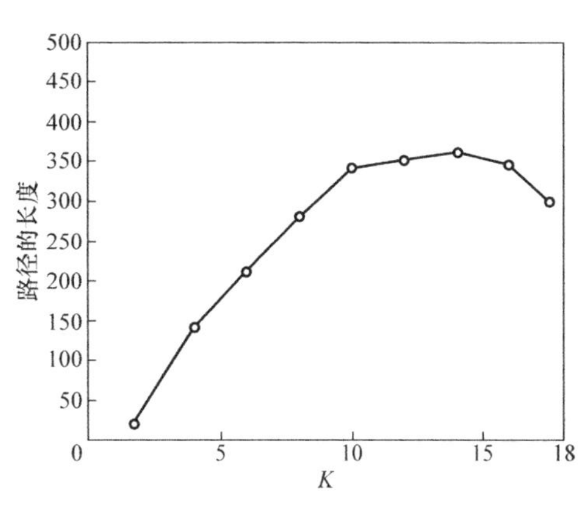

图3-10　最短路径的示意图

3.4　标准遗传距离

遗传距离是群体遗传学的一个术语，用于估计群体间的基因差异。关于遗传距离有多种定义，这里给出应用广泛的奈氏标准遗传距离[16]。

奈氏标准遗传距离是根据二进制编码的遗传算法定义的。具体定义如下：考虑两个种群 X 和 Y，记 $x_{il}=n_{il}/M$ 和 $y_{il}=n_{il}/M$ 是 X 和 Y 中第 l 个等位基因的频率，其中 $i=1,\cdots,N$，N 是基因长度，在二进制编码GA中 $l\in\{1,2\}$，n_{il} 是第 l 个等位基因的数量，M 是种群大小。在种群 X 种随机选择两个基因的概率是 $j_{xi}=x_{i1}^2+x_{i2}^2$，在种群 Y 中的概率是 $j_{yi}=y_{i1}^2+y_{i2}^2$，两个基因分别来自两个种群的概率是 $j_{xyi}=x_{i1}y_{i1}+x_{i2}y_{i2}$，种群 X 和 Y 之间基因的标准同一化结果为

$$I_i=\frac{j_{xyi}}{\sqrt{j_{xi}}\sqrt{j_{yi}}} \tag{3-9}$$

如果两个种群有相同频率的等位基因，那么 $I_i=1.0$。如果它们没有共同的等位基因，那么 $I_i=0.0$。针对所有的基因位定义 X 与 Y 间的归一化结果为

$$I=\frac{J_{XY}}{\sqrt{J_X}\sqrt{J_Y}} \tag{3-10}$$

式中，$J_X=\sum_{i=1}^{N}j_{xi}/N, J_Y=\sum_{i=1}^{N}j_{yi}/N, J_{XY}=\sum_{i=1}^{N}j_{xyi}/N$。

种群 X 和 Y 之间的遗传距离为

$$D=-\log_e I \tag{3-11}$$

初始种群与最后一代种群之间的遗传距离可以按如下方式计算

$$D(T) = \sum_{t=1}^{T-1} D_{t,t+1} \tag{3-12}$$

式中，T 是最后一代的大小，$D_{t,t+1}$ 是第 t 和第 $t+1$ 代种群之间的遗传距离。

Katada 等人在文献［21］中将标准遗传算法用于 NK 地形（包括梯田 NK 地形和扩展 NK 地形），从中获得基因型数据，进而研究奈氏标准遗传距离的崎岖性，并重点关注崎岖性度量。

Smith 提出的测量指标[20]用于测量崎岖性，因为它的适应性相关性可以表示为标量值。后代解的平均适应度，称为 Smith 的 E_b，即

$$E_b(k) = \frac{\sum_{g=G(k)} V(g)}{|G(k)|} \tag{3-13}$$

式中，$G(k)$ 为具有适应度 k 的亲本的后代集合；g 为后代基因型；$V(g)$ 为适应度函数。

图 3-11 给出 E_b 的示意图，E_b 的数值随着 k 的增加而减小，其与中性无关，与变异算子的自相关函数成正比。

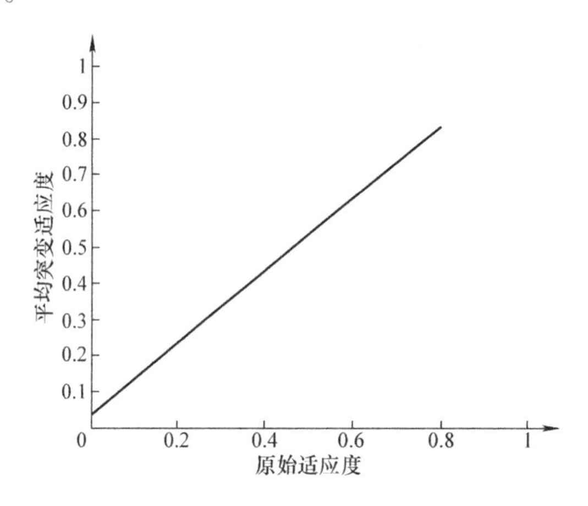

图 3-11 父代适应度值的子代适合值的示意图

3.5 本章小结

本章从地形中性的角度对解空间适应度地形特征进行了分析，其可以从侧面反映地形是否具有“平原”特性，并对主要技术指标进行了详细的阐述，同时还利用实例给出了相关说明。

中性随机游走、中性网络、局部最优网络和标准遗传距离是目前优化领域中分析地形中性的主要技术指标，主要是针对连续优化问题提出的技术指标。本书从空域角度出发提出了相应衡量地形中性的技术指标，具体内容与地形可视化有关系，即该技术指标是基于地形可视化提出的，因此具体内容参见第 8 章的内容。

参考文献

[1] KIMURA M. Evolutionary rate at the molecular level [J]. Nature, 1968, 217: 624 - 626.

[2] KIMURA M. The Neutral Theory of Molecular Evolution [M]. Cambridge, UK: Cambridge University Press, 1985.

[3] HUYNEN M A. Exploring phenotype space through neutral evolution [J]. Journal of Molecular Evolution, 1996, 43 (3): 165 - 169.

[4] HUYNEN M A, STADLER P F, FONTANA W. Smoothness within ruggedness: the role of neutrality in adaptation [J]. Proceedings of the National Academy of Sciences, 1996, 93: 397 - 401.

[5] REIDYS C M, STADLER P F. Neutrality in fitness landscapes [J]. Applied Mathematics and Computation, 2001, 117 (2 - 3): 321 - 350.

[6] HARVEY I, THOMPSON A. Through the labyrinth evolution finds a way: A silicon ridge [C]. In: Higuchi T, Iwata M, Liu W (Eds); Evolvable Systems: From Biology to Hardware. ICES 1996. Lecture Notes in Computer Science, Springer, Berlin, Heidelberg, 1996.

[7] VANNESCHI L, TOMASSINI M, Collard P, et al. A Comprehensive View of Fitness Landscapes with Neutrality and Fitness Clouds [C]. In: Ebner M, O'Neill M, Ekárt A, Vanneschi L, Esparcia - Alcázar A I (Eds.), Genetic Programming. EuroGP 2007. Lecture Notes in Computer Science. Springer, Berlin, Heidelberg, 2007.

[8] VEREL S, OCHOA G, TOMASSINI M. Local optima networks of NK landscapes with neutrality [J]. IEEE Transactions on Evolutionary Computation, 2011, 15 (6): 783 - 797.

[9] TOMASSINI M, VEREL S, OCHOA G. Complex - network analysis of combinatorial spaces: The NK landscape case [J]. Physical Review E, 2008, 78 (6): 066114.

[10] VEREL S, OCHOA G, TOMASSINI M. The connectivity of NK landscapes'basins: a network analysis [J]. arXiv: 0810.3492, 2008.

[11] BARTHÉLEMY M, BARRAT A, PASTOR - SATORRAS R, et al. Characterization and modeling of weighted networks [J]. PhysicaA: Statistical mechanics and its applications, 2005, 346 (1 - 2): 34 - 43.

[12] SHAPHIRO S, MARTIN B WILK. An analysis of variance test for normality [J]. Biometrika, 1965, 52 (3): 591 - 611.

[13] OCHOA G, TOMASSINI M, VEREL S, et al. ChristianDarabos. A study of NK landscapes'basins and local optima networks [C]. Proceedings of the 10th annual conference on Genetic and evolutionary computation, Atlanta GA USA, 2008.

[14] NEWMAN M E J. The structure and function of complex networks [J]. SIAM review, 2003, 45 (2): 167 - 256.

[15] KATADA Y, OHKURA K. Estimating the degree of neutrality in fitness landscapes by the Nei's standard genetic distance - an application to evolutionary robotics [C]. IEEE Congress on Evolutionary Computation, Vancouver, BC, Canada, 2006.

[16] NEWMAN M E J, R ENGELHARDT. Effects of neutral selection on the evolution of molecular species [J]. Proceedings of the Royal Society B Biological Sciences, 1998: 1333 - 1338.

[17] BARNETT L. Tangled Webs - Evolutionary Dynamics on Fitness Landscapes with Neutrality [J], 1999.

[18] NIMWEGEN E V, CRUTCHFIELD J P, MITCHELL M. Statistical dynamics of the royal road genetic algorithm [J]. Theoretical Computer Science, 1999, 229 (1 - 2): 41 - 102.

[19] SMITH T, HUSBANDS P, LAYZELL P, et al. landscapes and evolvability [J]. Evolutionary computation, 2002, 10 (1): 1 - 34.

[20] KATADA Y, OHKUBA K, UEDA K. The Nei's standard genetic distance in artificial evolution [C]. IEEE Congress on Evolutionary Computation, Portland, OR, USA, 2004.

第4章 可演进性

可演进性可以直观地理解为进化的能力，也就是一个种群有能力产生比现有个体更优的个体[1]。可演化性作为进化算法性能的衡量标准，对进化的适应性过程是非常有必要的，因为适应性不仅取决于子代比父代优的程度，而且取决于它们自身的适应性，也就是说可演进性关注的是子代适应度值的整体分布。由于即使在随机搜索中，子代也有可能比父代性能更优，因此良好的进化算法要求的是子代适应度值分布的上尾部比随机搜索的尾部更宽。但是这种更优的条件并不需要所有的子代都比父代性能更优，只需要整个种群的平均性能更优，因为这是种群进化的方向。换句话说，遗传算子对表征的作用需要在父代的表现和他们子代的适应度值分布之间产生高度的相关性。

可演进性可以看作是测量进化算法中最“局部”的或者最细粒度的性能表现，而算法一次或多次运行的结果则属于更“全局”，更大层面上性能表现。随着种群的进化，子代适应度值的分布可能会发生变化，算法的总体性能在于当种群在向全局最优的方向进化时，同时能保持住种群的可演进性。

尽管可演进性的概念与算法进化群体的能力有关，而且主要是算法性能的度量，但从特定的搜索算子或者策略的角度看，它也是适应度地形的一个特征。适应度地形的可演进性指给定的搜索过程能够移动到更好地适应度值的地形的能力，也可以称为可搜索性[2]。此定义方式已经拓展了可演进性的范围，不再单单指的是进化算法，而是任意的搜索过程。可演进性问题的特征，却是针对特定的搜索策略才有意义的。一个问题可能就某个算法表现出高的可演进性，但换一种算法就表现出了低的可演进性。关注于可演进性的适应度地形分析技术主要包括适应度进化肖像、适应度云、负斜率系数和适应度概率云。

4.1 适应度进化肖像

Smith 等人[3]基于一个解附近地形的演化性统计提出了一种新的方法去描述地形特征，通过对具有相等适应度值的样本的平均化度量，可以构建适应度地形的进化肖像。

可演进性是进化的能力，即种群产生优良变体的能力，因此可演进性与个体可能产生适应度值的潜力有关，而与本身的适应度值的关系没有那么大，两个相等适应度值的个体也有着不同的进化能力。一般情况下，研究者基于当前个体或种群的子代提出了一些定义，这里定义一个从父代到所有可能子代之间的传递函数。

人们常常认为，在进化过程中可能存在可进化性增长的长期趋势。然而，由于可进化性与个体产生适应度值潜力的关系比个体适应度值本身更直接相关，因此长期变化不能归因于直线适应度值选择。因此，只有通过某种二阶选择机制才能理解任何可演进性变化的趋势，通过这种机制，进化倾向于保留具有更具进化性的遗传系统的解决方案。

生物学和进化计算的研究人员通常将可演进性与搜索空间的本地结构联系起来。例如，Burch 和 Chao（2000）[4]提出 RNA 病毒的进化性可以用突变邻域来理解，而许多进化计算研究者认为改变搜索空间的性质（通过增加中性等机制）可以影响进化性，这可以通过进化速度来证明。因此，进化计算研究者对可演进性的研究通常与搜索空间的崎岖性和模态紧密相关。但是，这里更关注的是解的局部搜索空间属性的可演化性。下面介绍传递函数和一组简单的可演化性度量方法[3]。

1. 传递函数

可演进性的定义是个体和种群产生适应性变异的能力，这个定义与传递函数 T 和种群子代的概率分布函数 ϕ 有紧密的联系。

$$\phi(g,f) = \iiiint \psi(h,k,h',k')T(g,f:h,k,h',k')\mathrm{d}h\mathrm{d}k\mathrm{d}h'\mathrm{d}k' \tag{4-1}$$

从所有父代基因型 h，h'和 k，k'中得到子代基因 g 和 f 的概率为 $\phi(g,f)$，传递函数 T 是给定 h，k，h'，k'得到 g，f 的概率密度函数。在没有重组的情况下，只有单亲 h，k 通过突变产生后代，因此上述公式可以写成

$$\phi(g,f) = \int_{-\infty}^{+\infty} \psi(h,k)T(g,f:h,k)\mathrm{d}h\mathrm{d}k \tag{4-2}$$

为了简化问题，这里集中关注一组单基因的子代情况，所以不需要在所有可能的父代集合上进行整合。同样的道理，由于已经事先选好了父代个体，选择函数也可以省略。由于只关心子代基因 f，传递函数就可以简写为 $T(f:h,k)$。

传递函数不仅包括了操作算子，还包括了表现型，而不是单单表示好的或者不好的操作算子或者表现型。也就是说个体或者种群的可演进性，只是传递函数的一个性质。下面根据连续变量的传递函数说明单个解可演进性的度量方法。

2. 可演进性度量：连续变量

一个基因型是 h，适应度值是 k 的解的可演进性与该解没有产生更低的适应度值的子代有直接的关系。基于此，可以得出第一个可演进性指标 E_a

$$E_a = \frac{\int_k^{\infty} T(f:h,k)\mathrm{d}f}{\int_{-\infty}^{\infty} T(f:h,k)\mathrm{d}f} \tag{4-3}$$

这是子代适应度值 f 大于或者等于当前的适应度值 k 的概率，即变异是有效的。由于传递函数 $T(f:h,k)$ 是一个概率密度函数，所以它的无穷积分等于1，这样就得到

$$E_a = \int_k^{\infty} T(f:h,k)\mathrm{d}f \tag{4-4}$$

在此定义下，拥有较低适应度值的解的 E_a 可能会比拥有高适应度值的解更大，但这仅仅是因为适应度值低的解拥有更多数量的良性突变。第二个可演进性指标 E_b 仅仅只用了子代的适应度值

$$E_b = \int_{-\infty}^{\infty} fT(f:h,k)\mathrm{d}f \tag{4-5}$$

这是基因型 h 子代的期望适应度值。值得注意的是，这个值是依赖适应度值的，所以不应该在没有参考原来适应度值的情况下进行比较。E_a 和 E_b 都存在一个问题就是它们依赖整个子代的适应度值，与父代相比显得更优良的子代的比例可能非常小。第三个可演进性指标就反映出了这个问题，这个指标只关注子代适应度值中前百分之 C 的个体，即

$$E_c = \frac{100}{C}\int_{F_c}^{\infty} f\,T(f:h,k)\,\mathrm{d}f \tag{4-6}$$

式中，F_c 满足 $\int_{F_c}^{\infty} T(f:h,k)\,\mathrm{d}f = \frac{C}{100}$，$E_c$ 反映的是只有最高百分之 C 个体适应度值的期望。另外，还有一个相似的指标 E_d 计算的是最后百分之 C 个体适应度值的期望。

3. 可演进性度量：离散集

将适应度地形看作是有 E 条边（根据操作算子决定）连接的 V 个端点（基因）构成的有向图（V, E），集合 G 是由父代基因 h 产生的子代，k 定义为连接到父节点的顶点，即

$$G(h,k) = \{g \in V : E(h,k) = g\} \tag{4-7}$$

适应度值函数 F 将每个顶点映射到单个适应度值，适应度值 $F(g)$ 等于或者大于某个适应度值 c 的子代个体集合定义为

$$G_c^+(h,k) = \{g \in V : E(h,k) = g, F(g) \geqslant c\} \tag{4-8}$$

子代适应度值高于或等于父代适应度值的概率，即 E_a，就是集合中 $F(g) \geqslant k$ 的那个部分

$$E_a = \frac{|G_k^+(h,k)|}{|G(h,k)|} \tag{4-9}$$

子代种群的平均适应度值为 E_b，即

$$E_b = \frac{\sum_{g \in G(h,k)} F(g)}{|G(h,k)|} \tag{4-10}$$

具有最高百分之 C 的子代个体适应度平均适应度值为

$$E_c = \frac{\sum_{g \in G_{F_c}^+(h,k)} F(g)}{|G_{F_c}^+(h,k)|} \tag{4-11}$$

其中，F_c 定义为 $|G_{F_c}^+(h,k)| = \frac{C|G(h,k)|}{100}$。

4. 简单的可演进性示例

将前两节的度量标准应用于一组简单的案例，以显示他们在不同地形中的求解能力，包括平坦的高原、局部最优地形和山坡。图 4-1 显示了三个这样的案例。

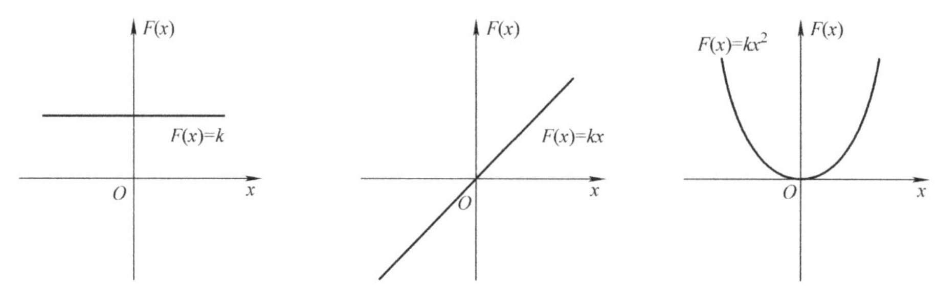

图 4-1　连续一维地形实例

通过将连续可演进性度量（式（4-4）~式（4-6））应用于函数 $F(x)$ 定义的连续景观，变异算子概率分布在父代解 $\mu(x, x_0)$ 周围，对于父代解 x_0（以及后代解 x_1）的可演进性，获得了以下结果：

$$E_a \equiv P[F(x_1) \geqslant F(x_0)] = \int_{-\infty}^{\infty} \mu(x,x_0)H[F(x) - F(x_0)]\mathrm{d}x \tag{4-12}$$

其中，Heaviside 函数 $H(a) = \begin{cases} 1 & a \geqslant 0 \\ 0 & else \end{cases}$。

$$E_b \equiv < F(x_1) > = \int_{-\infty}^{\infty} F(x)\mu(x,x_0)\mathrm{d}x \tag{4-13}$$

$$E_c = \frac{100}{C}\int_{-\infty}^{\infty} F(x)\mu(x,x_0)H[F(x) - F_c]\mathrm{d}x \tag{4-14}$$

其中，$\int_{-\infty}^{\infty} \mu(x,x_0)H[F(x) - F_c]\mathrm{d}x = \frac{C}{100}$。

类似地，可以用 Heaviside 函数 $H[F_d - F(x)]$来定义最后百分之 D 个体适应度值的期望为 E_d。

Smith 等人在文献［3］中对于三个地形的可演进性进行了分析。例如，对于第一个地形，其可演进性数据说明了三个问题。首先，没有变异对于搜索过程是有害的；其次，后代适应度值的期望等于当前的适应度值；最后，后代的顶部和底部四分位数的期望适应度等于当前的适应度。从而可以得出，当前解的领域地形必须是平坦的高原。相关数据可以辅助识别山坡和局部最优地形，但单一指标无法提供全部信息。

4.2　适应度云

通常子代－父代适应度值的相关性用于可视化和分析适应度地形的一些特征，例如可演进性。Verel 等人[5]提出了一种新的方法——适应度云（FC）来表示这个相关性，这是一个父代适应度值与子代适应度值之间关系的散点图。FC 允许在适应度地形上可视化和分析局部搜索启发式的动态，可以反映出可演进性以及中性和适应度值的瓶颈。

针对某一特性绘制适应度值并不是一个新想法，Manderick[6]研究了遗传操作算子的相关系数，计算了父代与子代适应度值之间的相关性。Rosé 等人[7]通过绘制具有相同适应度值的基因型数量使用了状态密度方法。Smith 等人[3]关注可演进性和中性的概念，他们根据汉明邻居绘制了子代的平均适应度值。

如果两个个体之间可以通过局域搜索启发式算法或者一个操作算子到达，也就是允许从一个个体“转移”到另一个个体，那么就认为这两个个体是邻居。对于每一个基因空间的个体 x，画出一个点，其横坐标是 x 的适应度值，纵坐标是 x 的一个特殊邻居的适应度值 $\tilde{f}(x)$。这样，就可以得到一个散点图，称为子代－父代适应度云（FC），在所有可能的邻居中选择一个特殊的邻居是启发式的特征。FC 可以为从基因型到表型提供一个更深刻的认识。如果基因集合都具有相等的适应度值，那么这就是中性集合，这样的集合对应于 FC 的一个横坐标，根据这个横坐标，垂直的一条线就可以表示从这组中性集合中可以到达的适应度值。如果给定适应度值为 $\tilde{f}(x)$的子代，水平的一条线表示局域操作算子可以到达的所有适应度值。可演进性可以通过 FC 中对角线的点来表征。为了在 FC 上获得更合成的视图，定义了三个函数

$$\tilde{f}_{\min}(\varphi) = \min_{x \in G_\varphi} \tilde{f}(x) \tag{4-15}$$

$$\tilde{f}_{\max}(\varphi) = \max_{x \in G_{\varphi}} \tilde{f}(x) \tag{4-16}$$

$$\tilde{f}_{mean}(\varphi) = \underset{x \in G_{\varphi}}{mean}\, \tilde{f}(x) \tag{4-17}$$

其中，G_{φ} 是中性集合，满足$\{x \in Gtype \mid f(x) = \varphi\}$。如果它们都处于相同的间隔中，则实际上两个适合度值被视为相等。

参考文献［5］中适应度云的基理，图 4-2 给出了汉明邻域适应度云的示意图。

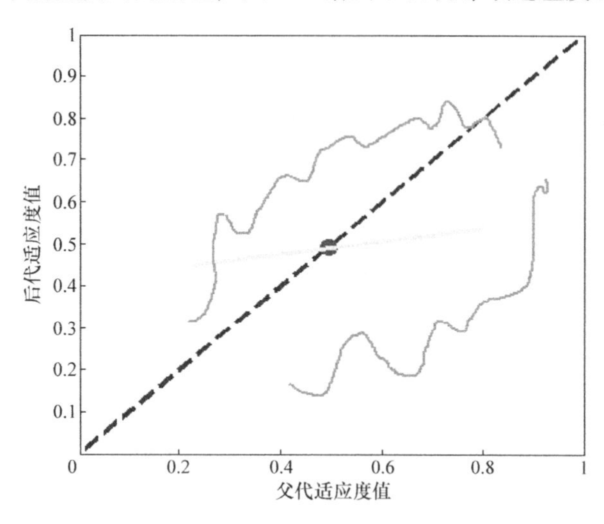

图 4-2　汉明邻域适应度云的示意图

图 4-2 将 FC_{mean}曲线粗略地表示为一条线。这说明了一个众所周知的结果：Weinberger 建立的平均后代适应度和长度 N、上位参数 K 以及适应值f之间的关系如下

$$\tilde{f}_{mean}(f) = \left(1 - \frac{K+1}{N}\right)f + \left(\frac{K+1}{N}\right)\beta \tag{4-18}$$

其中β是一个常数。因此，无论上位参数 K 是什么，平均后代适应度都与父代适应度线性相关。据 Smith 指出，斜率系数$\left(1 - \dfrac{K+1}{N}\right)$表征后代－父代适应度的相关性。适应度水平$\beta$恒等于 0.5。因此，当参数 K 从 0 到 $N-1$ 变化时，FC_{mean}线绕点（β，β）旋转。$K=0$ 时，问题是线性的，FC_{mean}线接近对角线；相反地，当上位为上限 $K=N-1$时，FC_{mean}线接近水平线。

4.3　负斜率系数

适应度云可以帮助确定适应度地形的一些特征，包括可演进性和问题难度，但是仅仅观察散点图并不足以量化这些特征。Vanneschi 等人在适应度云的基础上提出了一种新的衡量问题难度的方法[8]。

将散点图横坐标划分为 m 个等长的段$\{I_1, I_2, \cdots, I_m\}$，类似地，散点图用纵坐标的分段为$\{J_1, J_2, \cdots, J_m\}$，并且每段 J_i 包含每个横坐标段 I_i 对应的所有纵坐标。假设 M_1，M_2，…，

M_m 是每个横坐标分段的$\{I_1,I_2,\cdots,I_m\}$的平均值，N_1，N_2，…，N_m 是每个纵坐标分段$\{J_1, J_2, \cdots, J_m\}$ 的平均值。定义一个集合$\{S_1,S_2,\cdots,S_{m-1}\}$，$S_i$ 是连接点（M_i，N_i）和点（M_{i+1}，N_{i+1}），对于每一段 S_i，斜率 P_i 的计算方式如下

$$P_i = \frac{N_{i+1} - N_i}{M_{i+1} - M_i} \tag{4-19}$$

负斜率系数 NSC：Negative 就定义为 Slope Coefficient

$$\text{NSC} = \sum_{i=1}^{m-1} \min(P_i, 0) \tag{4-20}$$

如果 NSC =0，问题就属于容易的；如果 NSC <0，问题就是困难的，并且 NSC 的大小量化了问题的困难程度：负值越小，问题更困难。也就是说，根据这个假设，如果区段$\{S_1,S_2,\cdots,S_{m-1}\}$中至少有一个是负斜率，这个问题则是困难的；并且所有区段负斜率的总和衡量了问题的困难程度。这个想法主要的依据是存在具有负斜率的区段，表明该区段中包含个体的不良进化。另外，值得注意的是这个指标并没有在一个区间进行标准化，也就是说，不同问题的 NSC 结果是没有可比性的。

Vanneschi 等人通过实验分析指出原本的定义方式存在一定的局限性，为了克服这个局限性，在原来定义的基础上做出了一定的改进[9]。

将适应度云自动地划分为一组分段的最自然方式之一就是应用众所周知的二分算法。首先，适应度云被划分为两个段，每个分段包含相同数量的点；然后，递归地将算法应用于这两个段中，直到至少一个段包含比预定阈值更少数量的点。该方法的缺点在于，如果段的大小定义为该段的最右侧和最左侧的横坐标之间的差，若干次迭代后，会生成非常小的分段，如果其有负斜率，则 NSC 值可能非常大。换句话说，这么小的一部分显然不是一个重要的部分。

基于以上考虑，Vanneschi 等人提出了一个尺寸驱动的二分法[9]，该方法综合考虑分段的大小和它们包含的数量。该算法的开始与二分法相同：适应度云被划分为两个段，每个段包含相同数量的点。之后，不是递归地将二分法应用于这两个分段，而是仅进一步分割具有较大值的分段。通过二分法再次进行分区，即将分段分成两个箱，每个箱包含相同数量的点。该算法的迭代终止条件是满足以下两个条件之一：分段包含比预定阈值更少数量的点，或者分段已经变得小于预定的最小尺寸。

Vanneschi[8] 等人采用三次二项式问题开展测试工作，采用适应度值 - 适应度值相关性（Fitness - Fitness Correlation，FFC）作为测量指标。$X = \{x_1, x_2, \cdots, x_n\}$ 是散点图的横坐标，$Y = \{y_1, y_2, \cdots, y_n\}$ 是散点图的纵坐标。FFC 定义为 $C_{XY}/\sigma_X\sigma_Y$，其中，$C_{XY} = \frac{1}{n}\sum_{i=1}^{n}(x_i - \bar{x})(y_i - \bar{y})$ 是 X 和 Y 的协方差，σ_X 和 σ_Y 是 X 和 Y 的方差，$\bar{x}$ 和 $\bar{y}$ 是 X 和 Y 的均值。

图 4-3 给出适应度云的示意图。Vanneschi 等人通过实验证明，当问题变难时，NSC 值变小，而当问题简单时，NSC 值为零。FFC 似乎没有给出任何关于问题困难的指示。此外，随着问题变得更加简单，散点图中的点似乎聚集在良好（即小）的适应度值附近。总之，结合散点图的图形表示和是否存在具有负斜率的区段（由 NSC 量化），对评估问题的困难程度是有用的。

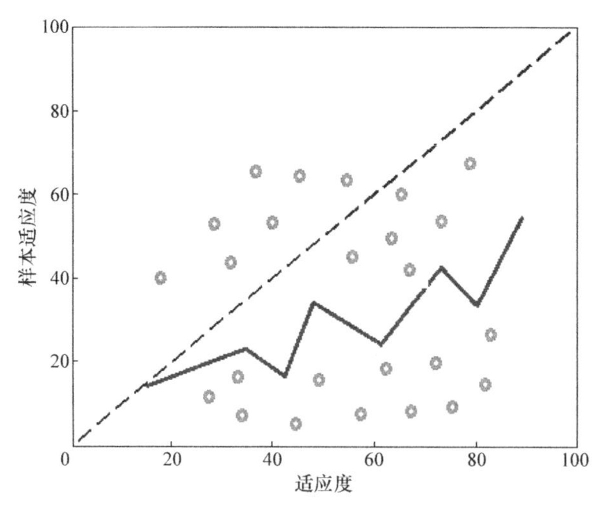

图 4-3 适应度云的示意图

4.4 适应度概率云

适应度云似乎是一个合适的表征可演进性的方法，但是可以发现适应度云有一个缺陷：就是邻域采样的大小 K 对适应度云有极大的影响，而且并没有调整此参数的合理方法。当全局遗传操作算子用于生成邻域时，随着 K 值的增加，更有可能从不同适应度值的个体生成的邻居中获得相似的“最佳适应度”。因此，适应度云在表征可演进性方面的能力出现退化。此时，对于完全相同的问题，可以获得完全不同的适应度云。

根据适应度云提出的测量指标 NSC，Vanneschi 等人[13]指出 NSC 受小分段中包含的最小点数的影响严重，即 NSC 不能成为可演进性的可靠指标，除非小分段中包含的最小点数是适当的，但是无法给出选择该参数的方法。

为了准确地表征可演进性，Lu 等人提出了适应度概率云（fpc – Fitness – Probability Cloud）的概念[14]。fpc 基于个体的适合度值与其逃逸概率（Escape Probability）二者之间的相关性来研究进化性。

1. 逃逸概率

影响算法解决问题困难程度的因素之一是逃离一组特定个体所需要的步骤数，比如说局部最优解，Merz[15]引入了逃逸概率的概念来量化这个因素。在进化算法运行时间的理论分析中，He 和 Yao[16]提出一种分析方法来估计吸收马尔可夫链的平均首中时间，使用了状态之间的转移概率。采用马尔可夫链中的转移概率研究逃逸概率。首先，根据适应度值将搜索空间划分为（$L+1$）组为 $F=\{f_0,f_1,\cdots,f_L \mid f_0<f_1<\cdots<f_L\}$，$F$ 表示整个搜索空间的所有可能的适应度值。S_i 表示从适应度值为 f_i 的个体找到向适应度值更优的方向移动所需的平均步数。逃逸概率 $P(f_i)$ 的定义为

$$P(f_i)=\frac{1}{S_i} \tag{4-21}$$

特定适应度值 f_i 的逃逸概率越大，就越容易提高适应度值。从这个角度来看，逃逸概

率 $P(f_i)$ 适用于评价适应度值为 f_i 的个体的进化程度。

2. 适应度概率云（Fitness - probability cloud）

将逃逸概率的定义扩展到一组适应度值上，P_i 表示适应度值等于或者大于 f_i 的个体的平均逃逸概率，即

$$P_i = \frac{\sum_{f_j \in C_i} P(f_j)}{|C_i|}, C_i = \{f_j | j \geqslant i\} \tag{4-22}$$

如果考虑到给定问题的所有 P_i，*fpc* 可以表明问题的可演进性程度。因此，适应度概率云（*fpc*）的定义为

$$fpc = \{(f_0, P_0), \cdots, (f_L, P_L)\} \tag{4-23}$$

3. 累积逃逸概率（Accumulated escape probability）

适应度概率云可以描述与可演进性和问题难度相关的某些特性，但单纯的定性观察不足以用于定量分析这些属性。因此，基于 *fpc* 的概念 Lu 等定义了一个称为累积逃逸概率（*aep*）的度量指标为

$$aep = \frac{\sum_{f_i \in F} P_i}{|F|}, F = \{f_0, f_1, f_L | f_0 < f_1 < \cdots < f_L\} \tag{4-24}$$

一般情况下，*aep* 的值越大，可演进性越高，问题越容易解决。

4. 生成 *fpc* 的方法

对于给定问题和运算符可以生成 *fpc*。首先，由于搜索空间一般较大，因此需要对搜索空间进行采样。一般情况，优先根据分布对空间进行采样，对于具有较高适度值的个体赋予更高的权重。目前的采样方法有多种，Lu 等采用了 Metropolis - Hastings 采样方法。

对于每个采样点，通过计算由遗传算子的一个应用产生的整个邻居集合可能更好移动的比例来估计逃逸概率。邻域样本的数量越大，估计的逃逸概率就越准确。将 F 称为使用 Metropolis - Hastings 方法获得的采样个体的适合度值的集合，并且对于每个 $f_i \in F$，P_i 是从采样的邻域集合计算出的平均估计逃逸概率。

选择度量问题困难程度的指标和计算方法后，需要找到合适的方法来验证关于问题实例和算法的度量预测。最简单的方法是使用性能测量[18]。由于实际问题的最优解是未知的，在性能测量时，使用适合度评估的数量，直到满足终止标准为止。

Lu 等人针对四个测试问题，OneMax、Trap、OneMix 和 Subset Sum 来评估适应度概率云（fpc，fitness probability）和问题困难度度量累积逃逸概率（aep，accumulated escape probability）。为了通过实验确认度量 *aep* 给出的预测结果，使用基于突变的（$\mu + \lambda$）（EA，Evolutionary Algorithm）（μ 表示亲本数量，λ 表示后代的数量），其具有以下特征，变异算子位翻转概率为 $1/n$（按位变异）。

Lu 等人将四个测试问题的相关问题困难度保持相同。通过实验得出，在不同的问题中，相关的问题困难度顺序是：Subset Sum < OneMax ≈ Trap < OneMix。根据 *aep* 的定义，*aep* 值越小，问题就越困难。在这种情况下，*aep* 能够对于不同大小的四个测试问题的困难度程度给出一致性预测，结果与实际性能定性一致。然而，*aep* 无法量化这些问题中问题困难度差异的大小。相反地，保持 *nsc* 给出的结果与实际性能定性不对应，因此 *nsc* 无法正确预测 OneMax、Trap、OneMix 和 Subset Sum 中的相关问题困难度[14]。

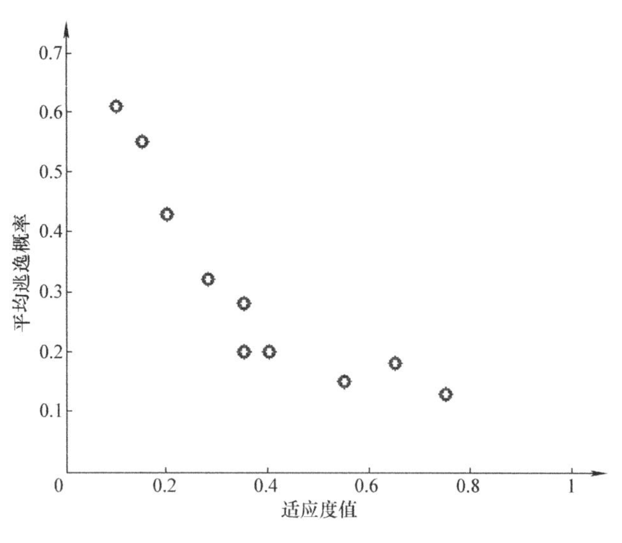

图 4-4 适应度概率云的示意图

4.5 本章小结

本章从地形可演进性的角度对解空间适应度地形特征进行了介绍，用以考量地形是否具有进化能力。

本章重点介绍了适应度地形肖像、适应度云、负斜率系数和适应度概率云等四种反映地形可演进性的技术指标，并介绍了相应的分析方法和具体实例。

参 考 文 献

[1] ALTENBERG L. The evolution of evolvability in genetic programming [J]. Advances in genetic programming, 1994, 3: 47 – 74.

[2] MALAN K M, ENGELBRECHT A P. A survey of techniques for characterising fitness landscapes and some possible ways forward [J]. Information Sciences, 2013, 241: 148 – 163.

[3] SMITH T, HUSBANDS P, O'SHEA M. Fitness landscapes and evolvability [J]. Evolutionary computation, 2002, 10 (1): 1 – 34.

[4] BURCH C L. , Lin Chao. Evolvability of an RNA virus is determined by its mutational neighbourhood [J]. Nature, 2000, 406: 625 – 628.

[5] VEREL S, COLLARD P, CLERGUE M. Where are bottlenecks in NK fitness landscapes [C]. The Congress on Evolutionary Computation, Canberra, ACT, Australia, 2003.

[6] MANDERICK B. The genetic algorithm and the structure of fitness landscape [C] . 4th ICGA, 1991: 143 – 150.

[7] ROSÉ H, EBELING W, ASSELMEYER T. The density of states – a measure of the difficulty of optimisation problems [C]. In: Voigt H M, Ebeling W, Rechenberg I, Schwefel H P (Eds.), Parallel Problem Solving from Nature—PPSN IV. PPSN 1996. Lecture Notes in Computer Science. Springer, Berlin, Heidelberg 1996.

[8] VANNESCHI L, CLERGUE M, COLLARD P, et al. Fitness clouds and problem hardness in genetic program-

ming [C]. In: Deb K (Eds.), Genetic and Evolutionary Computation – GECCO 2004. GECCO 2004. Lecture Notes in Computer Science. Springer, Berlin, Heidelberg, 2004.

[9] VANNESCHI L, TOMASSINI M, COLLARD P, et al. Negative slope coefficient: A measure to characterize genetic programming fitness landscapes [C]. In: Collet P, Tomassini M, Ebner M, Gustafson S, Ekárt A (Eds.) Genetic Programming. EuroGP 2006. Lecture Notes in Computer Science, vol 3905. Springer, Berlin, Heidelberg, 2006.

[10] DAIDA J M, BERTRAM R R, STANHOPE S A, et. al. What Makes a Problem GP – Hard? Analysis of a Tunably Difficult Problem in Genetic Programming [J]. Genetic Programming and Evolvable Machines, 2001, 2 (2): 165 – 191.

[11] MANDERICK B, WEGER M, SPIESSENS P. The genetic algorithm and the structure of the fitness landscape [C]. In Belew R K, Booker L B (Eds.), Proceedings of the Fourth International Conference on Genetic Algorithms, pages 143 – 150. Morgan Kaufmann, 1991.

[12] KINNEAR K E. Fitness landscapes and difficulty in genetic programming [C]. Proceedings of the First IEEE Conference on Evolutionary Computation. IEEE World Congress on Computational Intelligence, 1994: 142 – 147 vol. 1.

[13] VANNESCHI L, TOMASSINI S V, et al. NK landscapes difficulty and negative slope coefficient: How sampling influences the results [C]. Workshops on Applications of Evolutionary Computation, 2009: 645 – 654.

[14] Lu Guanzhou, Li Jinlong, Yao Xin. Fitness – probability cloud and a measure of problem hardness for evolutionary algorithms [C]. In: Merz P, Hao J K (Eds.), Evolutionary Computation in Combinatorial Optimization. EvoCOP 2011. Lecture Notes in Computer Science, vol 6622. Springer, Berlin, Heidelberg, s2011.

[15] MERZ P. Advanced fitness landscape analysis and the performance of memetic algorithms [J]. Evolutionary Computation, 2004, 12 (3): 303 – 325.

[16] He Jun, Yao Xin. Towards an analytic framework for analysing the computation time of evolutionary algorithms [J]. Artificial Intelligence, 2003, 145 (1 – 2): 59 – 97.

[17] MENGSHOEL O J, GOLDBERG D E, WILKINS D C. Deceptive and other functions of unitation as Bayesian networks [C]. Symposium on Genetic Algorithms, Madison, Wisconsin, 1998.

[18] NAUDTS B, KALLEL L. A comparison of predictive measures of problem difficulty in evolutionary algorithms [J]. IEEE Transactions on Evolutionary Computation, 2000, 4 (1): 1 – 15.

第5章 依 赖 性

在遗传学中，上位性用于描述染色体中基因表达的依赖程度。如果基因独立地贡献于染色体的总体适合度，那么该系统具有低上位性。另外，如果基因的适应度值贡献取决于其他基因的值，则系统具有较高的上位性。一般来说，对于优化问题的这个特性可以被称为变量之间的相互依赖程度，也称为非线性可分离性。当优化问题中的变量间具有依赖关系时，意味着不可能独立于其他变量来调整某一个变量而得到最优值。例如，如果适应度函数的数学表达式中的不同变量通过加法而分离，则这些变量对适应度值独立地做出贡献；如果通过乘法将不同的变量组合到一个适应度函数中，那么这些变量共同决定适应度值；如果任一变量具有较低的值，则该适应度值可以是低的，即使其他变量具有较高的值。事实上，优化问题很少像上面这些例子那么简单。在复杂问题中，变量之间的相互作用可以有许多不同的形式。一般情况线性可分离函数比非线性分离函数更易于遗传算法的求解。

5.1 上位方差

Davidor[1]首次给出了上位性的概念，其基本思想是：如果个体具有非常低的上位性，那么它可能应该被 GA（Genctic Algorithm）更有效地处理；如果它含有较高的上位性，那么在解空间中结构信息太少，搜索过程很可能会陷入局部最优。从这些原理出发，Davidor 对个体进行线性分解，以便开发一种可以预测给定个体中嵌入的非线性量的方法，量化这个非线性量可以估计 GA 有效处理问题的能力。

为了更好地理解上位性的概念，这里先给出需要用到的基本定义[4]。

定义1：$l \in N^*$，$\Omega = A^l$，其中，$A=\{0,1\}$。一个个体（染色体）是集合 Ω 中的一个元素 S，l 是其长度。

一个映射 X：$\Omega \rightarrow R_+^*$ 是适应度值映射，$X(S)$ 是 $S(S\in\Omega)$ 的适应度值。为了正式表达个体（染色体）中潜在的结构，Holland[2]引入了模式的概念。

定义2：设 $B=\{0, 1, \#\}$，其中#为非0或1的值。一个模式（schema）h 是集合 B^l 中的一个元素。$h \in B^l$ 是一个模式。值得注意的是，这里的符号#代表一个无具体意义的值，也就是它既不代表0也不代表1。

这里定义下文中用到的记号：

- $[h]=\{S\in\Omega;(S_i=h_i)\Leftrightarrow(h_i\neq\#)\}$
- 如果 U 是集合 Ω 的子集，那么 $|U|$ 就表示 U 的基数。
- $o(h)=\mathrm{card}\{i;h_i\#\}$ 是模式 h 的序号。
- $H(S)=\{h\in B^l;S\in[h]\}$。
- $H_i(s)=\{h\in B^l;S\in[h],o(h)=i\},i=0,\cdots,l$
- $\mu_h=\dfrac{1}{[h]}\sum_{S\in[h]}X(S)$ 是模式 h 的适应度值。

为了说明上位性的具体意义，Rochet 在文献［4］中给出了如下的实例。Rochet 假设 $l=5$，$h=\#01\#1$，那么，$[h]=\{00101,00111,10101,10111\}$，$|[h]|=4$，$o(h)=3$。如果 $l=3$，$S=011$，那么，$H(S)=\{011,\#11,0\#1,01\#,\#\#1,0\#\#,\#1\#,\#\#\#\}$，$H_0(S)=\{\#\#\#\}$，$H_1(S)=\{\#\#1,0\#\#,\#1\#\}$，$H_2(S)=\{\#11,0\#1,01\#\}$，$H_3(S)=\{011\}$。

如果染色体不同位置之间的相互作用程度高，那么染色体的适合度值不能通过共享一些共同特征（模式）的染色体的适合度值来预测。Davidor[1]引入的上位性用于测量个体（染色体）中的非线性量。

如果假设给定模式｛0#####；#1####；##1###；###0##；####1#；#####0｝，预测个体 011010 的适应度值。如果依赖程度高，则 011010 的适合度值不仅取决于这些给定模式的适应度值，而且取决于不同位置值之间的相互作用。直观地，当相互作用增加时，根据模式的适应度值去预测染色体 S 的适应度值的可能性就会降低。

记适应度值为 $\mu=\frac{1}{|\Omega|}\sum_{S\in\Omega}X(S)$，为了定义上位性，Davidor 在集合 Ω 上定义了函数 W，则

$$W(S)=\mu+\sum_{h\in H_1(S)}(\mu_h-\mu)=\sum_{h\in H_1(S)}\mu_h-(l-1)\mu \tag{5-1}$$

式中，$W(S)$是在给定模式 h 下的适应度值估计量。

Rochet 假设 $l=3$，并且 $X(000)=2$，$X(001)=X(010)=X(100)=3$，$X(110)=X(101)=X(011)=4$，$X(111)=5$。如果 $S=011$，那么 $H_1(S)=\{0\#\#;\#1\#;\#\#1\}$，并且

- $\mu_{0\#\#}=\frac{1}{4}(X(000)+X(001)+X(010)+X(011))=3$
- $\mu_{\#1\#}=\frac{1}{4}(X(010)+X(011)+X(110)+X(111))=4$
- $\mu_{\#\#1}=\frac{1}{4}(X(001)+X(011)+X(101)+X(111))=4$
- $\mu=\frac{1}{8}(X(000)+X(001)+X(010)+X(011)+$
  $X(100)+X(101)+X(110)+X(111))=\frac{7}{2}$

因此，$W(S)=4+4+3-2\times\frac{7}{2}=4$。

定义 3：个体（染色体）S 的上位性就可以定义为 $D(S)=X(S)-W(S)$。

基于上述上位性的定义，对集合 Ω 定义 W_i，其中 $i=1$，…，l，则

$$W_i(S)=\mu+\sum_{h\in H_i(S)}(\mu_h-\mu)=\sum_{h\in H_i(S)}\mu_h-\left(\binom{l}{i}-1\right)\mu \tag{5-2}$$

其中，$\binom{l}{i}=\frac{l!}{i!\ (l-i)!}$。于是，就将 $D_i(S)=X(S)-W_i(S)$定义为染色体 S 的梯度上位性。

比如说，同样是上述例子中的 X，并且 $i=2$，这样就有 $H_2(S)=\{01\#;0\#1;\#11\}$和 $\mu_{01\#}=\frac{7}{2}$，$\mu_{0\#1}=\frac{7}{2}$，$\mu_{\#11}=\frac{9}{2}$。因此，$W_2(S)=\frac{23}{2}+2\times\frac{7}{2}=\frac{37}{2}$。

将梯度上位性的方差定义为

$$\varepsilon_i^2 = \frac{1}{\Omega}\sum_{S\in\Omega}(D_i(S))^2 \tag{5-3}$$

5.2 位上位性

Davidor[1]介绍了上位性方差作为衡量基因之间依赖程度的指标，但是已经有部分研究表明该指标在预测 GA 的结果时存在的缺点。Fonlupt 等人[3]提出了基于二进制搜索空间的 bit－wise 上位性。这个方法基于一个事实，就是如果有很强的上位性，那么只会存在于一个基因型中的一些基因中，而其他基因是独立的。

假设f是二进制搜索空间 $B=\{0,1\}^l$ 中 l 位基因型的适应度函数，集合 $B'=\{0,1,\#\}^l$ 是与集合 B 有关系的模式集合。集合 $\sum_i$ 是序号为 $l-1$ 的模式，那它们唯一一个没有被定义的就是第 i 个位置，即

$$\sum_i = \{\sigma_0\sigma_1\cdots\sigma_i\cdots\sigma_{l-1} \in B' \mid \sigma_{j\neq i} \in \{0,1\}, \sigma_i = \#\} \tag{5-4}$$

假设 $\alpha=\alpha_0\alpha_1\cdots\alpha_{i-1}\#\alpha_{i+1}\cdots\alpha_{l+1}$是集合 $\sum_i$ 的一个模式，X_α 和$\overline{X_\alpha}$是 B 中的个体（染色体），即 $X_\alpha=\alpha_0\alpha_1\cdots\alpha_{i-1}0\alpha_{i+1}\cdots\alpha_{l-1}$和 $X_\alpha=\alpha_0\alpha_1\cdots\alpha_{i-1}1\alpha_{i+1}\cdots\alpha_{l-1}$。因此，在基因位 i 上的适应度值差异为 $d_i(\alpha)$为

$$d_i(\alpha) = f(X_\alpha) - f(\overline{X_\alpha}) \tag{5-5}$$

那么，对于所有的模式 $\alpha \in \sum_i$，对应于基因位 i 的平均适应度值差异是

$$M_i = \frac{1}{2^{l-1}}\sum_{\alpha\in\sum_i} d_i(\alpha) \tag{5-6}$$

因此，定义在基因位 i 处的位上位性为适应度值差异的方差

$$\sigma_i^2 = \frac{1}{2^{l-1}}\sum_{\alpha\in\sum_i}[M_i - d_i(\alpha)]^2 \tag{5-7}$$

5.3 香农信息论

在遗传算法的背景下，研究人员从各个方面解释优化问题的复杂性，如欺骗、多模态、噪声、上位性等。其中，大多数 GA 困难问题都存在上位性问题。在进化算法中，上位性意味着基因之间的相互作用。

除了用来解释困难问题的概念之外，最近还提出了各种量化困难程度的措施。Davidor[1]提出的上位性方差是量化问题上位性的度量。Seo 等人[5]提出了新的与算法独立的测量上位性的框架。该框架基于香农信息论，提出了三个测量指标：基因重要性（gene significance），基因上位性（gene epistasis）和问题上位性（problem epistasis）。它们不仅有助于研究基因组的个体上位性，而且探讨了问题所具有的总体上位性。

1. 香农信息论

Shannon 的信息理论[6]提供了量化和公式化随机变量性质的方法。根据该理论，包含在

消息中的信息量与信息的不确定性有关。事件发生的概率越低，消息包含的信息量就越大。事件中包含的平均信息量是代表事件的随机变量的不确定性量。因此，随机变量的不确定性被定义为

$$H(X) = -\sum_{x\in X} p(x)\log p(x) \tag{5-8}$$

$H(X)$是X的熵，它表示描述随机变量所需的平均位数。按照约定，$0\log 0=0$。熵的值永远是非负的，类似地，两个变量的联合熵就定义为

$$H(X,Y) = -\sum_{x\in X}\sum_{y\in Y} p(x,y)\log p(x,y) \tag{5-9}$$

给定Y、X的条件熵，即

$$H(X|Y) = -\sum_{x\in X}\sum_{y\in Y} p(x,y)\log p(x\mid y) \tag{5-10}$$

这是在Y值已知的条件下，X的平均不确定性。这个条件降低了熵的值，也就是$H(X\mid Y)\leqslant H(X)$。X与Y之间的互信息记为

$$\begin{aligned} I(X;Y) &= H(X) - H(X\mid Y) \\ &= \sum_{x\in X}\sum_{y\in Y} p(x,y)\log\frac{p(x,y)}{p(x)p(y)} \end{aligned} \tag{5-11}$$

互信息是对称的，且是非负的。当两个随机变量之间的互信息为零时，两个随机变量是相互独立的。

2. 概率模型

假设一个问题的编码为n位基因，适应度函数为f：$U\to\Re$，其中U是所有可行解的集合。当对解空间做采样的时候，一个可行解（x_1，x_2，…，x_n）可能被选中的概率就为$1/|U|$。通过概率模型，可以定义基因和适应度的随机变量。基因i的随机变量是X_i，适应度值的随机变量是Y，基因i的等位基因集合是A_i，所有可能的适应度值为集合F，那么联合概率函数就定义为

$$p(x_1,x_2,\cdots,x_n,y) = \begin{cases} 1/|U| & (x_1,x_2,\cdots,x_n)\in U \text{ 且 } y=f(x_1,x_2,\cdots,x_n) \\ 0 & \text{其他} \end{cases} \tag{5-12}$$

其中，$x_i\in A_i, i\in\{1,2,\cdots,n\}$，$y\in F$。对于大规模问题，由于空间与计算的限制，一般使用采样解来代替整个解空间U。但是，在这种情况下，集合的大小必须不小于获得低失真水平的结果。

3. 上位性指标

基于上述的概率模型，Seo等人提出了三个指标[5]，分别是基因重要性、基因上位性和问题上位性。

基因i的重要性就是它对适应度值的贡献大小，可以理解为X_i关于Y的信息量大小，即$I(X_i;Y)$。由于互信息的最小值和最大值分别为0和$H(Y)$，所以可以归一化互信息量。基因重要性ξ_i就定义为

$$\xi_i = \frac{I(X_i;Y)}{H(Y)} \tag{5-13}$$

ξ_i值域范围是［0，1］，如果基因重要性ξ_i等于0，那么对适应度值就没有贡献；如果该值等于1，那么适应度值完全由该基因决定。

基因间的上位性是指基因对适应度值的贡献是否依赖其他基因，分别记基因 i 和基因 j 对适应度值的贡献为 $I(X_i;Y)$ 和 $I(X_j;Y)$，基因对（i，j）对适应度值的贡献为 $I(X_i,X_j;Y)$。因此，两个基因之间的上位性就为 $I(X_i,X_j;Y)-I(X_i;Y)-I(X_j;Y)$，并将该值进行归一化，由此，基因 i 和基因 j 之间的上位性 ε_{ij} 的定义如下

$$\varepsilon_{ij}=\begin{cases}1-\dfrac{I(X_i;Y)+I(X_j;Y)}{I(X_i,X_j;Y)} & I(X_i,X_j;Y)\neq 0\\ 0 & \text{其他}\end{cases} \tag{5-14}$$

公式中分数部分的最小值和最大值为 0 和 2，即取值区间为［0，2］，因此基因间的上位性分布在［-1，1］之间。如果 $I(X_i,X_j;Y)>I(X_i;Y)+I(X_j;Y)$，那么 ε_{ij} 是正值，否则是负值。前一种情况意味着基因积极地相互作用，后一种情况意味着它们彼此破坏性地相互作用。这种情况下，称前者为阳性基因上位，后者为阴性基因上位。如果这两个基因是相互独立的，则基因上位性为零。

所有基因对的基因上位性的平均绝对值可以用来衡量一个问题的上位性，问题的上位性 η 就定义为

$$\eta=\frac{1}{n(n-1)}\sum_{i=1}^{n}\sum_{j<i}|\varepsilon_{ij}| \tag{5-15}$$

式中，η 的值分布在［0，1］，η 的值越大，问题的上位性越大。

5.4 内/外上位性

在香农信息论的基础上，Seo 等人[7]从量化问题的可分解性的角度出发，提出了两个新的上位性衡量指标：内上位性和外上位性。

一个集合 V 分为若干个非连接且非空的子集，并且这些子集组成合集 V，那么该子集称为 V 的分区。由 K 个子集构成的分区称为 K 路（$k-way$）分区。基于上位性定义，Seo 等人为分区设计了两个新的上位性衡量指标，分别为内部和外部上位性。分区的内部上位性定义为子集上位性的加权和，其中每个权重对应于子集的相对重要性。

对于内上位性，其定义如下：

假设 $\pi=\{V_1,V_2,\cdots,V_q\}$ 是变量集 $V=\{v_1,v_2,\cdots,v_k\}\subseteq\nu$，$|V|\geqslant 1$ 的分区，π 的内上位性 $\zeta(\pi)$ 定义为

$$\zeta(\pi)=\sum_{i=1}^{q}\frac{\xi(V_i)\varepsilon(V_i)}{\xi(V)} \tag{5-16}$$

该式也可以写为

$$\zeta(\pi)=\sum_{i=1}^{q}\frac{I(X_{V_i};Y)-\sum_{v\in V_i}I(X_v;Y)}{I(X_V;Y)} \tag{5-17}$$

其中，$I(X_V;Y)\neq 0$，这个内部上位性满足 $q-k\leqslant\zeta(\pi)\leqslant q$。

分区的外上位性类似于变量集的上位性，变量集 V 的重要性可以记为 $\xi(V)$，于是在分区 π 中每个子集 V_i 的重要性可以记为 $\xi(V_i)$。外部上位性可以定义为 $\xi(V)$ 与所有 $\xi(V_i)$，$V_i\in\pi$ 的和之间的差异。

对于外上位性，其定义如下：

假设 $\pi = \{V_1, V_2, \cdots, V_q\}$ 是变量集 $V = \{v_1, v_2, \cdots, v_k\} \subseteq \nu, |V| \geqslant 1$ 的分区，π 的外上位性 $\theta(\pi)$ 定义为

$$\theta(\pi) = \begin{cases} \dfrac{\xi(V) - \sum_{i=1}^{q} \xi(V_i)}{\xi(V)} & I(X_V;Y) \neq 0 \\ 0 & \text{其他} \end{cases} \tag{5-18}$$

该式也可以写为

$$\theta(\pi) = \frac{I(X_V;Y) - \sum_{i=1}^{q} I(X_{V_i};Y)}{I(X_V;Y)} \tag{5-19}$$

其中，$I(X_V;Y) \neq 0$。外部上位性满足 $1 - q \leqslant \theta(\pi) \leqslant 1$。图5-1给出了上位性、内上位性和外上位性之间关系。由于上位性在一个给定的变量集上是恒定的，所以内上位性和外上位性是相互竞争的。也就是内上位性的最大化意味着外上位性的最小化。

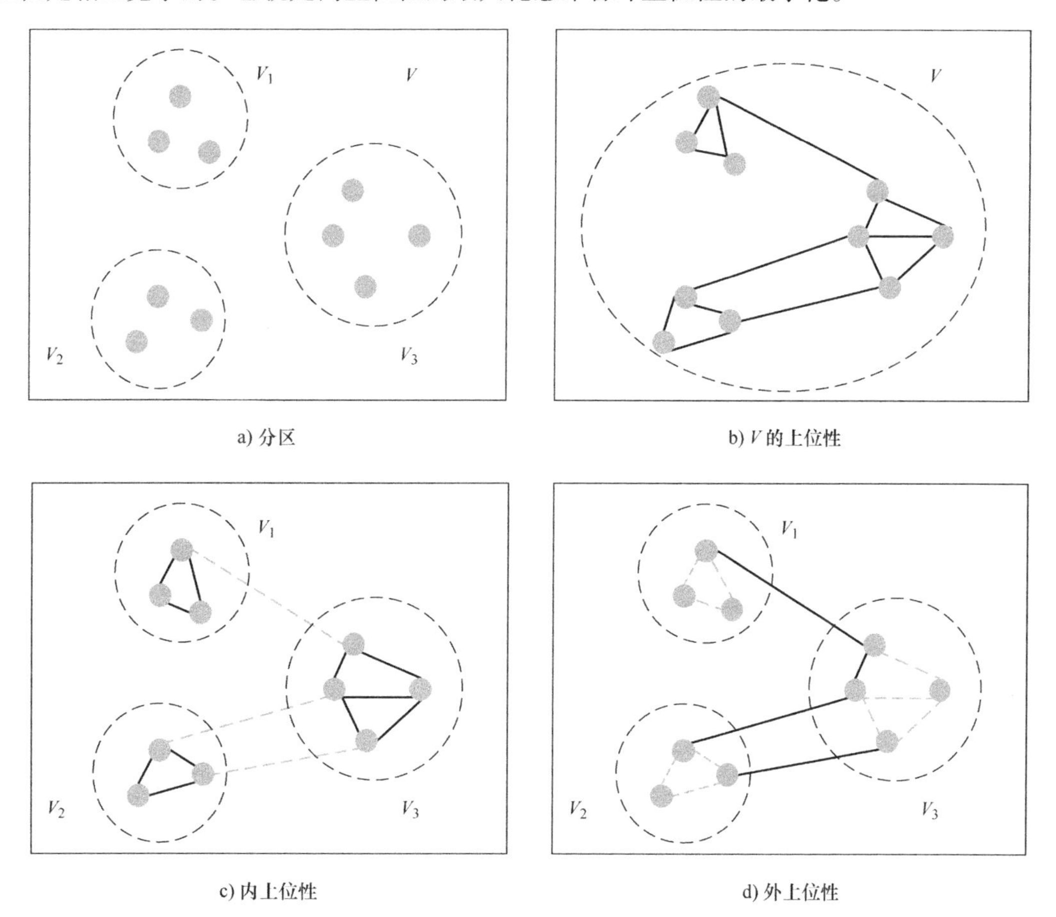

图5-1 内上位性和外上位性的示意图

5.5　本章小结

本章从地形依赖性的角度对解空间适应度地形特征进行分析，用以考量变量间的相互关系，从而为选择适合的求解方法提供支持。

本章重点介绍了上位方差、位上位性、香农信息论和内/外上位性等四种反映地形依赖性的技术指标，并介绍了相应的分析方法和具体实例。

参考文献

[1] DAVIDOR Y. EPISTASIS Variance: A viewpoint on GA - hardness [J]. Foundations of Genetic Algorithms, 1991, 1: 23 - 35.

[2] HOLLAND J H. Adaptation in natural and artificial system [M], Michigan: University of Michigan Press, Ann Arbor, 1975.

[3] FONLUPT C, ROBILLIARD D, PREUX P. A bit - wise epistasis measure for binary search spaces [C]. In: Eiben A E, Bäck T, Schoenauer M, Schwefel H P (Eds.), Parallel Problem Solving from Nature—PPSN V. PPSN 1998. Lecture Notes in Computer Science, vol 1498. Springer, Berlin, Heidelberg 1998.

[4] ROCHET S. Epistasis in genetic algorithms revisited [J]. Information Sciences, 1997, 102: 133 - 155.

[5] Seo Dong - IL, Kim Yong - Hyuk, Mong Byung - Ro, Seo Sung, Monn Byung - Ro. New Entropy - Based Measures of Gene Significance and Epistasis [C]. In: Cantú - Paz E, et al. (Eds.), Genetic and Evolutionary Computation—GECCO 2003. Lecture Notes in Computer Science, vol 2724. Springer, Berlin, Heidelberg, 2003.

[6] SHANNON C E. A mathematical theory of communication [J]. Bell Labs Technical Journal, 1948, 27 (4): 379 - 423.

[7] Seo Dong - IL, Sung S, Mong Byung - Ro. Seo Dong - Ⅱ, New Epistasis Measures for Detecting Independently Optimizable Partitions of Variables [C]. In: Deb K (Eds), Genetic and Evolutionary Computation - GECCO 2004. Lecture Notes in Computer Science, vol 3103. Springer, Berlin, Heidelberg 2004.

第6章　相　似　性

在上述适应度地形的研究中，学者们针对不同的问题，从不同的角度提出了不同的评价指标，这些指标都在一定程度上反映了问题的特征，同时有助于更深入地理解算法的行为。但是，有些问题属于同一类问题，这样的问题有相似的特征，不需要对每一个问题都做到面面俱到的分析和深入探讨，这样可能造成研究工作的重复性；有些问题差异性很大，不能直接使用相同策略的算法，需要对不同类型的问题采取不同的方法。基于以上考虑，从适应度地形分析的角度出发，本章基于动态弯曲距离提出了衡量问题之间关联程度的相似性指标，同时利用静态和动态基准函数验证了该指标的有效性。

6.1　相似性指标

1. 动态弯曲距离

动态时间弯曲（DTW，Dynamic Time Warping）距离采用一个时间弯曲方程描述两个序列间的匹配关系，如图6-1所示。这两个序列的长度不需要完全相等。假设两个序列表示为

$$Q = q_1, q_2, \cdots q_i, \cdots, q_n \qquad C = c_1, c_2, \cdots, c_j, \cdots, c_m \tag{6-1}$$

n 和 m 分别代表两个序列中的点数。为了将两个序列进行对齐，构造一个 $n \times m$ 的矩阵。矩阵中的元素（i，j）代表点 q_i 和点 c_j 间的局部距离 $d(q_i, c_j)$，其计算公式为

$$d(q_i, c_j) = (q_i - c_j)^2 \tag{6-2}$$

DTW旨在找到矩阵中的一条最优路径，路径中经过的点即为两个序列的对齐点，该路径表示为 W。W 中的第 k 个元素定义为 $w_k = (i,j)_k$，它决定了两个序列的匹配关系。那么，W 表示为

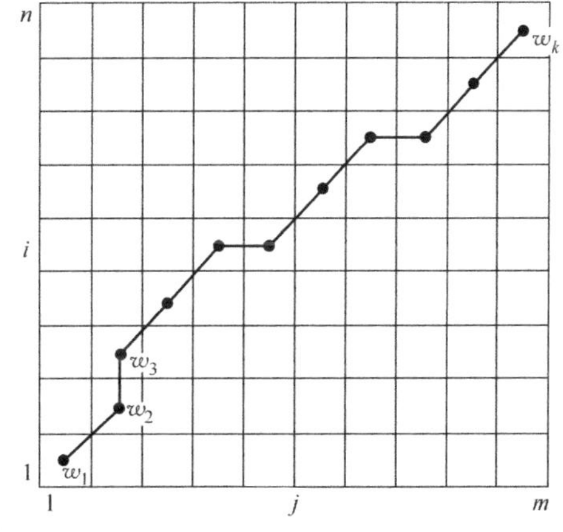

图6-1　DTW距离示意图

$$W = w_1, w_2, \cdots, w_k, \cdots, w_K \quad \max(m,n) \leqslant K < m+n-1 \tag{6-3}$$

最优路径的选择不是任意的，它需要满足如下条件：

1）边界条件：$w_1 = (1,1)$ 且 $w_k = (n,m)$。

2）连续性：如果 $w_{k-1} = (a', b')$，那么 $w_k = (a,b)$ 应满足 $(a-a') \leqslant 1$ 且 $(b-b') \leqslant 1$。

3）单调性：如果 $w_{k-1} = (a', b')$，那么 $w_k = (a,b)$ 应满足 $0 \leqslant (a-a')$ 且 $0 \leqslant (b-b')$。

考虑到连续性和单调性，路径上每个格点的下个位置只有三种可能。例如，如果路径已经经过点 (i,j)，那么下一点必定是 $(i+1,j)$，$(i,j+1)$ 和 $(i+1,j+1)$ 其中之一。满足以上三

个约束条件的路径可能有很多，每个路径都可以计算弯曲消耗 $\frac{1}{K}\sqrt{\sum_{k}^{K} w_k}$。最优弯曲路径即弯曲消耗最小的路径，表示为

$$\mathrm{DTW}(Q,C) = \min\left\{\frac{1}{K}\sqrt{\sum_{k=1}^{K} w_k}\right\} \tag{6-4}$$

该最优路径可以通过动态规划算法计算：

$$\gamma(i,j) = d(q_i,c_j) + \min\{\gamma(i-1,j-1),\gamma(i-1,j),\gamma(i,j-1)\} \tag{6-5}$$

$\gamma(i,j)$表示累计距离，它由两部分组成：第一部分为当前格点的局部距离 $d(q_i,c_j)$，第二部分为能到达当前格点的邻接格点的最小累积距离。对于格点$(i,1)$和$(1,j)$，它们的累积距离分别由 $\gamma(i,1)=d(q_i,c_1)+\gamma(i-1.1)$ 和 $\gamma(1,j)=d(q_1,c_j)+\gamma(1,j-1)$ 计算。基于此，最小弯曲距离 DTW(Q,C)可以重新表示为

$$\mathrm{DTW}(Q,C) = \gamma(n,m) \tag{6-6}$$

2. 适应度地形的相似性

在利用动态弯曲距离前，首先需将适应度地形进行归一化，以消除地形幅度大小对外形相似性的影响。例如，对于动态地形来说，归一化公式为

$$f'(x_i,e) = \frac{f(x_i,e) - \min\limits_{k=1,\cdots,N} f(x_k,e)}{\max\limits_{k=1,\cdots,N} f(x_k,e) - \min\limits_{k=1,\cdots,N} f(x_k,e)}, i=1,\cdots,N \tag{6-7}$$

其中$f(x_i,e)$是地形在第 e 次变化后解 x_i 的适应度值，$f'(x_i,e)$是第 e 次变化后解 x_i 的归一化适应度值，N 是解的个数。将两个归一化后的适应度地形看作两个序列，并表示为

$$\begin{aligned} F_e &= f'(x_1,e), f'(x_2,e), \cdots, f'(x_n,e) \\ F_{e-1} &= f'(x_1,e-1), f'(x_2,e-1), \cdots, f'(x_m,e-1) \end{aligned} \tag{6-8}$$

最后，两个序列的相似性程度则可以由最小弯曲距离 DTW(F_e,F_{e-1})表征。

$$\mathrm{sim}(f(e),f(e-1)) = \mathrm{DTW}(F_e,F_{e-1}) \tag{6-9}$$

sim 的数值越小，两个地形的相似性程度越高。

6.2 标准函数的分析

6.2.1 基本初等函数和标准测试函数适应度地形分析

将相似性评价指标分别应用于基本初等函数和标准测试函数的适应度地形。在基本初等函数中，分别选取了常函数、幂函数、指数函数和三角函数进行实验；对于标准测试函数网，分别选取了 Trid 函数、Zakharov 函数、Griewank 函数和 Ackley 函数进行实验。

1. 基本初等函数和标准测试函数的表达式

在基本初等函数的实验中，自变量定义域均为[-5,5]，它们的函数表达式为

$$f_1(x) = 1 \tag{6-10}$$

$$f_2(x) = x^2 \tag{6-11}$$

$$f_3(x) = 2^x \tag{6-12}$$

$$f_4(x) = \cos(2\pi x) \tag{6-13}$$

基本初等函数的图像如图6-2所示，图中的横坐标表示函数的自变量，纵坐标表示函数的因变量。由仿真结果可知，常函数为一平稳的直线，幂函数为二次函数，具有原点对称的特性，指数函数在定义域上递增，三角函数呈典型的多峰状，定义域内共有11个峰值。这4个函数中常函数和三角函数值域较小，幂函数和指数函数值域较大。

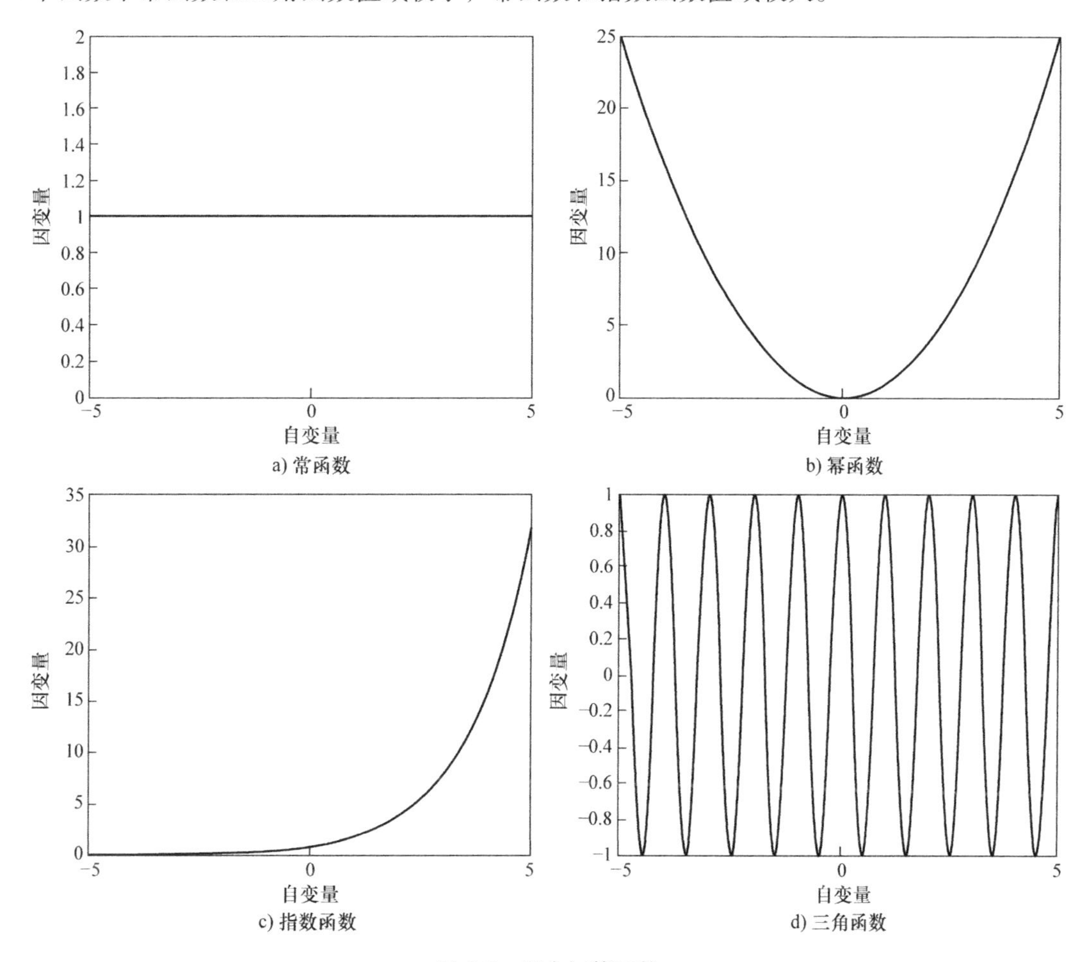

图6-2　基本初等函数

在标准测试函数的实验中，自变量定义域均为［-10，10］，它们的函数表达式为

$$f_{\mathrm{Trid}}(x)=(x-1)^2-1 \tag{6-14}$$

$$f_{\mathrm{Zakharov}}(x)=x^2+(0.5x)^2+(0.5x)^4 \tag{6-15}$$

$$f_{\mathrm{Griewank}}(x)=\frac{x^2}{4000}-x+1 \tag{6-16}$$

$$f_{\mathrm{Ackley}}(x)=20+e-20e^{-0.2x}-e^{\cos(2\pi x)} \tag{6-17}$$

标准测试函数的图像如图6-3所示，图中的横坐标表示函数的自变量，纵坐标表示函数的因变量。由仿真结果可知，Trid函数和Zakharov函数均呈先递减再递增的性质，Griewank函数在定义域内有4个相等的峰值，Ackley函数也具有多峰性质，但峰值不等，且无周期性。

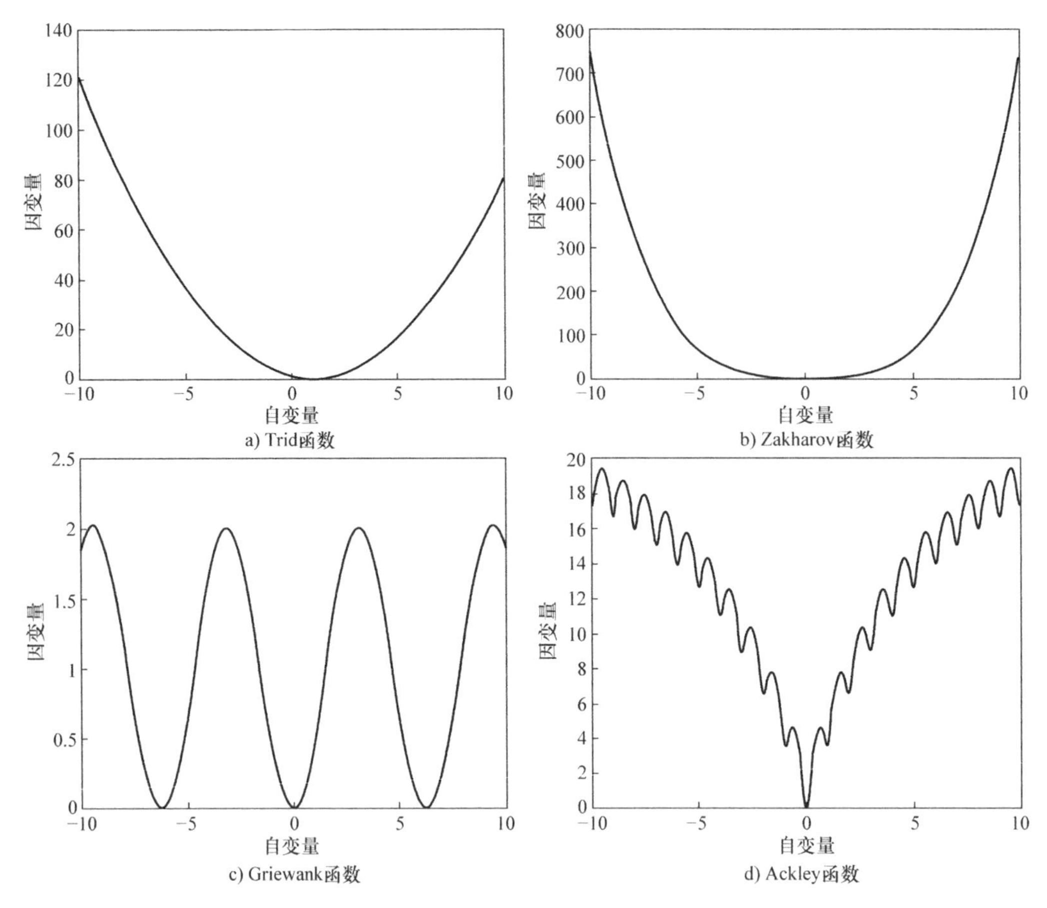

图 6-3 标准测试函数

2. 适应度地形在基本初等函数和标准测试函数上的应用

分别在基本初等函数和标准测试函数的适应度地形上，应用相似性评价指标，并分析仿真结果、总结评价指标的变化规律。

由于基本初等函数和标准测试函数均为定义域上的连续函数，因而需要先对函数进行均匀采样，再根据6.1节中的描述进行适应度值相似性计算。表6-1首先验证了采样间隔对计算相似性程度的影响。表中，$\mathrm{sim}(t_1,t_2)$表示在同一函数中以 t_1 和 t_2 时间作为采样间隔的地形相似性程度。由结果可知，sim 的数值均小于 9×10^{-4}，采样间隔的选取对计算函数地形的相似性程度影响可以忽略，因此在后续的实验中，以间隔 $t=0.01\mathrm{s}$ 在基本初等函数和标准测试函数上均匀采样，分析地形相似程度。

表 6-1 采样间隔对计算相似性程度的影响

函数	sim (0.01,0.005)	sim (0.01,0.002)	sim (0.01,0.001)	sim (0.01,0.0001)
常函数	0	0	0	0
幂函数	4.6×10^{-4}	2.3×10^{-4}	1.7×10^{-4}	0.5×10^{-4}
指数函数	4.7×10^{-4}	2.4×10^{-4}	1.7×10^{-4}	0.5×10^{-4}

（续）

函数	sim	sim	sim	sim
	(0.01,0.005)	(0.01,0.002)	(0.01,0.001)	(0.01,0.0001)
三角函数	3.5×10^{-4}	1.8×10^{-4}	1.3×10^{-4}	0.4×10^{-4}
Trid	4.8×10^{-4}	2.4×10^{-4}	1.8×10^{-4}	0.6×10^{-4}
Zakharov	8.8×10^{-4}	7.4×10^{-4}	5.4×10^{-4}	1.7×10^{-4}
Griewank	0.5×10^{-4}	0.3×10^{-4}	0.2×10^{-4}	0.07×10^{-4}
Ackley	4.9×10^{-4}	2.5×10^{-4}	1.8×10^{-4}	0.6×10^{-4}

仿真结果见表6-2和6-3，在基本初等函数中，常函数和三角函数的相似度值最低，为0.0194，说明两者的相似度最高，而幂函数和指数函数与其他函数之间相似度值均比较大，说明这两个函数与其他函数相似度均很低。在标准测试函数中，Ackley函数和Griewank函数的相似度值为0.1380，说明这两个函数最为相似，Griewank函数和Zakharov函数的相似度值最大，为3.1830，说明这两个函数的适应度地形的差异最大。Ackley函数、Griewank函数和Trid函数之间的相似度值均较小，可知这3个函数的适应度地形大体相似，而Zakharov函数则明显与其他函数均不相似。结合图6-4中所示的基本初等函数和标准测试函数的整体图像可知，仿真结果与实际地形特征相符。相似性指标在基本初等函数和标准测试函数上的有效应用，说明了该指标能够客观地反映不同函数的适应度地形之间的关联。

表6-2 基本初等函数相似性指标的仿真结果

函数	常函数	幂函数	指数函数	三角函数
常函数	—	0.1657	0.1712	0.0194
幂函数	0.1657	—	0.2012	0.1699
指数函数	0.1712	0.2012	—	0.1308
三角函数	0.0194	0.1699	0.1308	—

表6-3 标准测试函数相似性指标的仿真结果

函数	Trid	Zakharov	Griewank	Ackley
Trid	—	3.1830	0.5659	0.4406
Zakharov	3.1830	—	3.2209	3.1633
Griewank	0.5659	3.2209	—	0.1380
Ackley	0.4406	3.1633	0.1380	—

6.2.2 动态基准地形的分析

将相似性评价指标应用于三类动态优化问题（DOP，Dynamic Optimization Problem）的适应度地形，这些地形由Tinós等[1]提出的DOP标准生成器产生。该生成器可以模拟动态环境，由任意二进制编码的静态优化问题产生动态适应度地形。本实验中，初始的静态适应度地形由一个双峰问题产生，其适应度函数为

$$f_s(x)=\max\left(\frac{1}{(u(x)-2^l/3)^2},\frac{0.8}{(u(x)-2^l/5)^2}\right) \tag{6-18}$$

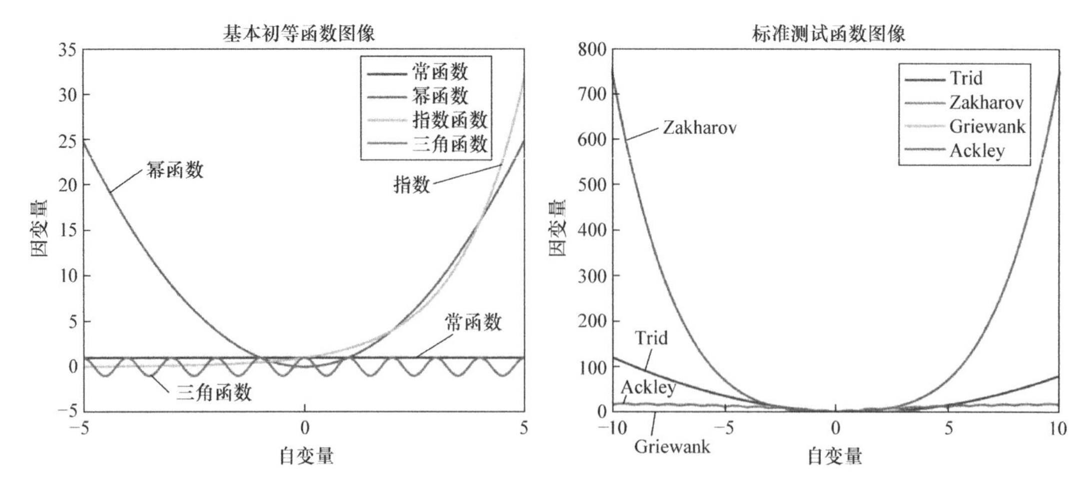

图6-4 基本初等函数和标准测试函数整体的图像

式中，x 表示二进制编码的解，$u(x)$ 表示解 x 对应的十进制整数值，l 表示解空间的维度，这里 l 设为 8。

1. 基准 DOP 的地形产生

基准 DOP 生成器模拟多种动态优化问题生成相应的动态适应度地形。适应度地形的动态变化由三种方式产生：①搜索空间中解的置换；②搜索空间中解的复制；③在部分解的适应度值上增加偏移。在本节中，基于双峰问题生成三类动态适应度地形。仿真时，解的维度设置为 8，解空间大小固定为 256，每个适应度地形动态变化为四次。

（1）第一类 DOP：置换 DOP

该类 DOP 根据 XOR 操作器改变决策变量进行变化，每个解按照规则置换后，在解空间中的新位置进行重新评估。按照这种方法，变化第 e 次后，适应度向量表示为

$$f(x,e)=f_s(g(x,\phi(e))) \tag{6-19}$$

式中，$f_s(\cdot)$ 为变化前的初始适应度地形；$g(x,\phi(e))$ 为 x 的置换解，它由第 e 次变化后的参数控制向量 $\phi(e)$ 定义如下

$$g(x,\phi(e))=x\oplus m(e) \tag{6-20}$$

$$m(e)=\begin{cases} o_l, & \text{for } e=1 \\ m(e-l)\oplus r(e), & \text{for } e>1 \end{cases} \tag{6-21}$$

式中，$\oplus$ 为 XOR 操作符；o_l 为 l 维零向量；$r(e)$ 为二进制模板，它包含 $\lfloor \rho\cdot l \rfloor$ 个 1 并在每次变化后随即改变；l 为解的维度并且 $0.0\leqslant\rho\leqslant1.0$。

第一类 DOP 的初始适应度地形及 1～4 次变化后的适应度地形如图 6-5 所示。图 6-5 中的横坐标表示解空间中的所有解，纵坐标表示每个解相应的适应度值。由仿真结果可知，初始适应度地形是一个双峰地形，在每次动态变化后，地形仍然呈双峰状，双峰的高度不变，只是在地形中的位置有所变化。

（2）第二类 DOP：复制 DOP

复制 DOP 的产生原理是通过线性转换复制决策变量的某些元素，以此复制解空间中的某些部分。变化 e 之后的适应度向量表示为

$$f(x,e)=f_s(h(x,\phi(e))) \tag{6-22}$$

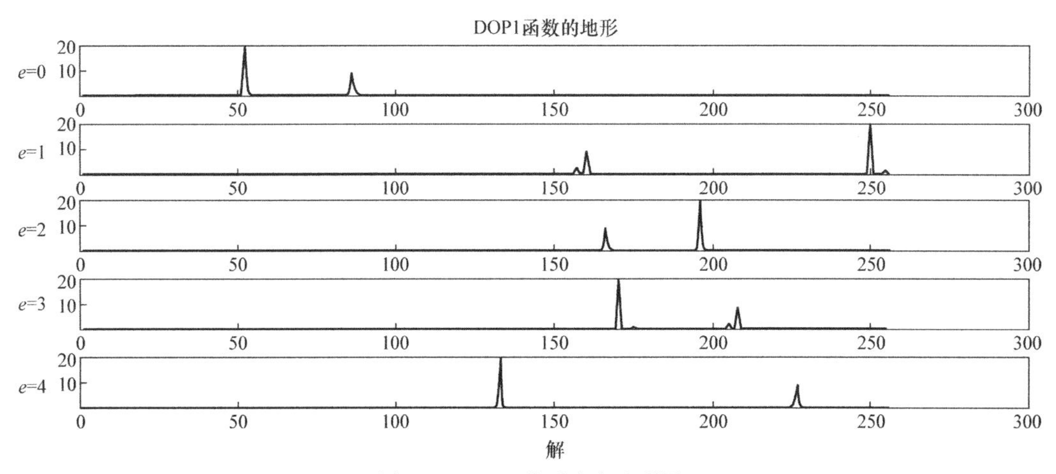

图 6-5 DOP1 的适应度地形图

式中，$f_s(\cdot)$为初始适应度函数；$h(x,\phi(e))$是第 e 次变化后，由控制参数向量 $\phi(e)$定义的解 x 的转换

$$h(x,\phi(e)) = L(e)x \tag{6-23}$$

$$L(e) = \begin{cases} I_l, & \text{for } e = 1 \\ Q(e), & \text{for } e > 1 \end{cases} \tag{6-24}$$

式中，I_l 为元素全为 1 的 l 维向量；$Q(e)$为控制参数矩阵，它由随机复制 l 维单位矩阵的$\lfloor \rho \cdot l/2 \rfloor$行获得。

第二类 DOP 的适应度地形仿真结果如图 6-6 所示。对于第二类 DOP 来说，每次变化后的适应度地形不再是双峰的，并且地形在变化前后具有明显区别。

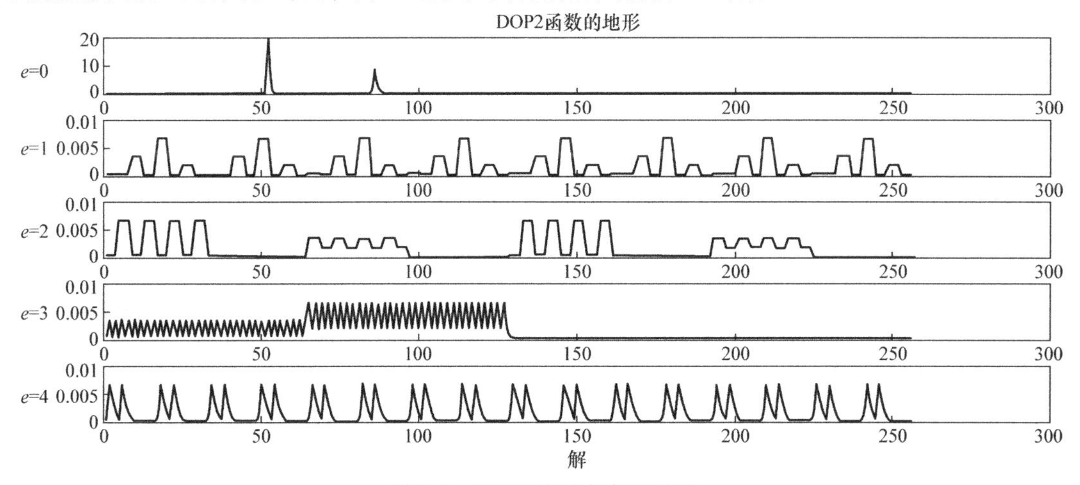

图 6-6 DOP2 的适应度地形图

(3) 第三类 DOP：偏差 DOP

第三类 DOP 是一种根据一组模板为部分解增加适应度值偏差的时变 DOP。第 e 次改变后的适应度向量表示为

$$f(x,e) = f_s(x) + b[x,\varphi(e)] \tag{6-25}$$

$$b[x,\varphi(e)] = \sum_{j=1}^{|\Omega(e)|} a[x,s_j(e),e] \tag{6-26}$$

式中，$f_s(x)$是初始适应度函数；$b[x,\varphi(e)]$为每个解上的适应度值偏差；$\Omega(e)$为一组模板，每个模板表示为$s_j(e)$，模板包含了一组l维二进制编码向量，每个模板的秩（向量中固定位的个数）为o_s，$\Omega(e)$中模板的个数为n_s，$a[x,s_j(e),e]$的计算公式为

$$a[x,s_j(e),e] = \begin{cases} \Delta f_j(e), & x \in s_j(e) \\ 0, & x \notin s_j(e) \end{cases} \tag{6-27}$$

式中，$\Delta f_j(e)$为模板$s_j(e)$的适应度值偏差，它在第e次变化后，由均值为0、标准差为ρf_{range}的正态分布随机产生，f_{range}是初始适应度地形中最好适应度值和适应度均值的差。ρ是控制变化程度的参数。

根据这种变化方式，仿真获得的初始适应度地形与第三类DOP在4次变化后的适应度地形如图6-7所示。

第三类DOP的适应度地形与第二类DOP相似，每次变化后的适应度地形与初始地形有较大差异，但是其在包络和适应度值方面的变化更为复杂和随机。

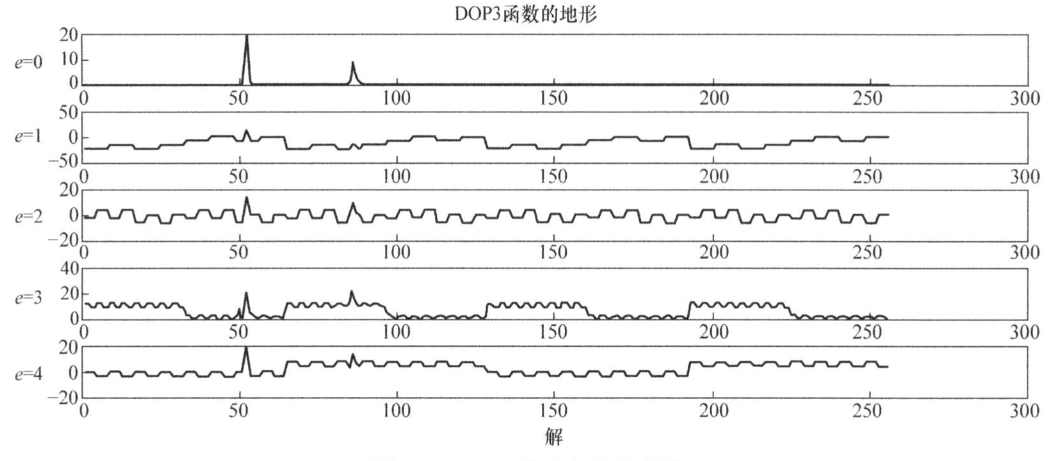

图6-7　DOP3的适应度地形图

2. 适应度地形在基准DOP上的应用

在基准DOP的适应度地形上，应用相似性评价指标，并分析仿真结果、总结评价指标的变化规律。

根据6-1中的描述，计算每次变化后，相邻两个地形间的相似性程度。仿真结果见表6-4，相应的线状图如图6-8所示。表中，sim(e)表示第e次变化前后地形的相似性程度。由结果可知，sim的数值越小，两个地形的外部包络越相似，尽管它们并不是严格对齐的。由各类DOP的地形图可知，仿真结果与实际地形特征相符。

表6-4　相似性指标的仿真结果

函数	sim(1)	sim(2)	sim(3)	sim(4)
DOP1	0.0276	0.0077	0.0303	0.0068
DOP2	0.0107	0.0071	0.0093	0.0094
DOP3	0.0103	0.0086	0.0072	0.0089

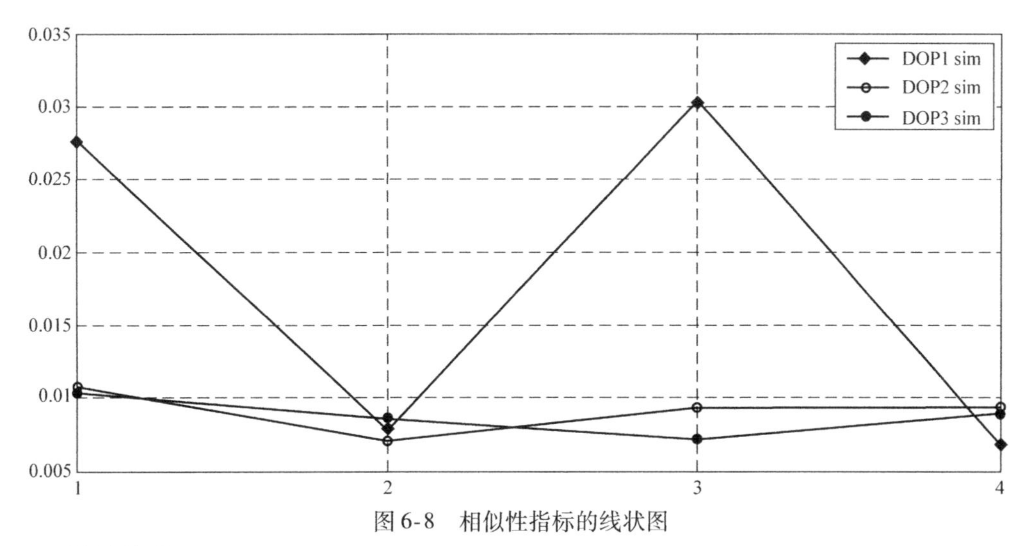

图 6-8 相似性指标的线状图

3. 统计结果

为了获得指标的统计特性，每个 DOP 独立运行了 50 次，每次运行中包含 4 次动态变化，在每次运行后可以得到每个指标的数值或均值。利用这些值计算统计特性，如均值、方程、Q_1 和 Q_3。计算得到的统计结果见表 6-5。

表 6-5 相似性指标的统计结果

函数	指标	最大值	最小值	均值	方差	中位数	Q_1	Q_3
DOP1	sim	0.03833	0.0047	0.01888	7.95E-05	0.01801	0.01244	0.0235
DOP2	sim	0.01255	0.01144	0.01182	5.45E-08	0.01176	0.01165	0.01195
DOP3	sim	0.58098	0.16166	0.34658	0.01153	0.32501	0.27272	0.41514

由统计结果可知，第一类 DOP 指标的变化都较小，与其在变化产生后改变较小的事实相符。第二类 DOP 的指标变化也相对较小，这表明其地形特征的变化较为稳定，但比第一类 DOP 变化明显。对于第三类 DOP，相似性指标变化明显，表明第三类 DOP 的变化较为随机和剧烈。所有的统计结果与三类 DOP 实际的地形特征及理论分析相符，说明相似性指标的有效性，可以用于衡量问题之间的相似性。

6.3 本章小结

本章从时域分析的角度出发，探讨了同一类问题不同规模实例、不同问题之间以及动态优化问题不同时间情况下的地形空间的相似性，并基于动态弯曲距离给出了评价地形相似性的技术指标，同时利用相关动态优化问题进行了测试验证，在后续调度问题特性中将利用该指标分析不同调度问题之间、同一调度问题不同规模实例之间的相似性。

参 考 文 献

[1] TINÓS R, YANG S X. Analysis of fitness landscape modifications in evolutionary dynamic optimization [J]. Information Sciences, 2014, 282: 214-236.

[2] Virtual library of Simulation Experiments: Test Functions and Datasets, Optimization Test Problems [Z/OL]. https://www.sfu.ca/~ssurjano/index.html, 2013.

第7章　频域分析

不管是单一问题的崎岖性、中性、可演进性和依赖性，还是多个问题之间的相似性，这些分析方法从一定意义上来说，都是基于时域的分析方法。如果将适应度地形的采样点看作时间序列，那么，不仅可以从时域的相关分析和信息分析入手，还可以从频域的角度挖掘其中隐藏的信息。频域分析法的优点是：它引导人们从信号的表面深入到信号的本质，看到信号的组成部分。通过对成分的了解，人们可以更好地使用信号。对于适应度地形序列，也可以换一个新的视角——频域分析去分析地形的特征。下面首先介绍一个已有的频域分析方法，利用幅度谱信息反映地形的整体特征，并获得相关长度信息，该方法分析不够全面。基于此，从多个角度分析频域指标，主要包括振幅变化稳定性、频域尖锐性、周期性以及平均适应度值的变化程度，这些指标是对频谱信息的特性总结。频域分析理论从一个新颖的角度丰富和完善适应度地形理论。

7.1　幅度谱

适应度地形可以由傅里叶变化分解为基本地形，从傅里叶变换获得的幅度谱包含关于地形崎岖度的信息。

7.1.1　适应度地形的傅里叶分析

函数在完备正交特征函数系统中 $\Phi = \{\varphi_k\}$ 的级数展开称为傅里叶展开，那么，适应度地形 f 的傅里叶展开为[1]

$$f(x) = \sum_{k=0}^{|V|-1} a_k \varphi_k(x), x \in V \tag{7-1}$$

式中，a_k 为傅里叶系数；φ_k 为拉普拉斯算子 $-\Delta$ 的特征函数。

考虑一个实例布尔超立方体 Θ_2^n，这个图是顶点度为 $D = n$ 的正则图，它的顶点是 n 维向量。如果两个这样的向量在单个分量的符号上不同，那么它们就是彼此的邻居。Θ_2^n 的拉普拉斯变化有 $n+1$ 个特征值 $\lambda_p = 2p$，$p = 0$，…，n，λ_p 的多重性为$\binom{n}{p}$，对应于 λ_p 的特征空间为

$$\varphi_{i_1 i_2 \cdots i_p}(x) = 2^{-n/2} x_{i_1} x_{i_2} \cdots x_{i_p} \tag{7-2}$$

对于 p 的所有组合满足 $1 \leqslant i_1 < i_2 < \cdots < i_p \leqslant n$。这些特征函数的集合，以及常数函数 $\varphi_0(x) = 2^{-n/2}$形成傅里叶基 Φ，很容易验证这些向量 φ_i 是归一化且成对正交的。

7.1.2　幅度谱

在一维傅里叶分析中，每个特征值 $\lambda_k > 0$ 有两个特征函数，记作 $\sin(kx)$和 $\cos(kx)$。在

大多数情况下可以用于判断第 k 阶的幅度 $|a_k|^2 + |a'_k|^2$，其中忽略了包含在系数 a_k 和 a'_k 中的相位信息。这相当于确定 $-\Delta$ 不同特征空间的相对重要性，而本征空间中 f 的结构则没有多大意义。我们对离散地形的分析采用相同的方法，区别就在于拉普拉斯特征值的个数和多样性取决于图的结构。高度对称的构造空间，如布尔超立方体 Θ_2^n，只有相对少量的（平均）具有很高重数的不同特征值。

常数函数 $f(x)=c$ 是特征值 $\lambda_0=0$ 的特征向量，这类地形是平坦的。假设 f 不是一个平坦的地形，$f(x)$ 的形式是 $f(x)=c+\varphi(x)$，其中 c 是一个常数，φ 是属于特征值 $\lambda>0$ 的拉普拉斯 $-\Delta$ 特征向量，那么地形 $f(x)$ 是最基本的。对于所有的 $x\in V$，c 是 f 的平均值，于是就可以将任意一个地形写成以下的形式

$$f(x) = c + \sum_p \beta_p \tilde{\varphi}_p(x) \tag{7-3}$$

式中，$\tilde{\varphi}_p$ 是属于特征值 $\lambda_p>0$ 的归一化特征向量，索引 p 对应于一个 $-\Delta$ 特征向量。一般情况下，$c=a_0$，并且以下等式成立

$$\beta_p \tilde{\varphi}_p(x) = \sum_{k:\Delta\varphi_k=\lambda_p\varphi_k} a_k\varphi_k(x) \tag{7-4}$$

将这个方程乘以它的复共轭，并且在所有 $x\in V$ 上求和，则

$$|\beta_p|^2 = \sum_{k:\Delta\varphi_k=\lambda_p\varphi_k} |a_k|^2 \tag{7-5}$$

式（7-3）表明任何地形都是基本地形的叠加。自然地，把系数 $|\beta_p|^2$ 看作一种振幅谱。有如下公式：

$$\sum_p |\beta_p|^2 = \sum_{k\neq 0} |a_k|^2 = \sigma^2 = \sum_{x\in V} (f(x)-c)^2 \tag{7-6}$$

于是有幅度的归一化定义为 $B_p = |\beta_p|^2/\sigma^2$，地形 f 的幅度谱就是向量 $\{B_p\}, p=1,\cdots,p_{\max}$。这里，对于所有的 $p=1$，…，$p_{\max}$，$B_p\geqslant 0$，并且 $\sum_p B_p = 1$。

7.1.3 NK 模型分析

适应度地形最简单的随机模型就是 House - of - Cards（HoC）模型，在该模型中，适应度值根据基因型随机分配[2]

$$F:\sigma\rightarrow\xi(\sigma) \tag{7-7}$$

其中，$\xi(\sigma)$ 是某种独立同分布的随机变量，不失一般性，假设 ξ 的均值为 0，即 $\langle\xi\rangle=0$，方差为有限值 $D=\mathrm{var}(\xi)$。HoC 模型的振幅谱为 $\tilde{B}_q = 2^{-N}\binom{N}{q}$[3]。

尽管 HoC 模型已经广泛地用于自适应建模[4]，但目前已有大量实验证据表明，不相关适应度值的假设高估了真实适应度地形的崎岖性[5]。因此，有必要研究更复杂的模型，这包括在生物学上有意义的适应度值相关性。一个具有可调崎岖性的原型模型是 Kauffman 的 NK 模型[6]，这里考虑 $k=K+1$，第 i 个 NK 邻居是集合 $\{\sigma_{i_1},\cdots,\sigma_{i_k}\}$，适应度地形的定义如下：

$$F:\sigma \rightarrow \frac{1}{\sqrt{N}}\sum_{i=1}^{N} f_i(\sigma_{i_1},\cdots,\sigma_{i_k}) \tag{7-8}$$

通过改变 k，可以调整适应度地形的崎岖性，为了完成模型的定义，必须指定如何选择邻域的元素。在常用的模型里，k 个相互作用的位置可以随机选择，也可以选择序列的相邻位置。第三种可能性是将序列细分为大小为 k 的块，使得在块内，每个位置彼此交互，但块是相互独立的。虽然邻域的构造影响景观的某些性质，如局部适应度极大值的数目和全局最大值的演化可达性，但自相关函数并不依赖于它。可以计算 NK 模型的自相关函数如下式[7]。

$$R_d = \binom{N-k}{d}\binom{N}{d}^{-1} \tag{7-9}$$

根据公式（7-9），NK 模型的幅度谱为[8]

$$\tilde{B}_q = 2^{-N}\sum_{d\geqslant 0} K_q^{(2)}(d)\binom{N-k}{d} \tag{7-10}$$

$$\tilde{B}_q = 2^{-k}\binom{k}{q} \tag{7-11}$$

7.2 离散时间傅里叶变换的分析

将适应度向量看作离散序列点，并采用离散时间傅里叶变换（DTFT，Discrete Time Fourier Transform），从幅度谱的角度分析适应度地形特征。DTFT 及其反变化如以下两式所示[9]。

$$X(e^{j\omega}) = \sum_{n=-\infty}^{\infty} x(n)e^{-j\omega n} \tag{7-12}$$

$$x(n) = \frac{1}{2\pi}\int_{-\pi}^{\pi} X(e^{j\omega})e^{j\omega n}d\omega \tag{7-13}$$

DTFT 将序列 $x(n)$ 分解成一系列角频率不同的复合指数序列。$|X(e^{j\omega})|$ 表示频谱中不同频率成分的幅度值。它可以从频域的角度反映序列特征。

7.2.1 振幅变化稳定性

振幅变化稳定性（SAC，Stationary of Amplitude Change）反映了适应度地形频谱中，旁瓣相对于主瓣（频率为 0 时的幅值）的变化程度，它能在一定程度上反映适应度地形的形状。它的计算公式为

$$sta = \frac{\sum_{i=1}^{n}(|1 - A_{side(i)}/A_{main}|)}{n} \tag{7-14}$$

式中，$A_{side(i)}$ 和 A_{main} 分别代表幅度谱中的第 i 个旁瓣幅值和主瓣幅值；n 是所有旁瓣的个数。主瓣和旁瓣的差值越大，旁瓣相对于主瓣的变化越剧烈，sta 的数值也就越大。

频域中的 SAC 可以反映适应度地形的形状，因为不同形状的地形在频谱上是有很大差别的。我们可以借助冲击函数和矩形脉冲进行直观的比较。冲击函数的波形在时域变化非常迅速，这导致其频谱是从 0 到无穷大的均匀分布，这和其傅里叶变换后等于 1 的事实相符。而矩形脉冲的傅里叶变换是一个 Sa 函数，它的幅值波动是比较明显的。在极限情况下，时

域的波形稳定在一个恒定值，那么它的频谱只在0频有值，即频域变化迅速。可以发现，矩形函数的 sta 值大于冲击函数的 sta 值，且当时域为恒值时，sta 值达到1，即时域波形变化越剧烈，sta 值越小，时域波形越稳定，sta 值越趋近于1。这一现象说明了SAC指标可以粗略地反映适应度地形的形状及波动程度。

7.2.2 频域尖锐性

对于不同的问题，其问题规模（即解空间大小）和平均适应度值是不同的，这必然会影响解空间的频谱特征。下面将不同问题的解空间进行标准化，并计算尖锐性指标，具体过程如下：

1）计算被比较的两个问题的平均适应度值，当两个均值差别较大时，较大均值记为 $\bar{f}_{large}$，较小均值记为 $\bar{f}_{small}$，为了消除适应度值大小对于频谱特征的影响，小均值问题的每个解的适应度值需要乘上一个系数，该系数为 $coe=\bar{f}_{large}/\bar{f}_{small}$。

2）当被比较的两个问题规模不同时，将大规模问题的解空间分成若干段，每段中的解个数与小规模问题的解个数相同。

3）将每一段解空间看作离散时间序列，并进行离散时间傅里叶变换（DTFT）得到频谱，取0到π之间的单边谱。将0.8π至π看作高频，找出高频分段的所有极值点。极值点 i 的值记为 mv_i，其所在频率记为 mf_i，高频分段中的所有极值点个数记为 γ。

4）将每个极值除以段内解数 N_s，N_s 也是小规模问题的解数。

5）第 j 段内的尖锐性程度计算为

$$kee_j=\frac{\sum_{i=1}^{n} mv_i \times mf_i}{nN_s} \tag{7-15}$$

6）分段个数记为 num，那么整个解空间的尖锐性程度记为

$$kee_{fd}=\frac{\sum_{j=1}^{num} kee_j}{num} \tag{7-16}$$

kee_{fd} 数值越大，尖锐性程度越高，解空间抖动越剧烈。

7.2.3 周期性

适应度地形的周期性可以由频谱中主瓣和第一旁瓣间的距离进行表征。其计算公式为

$$per=\frac{f_H-f_C}{\pi} \tag{7-17}$$

f_H 是第一旁瓣处的频率，即与0频距离最近的波瓣处的频率。f_C 是主瓣处的频率，本文中为0频。如果一个地形可以近似分成形状和长度相近的几部分，那么每一部分即可看作一个周期。per 的值可以反映周期的长度。

这一规则可以从时域进行推断。假设有一连续的时域信号 $f(t)$，其时域扩展信号表示为 $f(at)$，其傅里叶变换为 $F(\omega)$，那么 $f(at)$ 的傅里叶变换为

$$
\begin{aligned}
F\{f(at)\} &= \int_{-\infty}^{\infty} f(at)\,\mathrm{e}^{(-\mathrm{j}\omega t)}\,\mathrm{d}t \\
&= \frac{1}{a}\int_{-\infty}^{\infty} f(k)\,\mathrm{e}^{(-\mathrm{j}\omega\frac{k}{a})}\,\mathrm{d}k \\
&= \frac{1}{a}\int_{-\infty}^{\infty} f(k)\,\mathrm{e}^{(-\mathrm{j}\frac{\omega}{a}k)}\,\mathrm{d}k \\
&= \frac{1}{a}F\left(\frac{\omega}{a}\right)
\end{aligned} \tag{7-18}
$$

由式（7-18）可知，当时域扩展时，频域压缩，第一波瓣所在的频率减小。相反，当时域压缩时，频域扩展，第一波瓣所在的频率增加。由此扩展到离散序列，如果适应度地形由一系列近似周期的离散点组成，那么一个周期的频谱由一些波瓣组成，其包络形状与其相应的连续信号的频谱形状相同，仍然符合时域扩展频域压缩、时域压缩频域扩展的规律。因此，第一波瓣和主瓣间的距离可以反映时域压缩和扩展的程度，并间接地反映时域周期的长度。时域周期越长，第一旁瓣和主瓣间的距离越小，*per* 的值就越小。

7.2.4 平均适应度值的变化程度

平均适应度值的变化程度反映了连续变化中平均适应度值的改变大小。它由每次变化后主瓣幅度的变化程度所决定，其计算公式为

$$
sum_{fd} = \frac{\sum_{e=1}^{n_c} |A(e) - A(e-1)|}{n_c} \tag{7-19}
$$

$$
ave_{fd} = \frac{sum_{fd}}{N} \tag{7-20}
$$

式中，$A(e)$是第 e 次变化后主瓣的幅度值，$A(e-1)$第 $e-1$ 次变化前主瓣的幅度值；n_c 是变化总次数；N 是所有解的个数。

由式 $F(\omega) = \sum_{n=-\infty}^{\infty} f[n]\mathrm{e}^{-\mathrm{j}\omega n}$ 可知，频谱中 0 频处的值（主瓣幅度）等于所有适应度值之和。sum_{fd}是几次变化后，主瓣幅度变化的平均值。因此，sum_{fd}反映了适应度之和的平均变化程度。如果该优化问题的解空间大小固定，那么 ave_{fd}即反映适应度均值的平均变化程度。

7.2.5 频域指标的分析

这里对 6.2.2 小节中的三类 DOP 进行频域指标的分析，展示基准 DOP 适应度地形的频谱，并分析仿真结果和总结每个评价指标的变化规律。

1. 基准 DOP 的频谱

三类 DOP 适应度地形每次变化的频谱图如图 7-1 ~ 图 7-3 所示。第一类 DOP 每次变化后，地形的频谱彼此相似，类似于若干正弦函数的叠加。对于第二类 DOP 来说，地形可以近似为周期和高度不同的若干矩形波和三角波的叠加。第三类 DOP 的适应度地形与第二类 DOP 相似，每次变化后的适应度地形与初始地形有较大差异。

2. 振幅变化稳定性的仿真结果

对于每一类 DOP，其振幅变化稳定性的仿真结果见表 7-1，相应的线状图如图 7-4 所

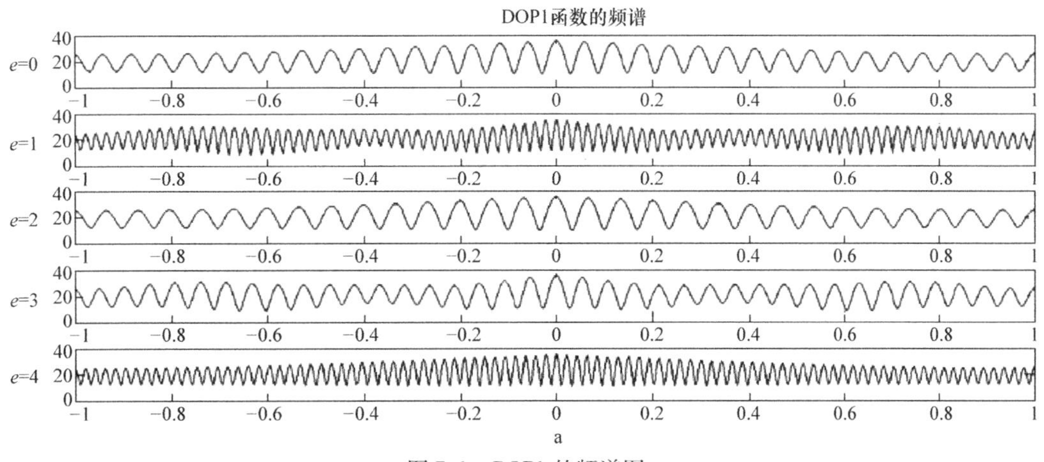

图7-1 DOP1的频谱图

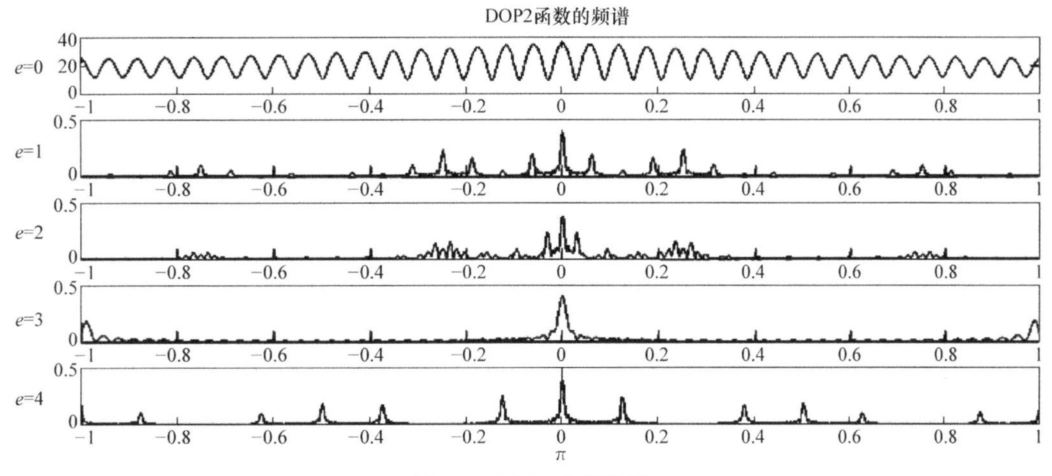

图7-2 DOP2的频谱图

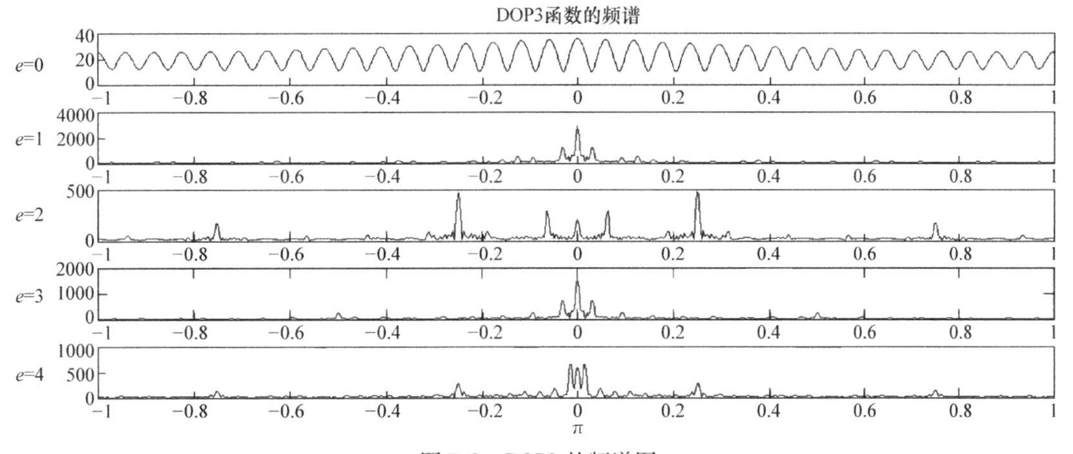

图7-3 DOP3的频谱图

示。对于第一类DOP，旁瓣和主瓣之间的幅度变化不大，因此每次变化后计算得到的SAC数值较小。这表明，适应度地形类似于冲击函数的叠加，与第一类DOP在每次变化后仍为双峰地形的事实相符。

对于第二类 DOP 和第三类 DOP，其适应度地形在每次变化后与初始地形差异较大，旁瓣幅度与主瓣相比差异显著。由 SAC 的定义式（7-14）可知，主瓣和旁瓣间的幅值差异越大，$|1-A_{side(i)}/A_{main}|$的数值越大，sta 的数值也就越大。第二类和第三类 DOP 的 sta 数值较大，表明适应度地形接近于矩形波的叠加。

表 7-1　SAC 指标的仿真结果

DOP 类型	sta（0）	sta（1）	sta（2）	sta（3）	sta（4）
DOP 1	0. 1865	0. 1924	0. 1861	0. 1856	0. 1948
DOP 2	0. 1863	0. 7576	0. 7576	0. 6827	0. 6743
DOP 3	0. 1863	0. 6965	0. 4737	0. 6986	0. 6970

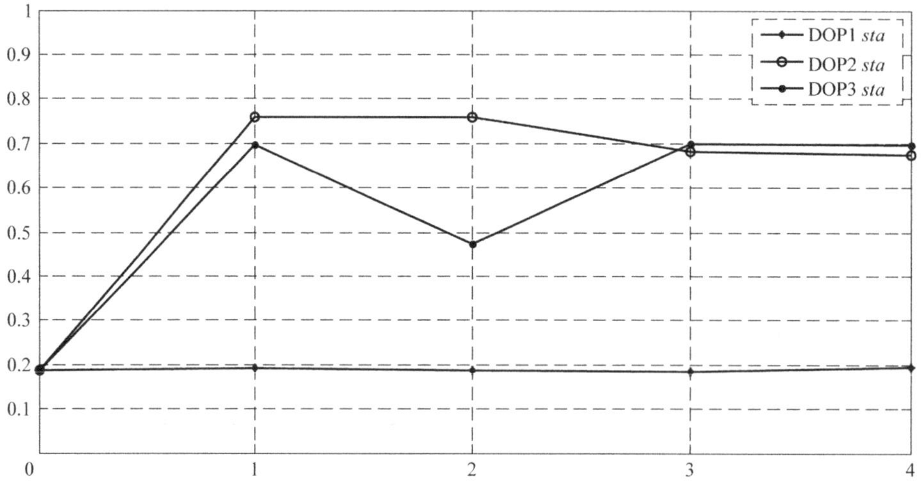

图 7-4　SAC 指标的线状图

3. 尖锐性的仿真结果

当计算尖锐性指标时，首先应明确旁瓣的定义。这里假设幅值高度大于主瓣 1/10 的波瓣定义为旁瓣，而幅值高度小于主瓣 1/10 的波瓣忽略不计。其次应明确高频和中频的定义，这里以 0. 95π 为高频边界，所在频率高于 0. 95π 的波瓣定义为高频旁瓣，以 0. 65π ~ 0. 95π 为中频边界，在此区间之内的波瓣定义为中频旁瓣。n_1 表示高频旁瓣数，$kee_h=\dfrac{n_1}{n+1}$是高频旁瓣数占所有波瓣数的比例；n_2 表示中频旁瓣数，$kee_l=\dfrac{n_2}{n+1}$是中频旁瓣数占所有波瓣数的比例。每类 DOP 的尖锐性指标值（kee_l 和 kee_h 或其中之一）及它们在每次变化后的平均变化程度见表 7-2，相应的线状图如图 7-5 所示。

表 7-2　尖锐性指标的仿真结果

变化次数	kee_h				
	0	1	2	3	4
DOP1	0. 0303	0. 0449	0. 0345	0. 0270	0. 0430
DOP2	0. 0303	0	0	0. 2222	0
DOP3	0. 0303	0	0. 0256	0	0. 2105

（续）

变化次数	kee_l				
	0	1	2	3	4
DOP1	—	—	—	—	—
DOP2	0. 3030	0. 0938	0. 0606	0	0. 2105
DOP3	0. 3030	0	0. 0769	0. 0909	0. 0435

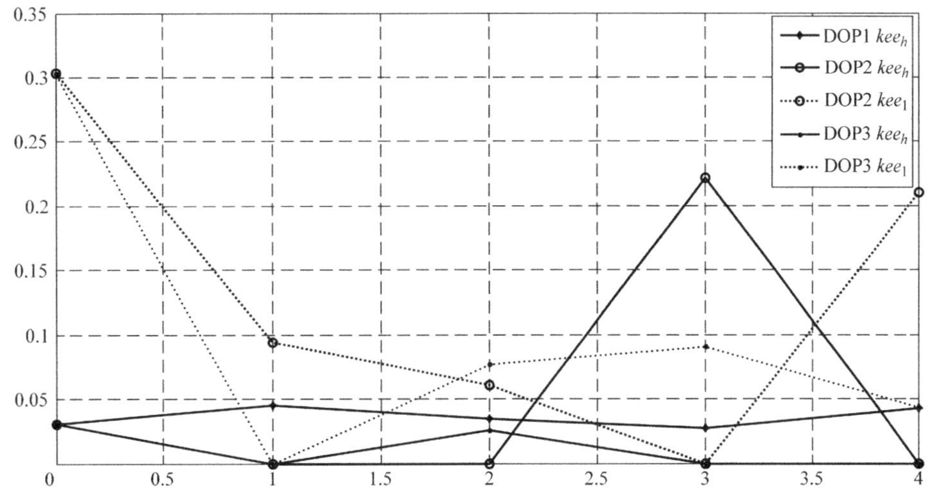

图7-5 尖锐性指标的线状图

对于除初始地形外的所有适应度地形，kee_h 的数值越大，频谱中的高频成分所占比重越大，意味着地形越跌宕。当 kee_h 差别较大或少于两个地形的 kee_h 等于0时，只比较 kee_h 就可以区别开地形的尖锐程度。当多个地形的 kee_h 数值较为接近或等于0时，则需要通过比较 kee_l 进一步区别不同地形的尖锐程度。

由仿真结果可知，对于第一类DOP，每次变化后的 kee_h 数值变化不大，表明其尖锐性程度在变化发生后几乎相同。对于第二类DOP，除了初始地形和第四次变化后的地形，大部分 kee_h 数值等于0，因此需要进一步比较 kee_l 以区分尖锐性程度。如果 kee_l 仍然等于0，则说明地形不尖锐并呈现多台阶状。由结果可知，几次变化后，地形的尖锐性程度由大到小的顺序为第三次变化后的地形、第四次变化后的地形、第一次变化后的地形、第二次变化后的地形。以同样的方法分析第三类DOP各次变化后地形的相似性程度，尖锐性程度的降序排列为第二次变化后的地形、第三次变化后的地形、第四次变化后的地形、第一次变化后的地形。仿真结果与实际地形特征相符，kee_h 和 kee_l 相配合反映了地形的尖锐性程度。

4. 周期性的仿真结果

根据式（7-17），在频谱的基础上计算周期性。*per* 的仿真结果见表7-3，相应的线状图如图7-6所示。

表7-3 周期性指标的仿真结果

DOP类型	*per*（0）	*per*（1）	*per*（2）	*per*（3）	*per*（4）
DOP 1	0. 0572	0. 0223	0. 0668	0. 0541	0. 0223
DOP 2	0. 0572	0. 0604	0. 0318	0. 9857	0. 1240
DOP 3	0. 0572	0. 0318	0. 0636	0. 0318	0. 0159

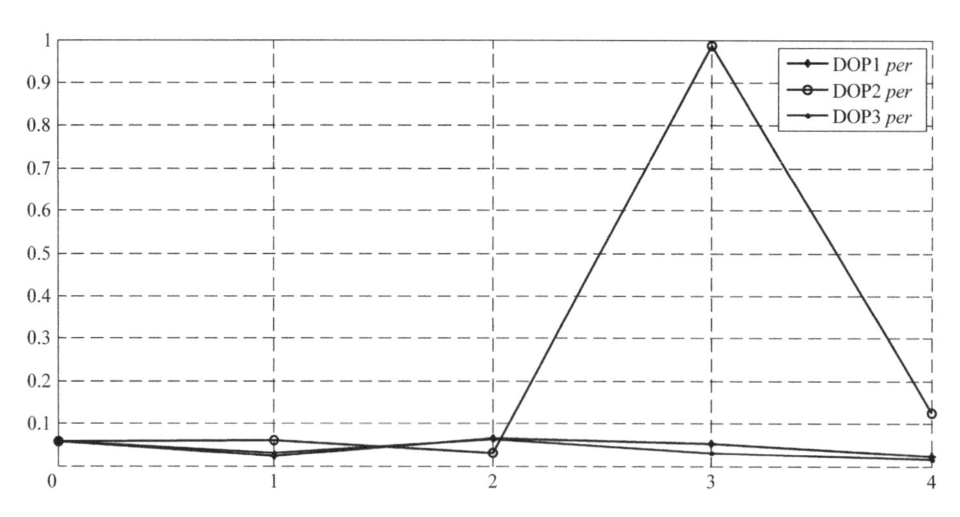

图 7-6　周期性指标的线状图

对于第一类 DOP（DOP 1），地形中只包含两个明显的峰值，不存在周期性，两个峰值间的距离决定了频谱的紧密程度。为了与其他两类 DOP 相统一，将峰值间的距离称为周期。周期越长，频谱密度越大，*per* 的数值也就越小。因此，对于第一类 DOP 而言，每次变化后的地形按照周期长度由小到大的排序为第二次变化后的地形、初始地形、第三次变化后的地形、第一次变化后的地形、第四次变化后的地形。

如果一个地形可以分割为形状相似的几部分，则每部分视作一个周期，每部分的长度定义为周期长度。*per* 的数值大小与地形的周期长度呈反比。第二类 DOP（DOP 2）属于这种情况，每次变化后，地形周期长度由大到小的排序为第二次变化后的地形、第一次变化后的地形、第四次变化后的地形、第三次变化后的地形。仿真结果与实际地形特征相符。

与第二类 DOP（DOP 2）相似，第三类 DOP（DOP 3）地形的周期长度仍然与 *per* 的数值大小成反比。每次变化后，地形周期长度由大到小的排序为第四次变化后的地形、第一次变化后的地形（第三次变化后的地形）、第二次变化后的地形。第三次变化后的地形与第一次变化后的地形周期长度相等。

5. 适应度均值变化程度的仿真结果

对于每一类 DOP，4 次变化后的 ave_{fd} 仿真结果见表 7-4。适应度均值的变化程度反映所有适应度值的变化程度。sum_{fd} 的数值越大，累积适应度值的变化程度越大。如果所有解的个数为常数，则 ave_{fd} 的变化规律与 sum_{fd} 相同。DOP 1 的 ave_{fd} 为 0，说明每次变化后地形的平均适应度值或适应度值之和保持不变。DOP 2 的 ave_{fd} 为 0.0346，其数值很小，说明在每次变化后适应度均值变化程度不大。DOP 3 的 ave_{fd} 为 7.632，其数值相对较大，说明每次变化后适应度均值发生了剧烈变化。事实上，DOP 3 确实在每次变化后改变较大。

表 7-4　适应度均值变化程度的仿真结果

	DOP 1	DOP 2	DOP 3
ave_{fd}	0	0.0346	7.632

7.3 本章小结

本章从频域分析的角度出发，探讨了地形尖锐性、周期性等特性，并对利用傅里叶变换对地形特性进行分析的技术手段进行了详细介绍，然后重点介绍了基于频谱特性提取的振幅变化稳定性、频域尖锐性、周期性、平均适应度值变化程度4个技术指标，同时利用动态测试函数进行了测试验证。这些技术指标在后续章节中被用于分析调度问题的特性。

参考文献

[1] HORDIJK W, STADLER P F. Amplitude spectra of fitness landscapes [J]. Advances in Complex Systems, 1998, 1 (1): 1-27.

[2] KINGMAN J F. A simple model for the balance between selection and mutation [J]. Journal of Applied Probability, 1978, 15 (1): 1-12.

[3] STADLER P F, HAPPEL R. Random field models for fitness landscapes [J]. Journal of Mathematical Biology, 1999, 38 (5): 435-478.

[4] NEIDHART J, KRUG J. Adaptive walks and extreme value theory [J]. Physical review letters, 2011, 107 (17): 178102.

[5] SZENDRO I G, SCHENK M F, FRANKE J, et al. Quantitative analyses of empirical fitness landscapes [J]. Journal of Statistical Mechanics: Theory and Experiment, 2013, 2013, 1: P01005.

[6] KAUFFMAN S A. The origins of order: Self-organization and selection in evolution [M]. New York: Oxford University Press, 1993.

[7] CAMPOS P R, ADAMI C, WILKE C O. Optimal adaptive performance and delocalization in NK fitness landscapes [J]. Physica A: Statistical Mechanics and its Applications, 2002, 304 (3-4): 495-506.

[8] NEIDHART J, SZENDRO I G, KRUG J. Exact results for amplitude spectra of fitness landscapes [J]. Journal of theoretical biology, 2013, 332: 218-227.

[9] Lu Hui, Shi Jinghua, Fei Zongming, et al. Measures in the time and frequency domains for fitness landscape analysis of dynamic optimization problems [J]. Applied Soft Computing, 2017, 51: 192-208.

第8章　地形可视化技术

在一定意义上，适应度地形结构决定了自适应过程的模式，为了能够预测进化结果，必须先了解适应度地形的本质。例如，为了了解进化是否主要在适应度值增大的方向和在中性区域的边缘移动，或者需要大量的交叉，则必须确定适应度地形中是否存在峰值、这些峰的相对位置，以及进化路径对于这些峰是否可达。这是一项艰巨的任务，因为遗传适应性地形是高维度的，并且缺乏可视化的工具。本章主要介绍一些已有的地形可视化研究成果，并且针对组合优化问题，探讨了将高维问题映射到低维空间的可视化技术，这与传统的适应度地形分析技术有很大的区别，从空间分布入手，探讨不同问题本身的适应度地形在空间的分布情况。

8.1　分形适应度地形

复杂的优化问题可能具有分形特征的适应度地形。Zelinka 等人回顾了从基本标准测试函数中获得的地形，并且讨论这些分形适应度地形的描述、结构和复杂性[1]。其主要思想是使用分形几何中的元素来度量分形景观的属性。其使用的示例是二维的，但是该分析方法可以扩展到 n 的维度。

在工程设计中，通常面临复杂的优化问题，其解决方案可以被描述为所有可能解决方案的空间构成的表面，该表面可以被解释为适应度地形。通常在这样的适应度地形中可以观察到不规则性以及高度复杂性。例如，对于具有高度非线性的函数，可以出现各种类型的复杂几何结构，如图 8-1 所示。如果地形表面具有分形特征，则可获得更复杂的几何结构，分形意味着所研究的几何对象的豪斯道夫维数不是整数。因此，分形适应度地形是一种“适应度表面”具有实值维度的地形。特别是“适应度表面”的二维投影，其尺寸必须大于 2。

事实上，真实的分形在现实世界中并不存在，它们只是数学世界中的数学结构，在计算机上用数字近似它们，并研究它们的属性。为此，Zelinka 等人首先定义一个分形函数，该函数可以添加到选定的经典测试函数中，其选用的是第一德容函数（1st De Jong's function），由此产生的函数是人工分形测试函数，这种函数的复杂性和分形性可以通过分形维数的参数来改变，它可以被视为一个无限复杂的特殊数学对象，分形的观点使得它的精确定位在理论上是不可能的。由于依据分形几何的原理，分形的确切形状（特别是在自分形的情况下）难以预测，因此要得到分形函数的全局极值的精确位置是不可能的。从实际的角度来看，使用数字计算机分形测试功能在准确性方面有其局限性，计算机生成的“分形”总是具有有限的复杂性。考虑到上述限制，可以使用分形测试功能。对于分形函数，以无限级数形式给出如下：

$$W(x) = \sum_{j=-\infty}^{\infty} \frac{(1-\exp(\mathrm{i}b^j x))\exp(\mathrm{i}\varphi_j)}{b^{(2-D)j}} \tag{8-1}$$

式中，i 是虚数单位；b（$b>1$）是影响图形复杂度的光学清晰度；φ_j 是任意相位角；D（$1<D<2$）是曲线的分形维数。

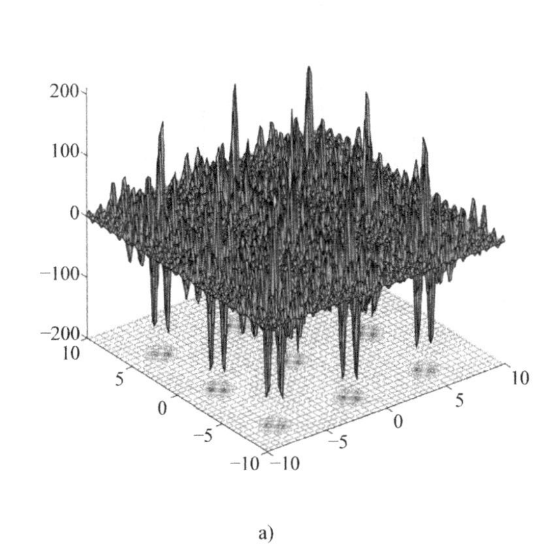

a)

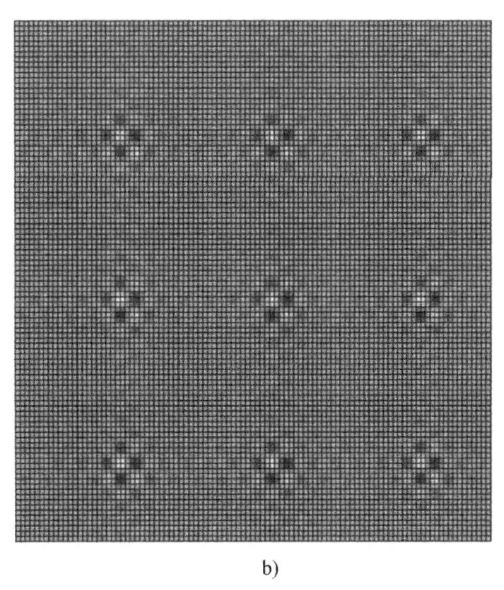

b)

图 8-1　标准测试函数的适应度地形及其二维投影

$W(x)$在任何点都不存在导数，这个数学性质也适用于简化函数的实部

$$C(x) = \sum_{j=-\infty}^{\infty} \frac{1 - \cos(b^j x)}{b^{(2-D)j}} \tag{8-2}$$

为了得到没有任何趋势的分形函数，文献［1］中给出了式（8-2）中函数的一个变型，主要消除了相关的趋势。该变体如式（8-3）所示。

$$C'(x) = \begin{cases} \dfrac{C(x)}{C(1)\,|x|^{2-D}} & x \neq 0 \\ 1 & x = 0 \end{cases} \tag{8-3}$$

方程（8-4）给出了分形函数在标准测试函数上的应用实例。

$$f_{fract}(x) = \sum_{i=1}^{n} (AC'(x) + x_i^2 - 1) \tag{8-4}$$

式（8-4）中，A 是地形分形成分的放大因子地形的复杂性和分形性可以通过式（8-3）中的参数 D 来控制，于是就可以对任何类型的适应度地形进行分形分析。

Zelinka 等人指出，尽管已经用分形理论证实了一些结果，但是一些重要问题仍然没有答案。目前，已经初步分析静态适应度地形，但是动态适应度地形分析还没有完成。另外，需要揭示重要的“生成”研究适应度地形系统的内在变化。进化算法动力学与适应度地形的分形特征之间的关系仍然没有答案，这是一个需要继续研究的问题。

8.2　网络可视化

局部最优网络的相关内容在本书的第 3.3 节已经进行了介绍，Ochoa 和 Veerapen 提出了将局优网络可视化的方法[2]，便于更直观地获取适应度地形的特征。比如说，他们发现 TSP（Traveling Salesman Problem）具有“大山谷”地形这一传统的结论并不能完全表明地形的结构，从可视化分析的结果可以看出，TSP 也是一个多“漏斗”的地形。这里介绍网络可视化分析的方法和结果。

将系统建模为网络的优势之一是有将其可视化的可能。一个优势是它给出了一个更加容易理解的把握景观总体结构的方式。

用于分析和可视化网络的软件目前适用于多种语言和环境，文献［2］中将 R 统计语言与 igraph 包[3]一起使用。布局算法是网络可视化的核心，它们将顶点分配给度量空间中的位置。采用力导引方法模拟顶点的成对吸引和排斥。因此，使用它们来直观地描绘地形的多漏斗结构。漏斗在视觉上可被识别为网络中的模块，正如模型所示，节点是 LK 搜索局部最优，边缘表示根据双桥移动的逃逸过渡，修饰它们以反映与动态搜索相关的特征。节点的大小与其输入强度（加权输入度）成比例，因此它反映节点吸引搜索动态的程度。节点的颜色反映了它们的漏斗成员资格。使用热色调色板，形成一种倾斜于红色和黄色的顺序色彩方案。红色标识全局最佳，黄色渐变反映了成本的增加。边缘的宽度与其重量成正比，来表示过渡的频率，也就是说，最常访问的边缘较厚。这里呈现了二维和三维图像。在文献［5］中，Ochoa 和 Veerapen[5]中提出了一种三维可视化方法，其中 x 和 y 坐标通常由图形布局算法确定；创新点是使用目标函数作为 z 坐标。这为漏斗和盆地概念提供了一个更清晰的表示，为地形和漏斗的隐喻带来了几乎切实可见的可视图。在 3D 图中可将全局最优值识别为具有最低 z 坐标值的节点。

在文献中，Ochoa 等人绘制了对应于在 0.1% 或 0.05% 范围内局部最优子集网络，用于全局最优的评估。他们利用颜色进行可视化，红色代表包含全局最佳值的漏斗，黄色梯度表示成本增加，灰色节点是属于的个漏斗的节点。该 3D 图形可以通过漏斗大小等表明全局结构在搜索过程中的重要性等内容。局部最优网络示意图如图 8-2 所示。

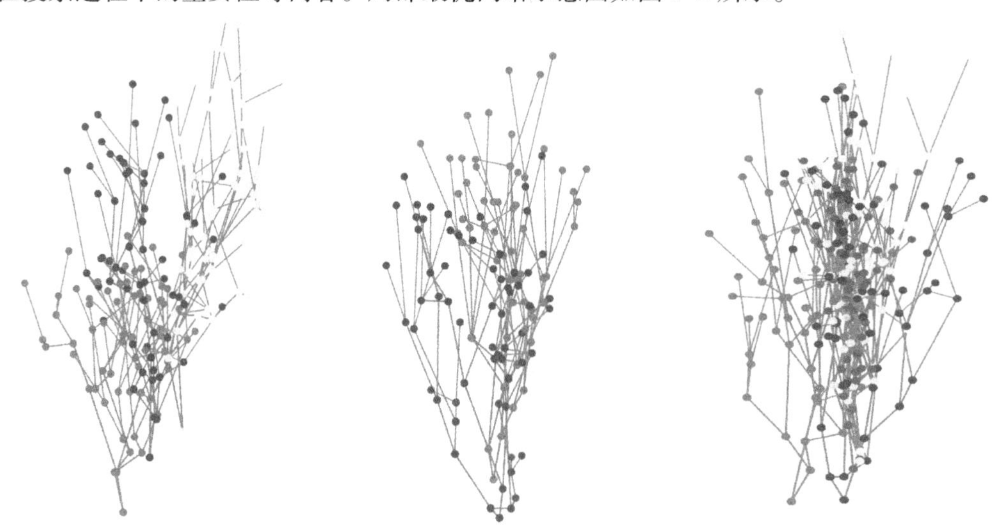

图 8-2　局部最优网络示意图

8.3　空间地形可视化

适应度地形分析方法可有效地用于分析组合优化问题（Combinatorial Optimization Problem，COP）的特性，同时研究算法的行为。然而，大多数组合优化问题是高维的，并且直观地理解传统适应度地形分析是具有挑战性的。为了解决这个问题，本书提出一个空间适应度地形分析框架。该框架旨在可视化组合优化问题的适应度地形，并评估组合优化问题的特性。为了构建景观，在字典排序法的启发下，设计了一个映射策略建立高维空间和低维空间之间的连接。另外，利用空间特征参数，即数字高程模型（Digital Elevation Model，DEM）的斜率评估地形的崎岖度。引入中性比例作为辅助值，以反映中性程度。

8.3.1　空间适应度地形求解框架

组合优化问题（COP）属于 NP - hard 问题，解空间非常巨大，加上其高维特性，所以正确认识问题的特性，并选择和设计合适的算法一直是研究的课题。适应度地形分析是研究此类问题的一个有效的工具，但是传统的适应度地形分析基于时间序列或者统计分析，不能为问题提供一个全面的、直观的指导。基于此，这里探讨了基于空间适应度地形的分析框架如图 8-3 所示，该框架主要包括映射、可视化和特征评价，适应度地形的研究应该综合考虑地形结构和特征参数，这样才能尽量地避免可能出现的误导信息。

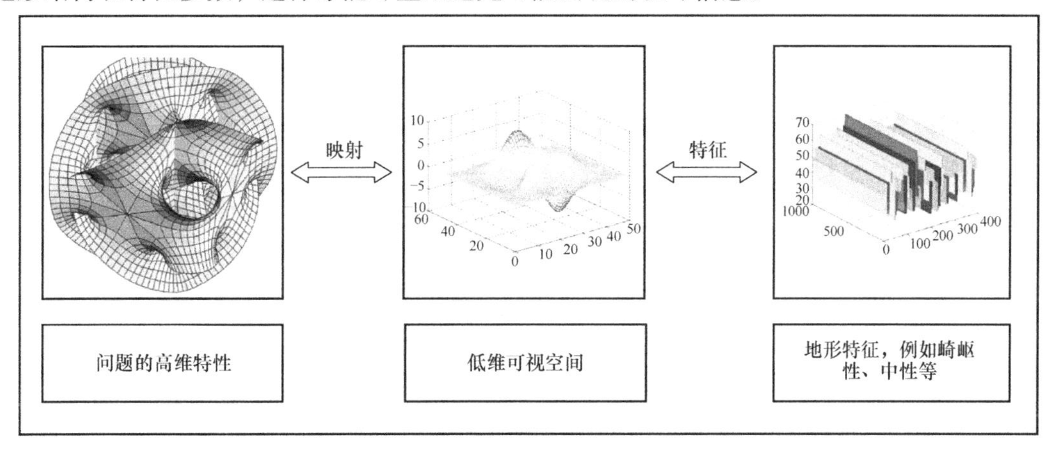

图 8-3　空间适应度地形分析框架

首先，高维空间需要映射到低维可视化空间。在传统的适应度地形分析方法中，根据搜索过程或者解的邻域定义，不同的解就构成了一个时间序列，进而从相关性、熵等方面进行分析。但是这样的适应度地形一直是可变的，因此可能会误导问题特性的分析。而空间适应度地形的优点就是基于问题是固定的，不依赖于不同的算法。但是，实现这样的转换需要设计一个合理的映射方式，将高维空间的解一一映射到低维空间，并且这个映射是可逆的。在此基础上，决策变量和对应的适应度值就可以决定一个解在空间的位置。

其次，可视化适应度地形的研究仍然是一个挑战，并且在探究适应度地形的本质特征中起着重要的作用[6]。适应度地形研究的初衷是确定地形中是否存在“山谷”“高原”“漏斗”等地形，这些地形位于何处以及如何预测进化路径。但是，如果没有可视化的适应度地形，后续的研究只能从一些特征参数的变化规律推断出来。对于解是否从一座山峰移动到另一座山峰的真实情况，或是对于实际离散问题的真正适应度地形结构，我们知之甚少。而在空间适应度地形中，可以直观地显示地形结构，并且可以追踪个体的搜索路径。

从适应度地形中提取出问题特征，并且利用这些信息提高算法性能才是最重要的目的。其中，崎岖性和中性一直是适应度地形研究中非常重要的两个指标，崎岖性主要是衡量地形的尖锐程度、局优点的分布等情况，而中性则衡量地形中平坦区域的大小和分布。但是，传统的统计分析方法不再适用于空间适应度地形分析。因此，从空间适应度地形的角度确定如何评估和应用这些特征是另一个需要解决的核心问题。

8.3.2　映射策略

1. 问题描述

这里以调度问题为例进行介绍。调度问题是经典的组合优化问题（COP），包括著名的柔性作业车间调度问题（Flexible Job - shop Scheduling Proble，FJSP）[7]、不相关并行机调度问题（UPMSP，Unrelated Paraller Machine Scheduling Problem）[8]和测试任务调度问题（TTSP，Test Task Scheduling Problem）[9]。它们是 NP - 难问题[10-12]。它们的共同之处在于对资源的合理分配。根据问题的特点，TTSP 的数学模型是测试任务必须安排在测试资源上。每个任务可以有多个选项可供选择，并且可以同时在多个仪器上测试。虽然 FJSP 与 TTSP 有一些相似之处，但是它们之间仍存在一些差异。FJSP 中的每个操作必须只在一台机器上执行，并且作业的操作是按照预定顺序执行的[13]。在 UPMSP 中，每个任务需要特定的处理时间，并且任务的处理时间取决于分配给它们的机器，机器是不相关的[14]。在这些数学模型中，FJSP 和 UPMSP 的每个任务都可以在任何没有约束的机器上执行。然而，TTSP 中的任务必须在预定资源上执行。关于 TTSP、FJSP 和 UPMSP 的数学模型的具体定义将在第 10 章详细阐述。

根据上述框架，第一步是设计映射策略。针对 TTSP、UPMSP 和 FJSP，设计统一的编码策略，其他组合优化问题（COP）可以遵循这种方法构建适应度地形。为了更好地说明映射策略，下面以相对统一的方式描述这 3 个问题，UPMSP 和 FJSP 中的作业和机器分别被描述为任务和资源。也就是用任务集 T 和资源集 R 定义这 3 个问题。见表 8-1，一个测试任务 t_i 可能不止一个方案 $\{W_i^j\}$ $(j \geqslant 1)$，而且该测试任务 t_i 可能在不同的仪器上 $\{r_k\}$ $(k \geqslant 1)$ 进行测试。在表 8-1 中，P_j^k 表示的是一个测试任务在一个方案选择下需要的测试时间。因此，TTSP 的一个解就可以表示成 $\{t_i, \cdots, t_j, \cdots, t_k; w_i^m, \cdots, w_j^n, \cdots, w_k^p\}$，也就是一个测试任务的顺序 $(i, \cdots, j, \cdots, k)$ 对应的方案选择是 $(m, \cdots, n, \cdots, p)$。但是，任何任务 t_i 可以在任何资源上 r_k 执行，并且一个任务在 UPMSP 中只能使用一个资源。那么，UPMSP 中的解决方案就可以记录为 $\{t_i, \cdots, t_j, \cdots, t_k; r_i^m, \cdots, r_j^n, \cdots, r_k^p\}$，它表示任务排序是 $(i, \cdots, j, \cdots, k)$ 以及对应的资源是 $(m, \cdots, n, \cdots, p)$。特别地，FJSP 的任务具有多个操作 o_i^j $(j \geqslant 1)$，并且每个操作必须在单个资源 r_k 上执行。与 UPMSP 类似，每个任务可以在没有任何约束的资源上执行。FJSP 中的解决方案记录为 $\{t_i, \cdots, t_j; o_i^1, \cdots, o_i^p, \cdots, o_j^1, \cdots, o_j^q; r_{i1}^a, \cdots, r_{ip}^b, \cdots, r_{j1}^m, \cdots, r_{jq}^n\}$，它表示任务排序是 $(i, \cdots, j)$，以及使用的资源顺序是 $(a, \cdots, b, \cdots, m, \cdots, n)$，这与操作顺序相对应。

表 8-1　TTSP 的一个实例

T	W_j	w_j^k	P_j^k	T	W_j	w_j^k	P_j^k
t_1	w_1^1	r_1r_2	5	t_3	w_3^1	r_4	2
	w_1^2	r_2r_4	3	t_4	w_4^1	r_1r_3	4
t_2	w_2^1	r_1	4		w_4^2	r_2r_4	3
	w_2^2	r_3	1		w_4^3	r_2r_3	7

2. 字典排序法

遍历组合优化问题（COP）解空间可以使用字典排序法，受该方法的启发，通过字典序建立了高维空间与低维空间之间的联系。具体的映射策略如下：

定义1：在一个测试任务排序（i，…，j，…，k）中，对于一个任务j来说，存在一些不仅在j的右边，而且对应的任务数小于j的任务，这些满足条件的任务总数记为N_j。

定义2：对一个长度为M测试任务排序（i，…，j，…，k），对应的编码T（i，…，j，…，k）即为

$$T = 1 + \sum_{m=1}^{M-1} N_p \times (M-m)! \quad p = i,\cdots,j,\cdots,k \tag{8-5}$$

定义3：给定一个默认的任务排序（1，2，…，$M-1$，M），L_i（$i \in [1, M]$）表示每个任务可选的方案数。但是，在FJSP问题中，一个任务有多道工序o_i^j（$j \geq 1$），所以上述映射方程需要进行相应的调整，每个任务t_i有lo_i（$i \in [1, M]$）道工序，所以所有任务一共有$\sum_{i=1}^{M} lo_i$道工序，$L_j\left(j \in \left[1, \sum_{i=1}^{M} lo_i\right]\right)$表示每道工序可以用到的机器。

定义4：对应于一个默认的任务排序（1，2，…，$M-1$，M）的方案选择（m，…，n，…，p）来说，K_i表示第i个任务选择的方案号。然后，对应方案选择的编码S（m，…，n，…，p）有

$$S = K_M + \sum_{i=1}^{M-1} \left[(K_i - 1) \times \left(\prod_{j>i} L_j \right) \right] \quad j \in [1, M] \tag{8-6}$$

对于FJSP，转换步骤比其他两个问题中的步骤要多，因为FJSP中的每个任务至少有一个操作。因此，公式略有不同，但其基本概念是一样的。对FJSP，用$K_q\left(q \in \left[1, \sum_{i=1}^{M} lo_i\right]\right)$表示第$q$个操作选择的机器，对应式（8-6）的编码过程应稍作调整为

$$S(m,\cdots,n,\cdots,p) = K_{\sum_{i=1}^{M} lo_i} + \sum_{q=1}^{\sum_{i=1}^{M} lo_i - 1} \left[(K_q - 1) \times \left(\prod_{j>q} L_j \right) \right] \quad j \in \left[1, \sum_{i=1}^{M} lo_i\right] \tag{8-7}$$

这样，根据式（8-6）和式（8-7）就可以将任务排序和方案选择分别映射到一个整数上。相应地，解码的过程就是编码的逆过程。

定义5：给定一个任务数M和一个待解码的整数X（$X \leq M!$），一个中间变量td_i（$i \in [1, M-1]$）定义为

$$td_i = \begin{cases} \lfloor (X-1)/(M-i)! \rfloor & i = 1 \\ \left\lfloor \left[X - 1 - \sum_{1 \leq j < i} td_j \times (M-j)! \right] / (M-i)! \right\rfloor & 1 < i \leq M-1 \end{cases} \tag{8-8}$$

定义6：定义一个集合$Q^0 = \{1, 2, 3, \cdots, M\}$和一个空集合$P^0$。其中，$Q^0$和$P^0$的上标都表示初始的集合。当经过第$i$次计算后，它们就被记作$Q^i$和$P^i$。任务排序的解码过程如下：

$$p = \begin{cases} (Q^{i-1} - P^{i-1})_{td_i+1} & i = 1, 2, \cdots, M-1 \\ Q^{i-1} & i = M \end{cases} \tag{8-9}$$

定义7：给定一个整数 Y（$Y \leqslant \prod_{i=1}^{M} L_i$）和一个已知的实例，中间变量 sd_i（$i \in [1, M]$）计算方法如下：

$$sd_i = \begin{cases} \left\lfloor (Y-1) / \left(\prod_{k=2}^{M} L_k \right) \right\rfloor & i = 1 \\ \left\lfloor \left(Y - 1 - \sum_{j<i} \left[\left(sd_j \times \prod_{k=j+1}^{M} L_k \right) \right] \right) / \left(\prod_{k=i+1}^{M} L_k \right) \right\rfloor & 1 < i < M \\ Y - 1 - \sum_{j<i} \left[\left(sd_j \times \prod_{k=j+1}^{M} L_k \right) \right] & i = M \end{cases} \tag{8-10}$$

在此基础上，方案选择的解码过程就是 $W_i = sd_i + 1$，$i \in [1, M]$。集合 P 和 W 就是分别解码 X 和 Y 的结果。对 FJSP 来说，映射过程中任务数 M 都用总的工序数 $\sum_{i=1}^{M} lo_i$ 来代替。

为了更清楚、形象地阐明这个映射策略，一个简单的示例见表 8-2。在使用字典序遍历组合排列的解时，会有一定的顺序，将这个序列号与解建立一一对应的关系，这样就可以不通过遍历，计算出一个解在空间对应的位置，反之，知道解在空间分布的位置，也可以确定原本的解。例如，对于表 8-2 中的一个任务排序 {4, 1, 3, 2}，定义 1 中对应的 N_j 就为 {3, 0, 1, 0}，然后根据式（8-5）可以计算出 $T(4, 1, 3, 2) = 1 + 3 \times (4-1)! + 0 + 1 \times (4-3)! + 0 = 20$。

表 8-2 TTSP 一个实例的映射策略

序号	任务排序	序号	方案选择
1	1, 2, 3, 4	1	1, 1, 1, 1
2	1, 2, 4, 3	2	1, 1, 1, 2
3	1, 3, 2, 4	3	1, 1, 1, 3
4	1, 3, 4, 2	4	1, 2, 1, 1
20	4, 1, 3, 2	8	2, 1, 1, 2
21	4, 2, 1, 3	9	2, 1, 1, 3
22	4, 2, 3, 1	10	2, 2, 1, 1
23	4, 3, 1, 2	11	2, 2, 1, 2

8.3.3 空域特征的分析

为了进一步探索适应度地形的特征，给出两个指标，即坡度和中性比例，从空域的角度反映了崎岖性和中性。

1. 坡度

如果一个解的周围没有比其更优的解存在，那么这个解就称为局优解，崎岖性衡量的就是局优解的数量和分布。在适应度地形的研究中，已经有自适应游走、自相关、相关长度、熵和幅度谱等方法用来衡量地形的崎岖性。但是，传统的多数方法是基于时间序列和统计的分析，不适用于空间适应度地形的分析。因此，从空域的角度将坡度作为崎岖性的度量指标引入适应度地形的分析中。

在研究真实地貌特征的时候，由于地形的连续性和区域面积的庞大，数字高程模型（DEMs）应用的更加广泛[15]。为了衡量地貌特征，研究人员提出了一系列的评价指标，其中坡度就是一个衡量地形的崎岖性的重要指标。根据 DEMs 的研究，坡度的计算方法有简单差分、最大坡降法、二阶差分和三阶差分等[16]。由于空间适应度地形的数据类型是格网数据，与 DEMs 的数据形式有一定的相似性。因此，坡度正适合作为衡量地形崎岖性的指标。根据数据的特点，在这些计算方法中，选择了最能表现地形特征的最大坡降法。具体地说，因为邻域解的值差别较大，所以用邻域解的坡度代替一个解的坡度是不合理的。

一般情况下，表面上一个点的坡度 S 和方位 A 是表面方程 $Z=f(x, y)$ 在东西方向和南北方向的变化率，定义如下：

$$S=\arctan\sqrt{f_x^2+f_y^2} \tag{8-11}$$

$$A=270^\circ+\arctan(f_y/f_x)-90^\circ f_x/|f_x| \tag{8-12}$$

式中，f_x 是南北方向的变化率；f_y 是东西方向的变化率。

但是，格网型数字高程数据是离散的，并且地形的表面方程也是未知的。这里采用的最大坡降法是其中一种计算离散高程数据坡度的方法，首次在提取水系网络中提出[17]。假设格网数据类型如图 8-4 所示，那么坡度和方位的具体定义如下：

8	1	2
7	0	3
6	5	4

图 8-4 格网数据类型

$$S=\arctan\left[\max\left(\frac{\mathrm{d}z_i}{\mathrm{d}g}\right)\right] \tag{8-13}$$

$$A=(i-1)\times 45^\circ \tag{8-14}$$

$$\frac{\mathrm{d}z_i}{\mathrm{d}g}=k\left(\frac{z_0-z_i}{g}\right)\quad k=\begin{cases}1 & i=1,3,5,7\\ \frac{1}{\sqrt{2}} & i=2,4,6,8\end{cases} \tag{8-15}$$

式中，z_i 为格网 i 的高程；g 为格网间距。

此外，这些问题包括任务排序和方案选择两个子问题，因此这两个维度上的坡度 S_x 和 S_y 也可以用来观察问题的特征。

$$S_x=\arctan\left(\frac{\mathrm{d}z_i}{\mathrm{d}g}\right)\quad i=3 \tag{8-16}$$

$$S_y=\arctan\left(\frac{\mathrm{d}z_i}{\mathrm{d}g}\right)\quad i=5 \tag{8-17}$$

在实际的使用过程中，地形中所有点坡度的平均值将用来衡量整个地形的崎岖性。

2. 中性比例

中性研究的是地形中中性结构的宽度、分布和频率。近年来，根据研究发现，中性对算法性能也有很大的影响，因此关于中性的研究也越来越多。其中，包括中性游走、中性网络分析和局优网络等方法。中性指的是邻域解具有相同的适应度值，如果在一个地形中，有大量相同适应度值的解存在，则整个地形的中性程度是高的。中性程度越高，对搜索过程的欺骗性越大，越容易陷入局优的状态。

从定性的角度，参考文献［18］提出了一系列评价指标用于提取地形中的中性特征。其中，中性比例是中性网络分析中的一个重要指标，指的是一个解的中性邻域解占整个邻域解的比例，这个比例越高，中性程度越高。在原本的中性网络分析中，这个邻居可能指的是一次变异操作或者一次变化可达的解，也就是根据邻域定义的不同，统计地形的中性比例。根据实验结果分析可知，中性比例越高，对应的是大量的中性变异操作。

这里，地形是格网数据类型，邻域的定义就是在一个格网数据周围的解，从图 8-4 可以看出，给定一个解 s，它的邻居有 8 个，记为 $E(s)$，其中中性邻居指的是 $N(s)=\{s'\in E(s)\mid z_{s'}=z_s\}$，这样中性比例即为

$$\gamma=\frac{N(s)}{E(s)} \tag{8-18}$$

最后，所有解的平均中性比例用来衡量地形中性程度。如果中性比例较高，说明地形中有相对较多的中性地形。由于适应度地形的复杂性，因此需要中性比例配合坡度去综合地衡量空域地形特征。

3. 地形可视化

高维问题的适应度地形可视化一直是一个研究难点，通过可视化地形，不仅可以直观地观察问题特征、总结问题特性，而且可以帮助评估特征参数的正确性，与特征参数一起对地形做个综合性评估，更有说服力。这里将对小规模和大规模测试任务调度问题实例的空间适应度地形进行可视化，其中小规模案例的解空间是可以遍历的，整个适应度地形可以展示出来，但是大规模案例解空间巨大，难以直接展示，所以采用区域采样的方法。

（1）小规模问题

为了区别不同的实例，用 $m\times n$ 表示实例有 m 个测试任务和 n 个测试设备。首先，如图 8-5所示，展示了 4 个 5×5 规模实例的空间适应度地形。从图 8-5 可以看出，四个小规模 TTSP 的适应度地形都是平坦区域中隐藏着非常崎岖的地形，也就是崎岖和中性并存的地形。相比较来看，图 8-5b 最为崎岖，其余三个子图都是总体平坦区域较多，部分区域较崎岖。并且从各个子图看上去，也可以看出任务排序维度处于平坦地形的可能性较大，这说明了在规模较小的情况下，方案选择一旦确定，任务排序的改变可能不会导致适应度值的变化。

更进一步地，将 TTSP 与其他调度问题的空间适应度地形进行对比，这样可以比较不同问题之间的异同，更有利于探究问题的特点。三个问题的不同小规模实例的适应度地形如图 8-6 所示。从图 8-6 可以看出，不同问题的适应度地形存在一定的差异性。明显地，FJSP（Flexible Job－shop Scheduling Problem）问题看起来地形比其他两个问题更崎岖，而 UPMSP（Unrelated Parallel Machine Scheduling Problem）问题有很多平坦区域存在。相对地，TTSP（Tast Task Scheduling Problem）的崎岖程度处于这两个问题之间，且与不同的实例有很大的关系。

（2）大规模实例

由于大规模实例的解空间巨大，遍历非常耗时，并且在一张图中显示会很不清楚，因此这里采用区域采样的方法。三个问题的采样地形如图 8-7 所示。

对一个 20×8 的 TTSP 实例进行了两种采样方法，一种是随机区域采样；另一种是有目的的区域采样。随机区域采样是为了对整体地形进行公正地评估，另外，为了挖掘地形关键区域的信息，可以利用搜索到的已知最优解，对其邻域进行区域采样。

首先，随机选择两个$10^3\times200$ 的区域采样，如图 8-8 所示。此外，为了探究已知全局

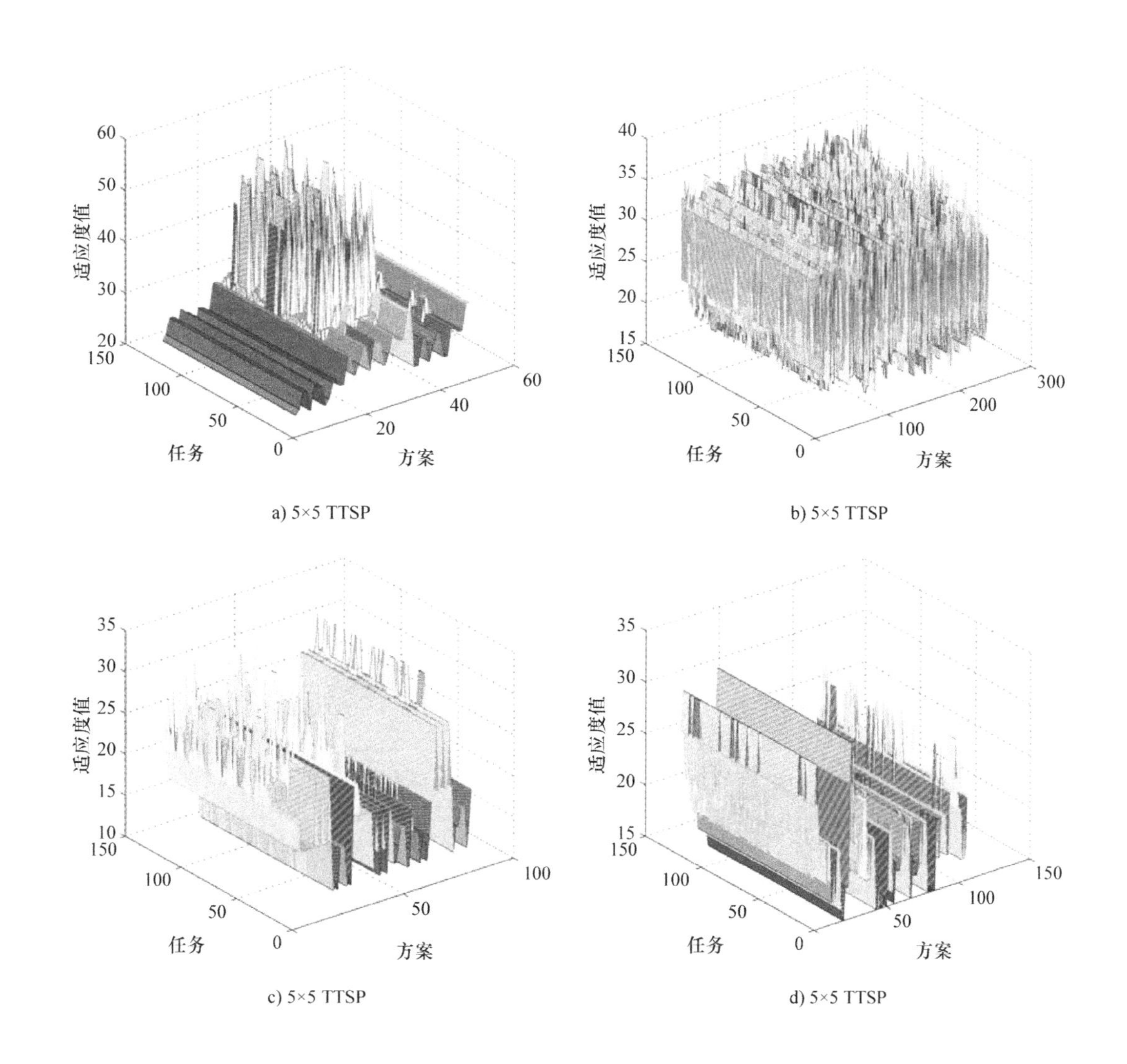

图8-5　4个小规模TTSP实例的空间适应度地形

最优点附近地形分布的情况，对空间适应度地形进行了有目的的区域采样，先通过搜索算法找到几个已找到的全局最优点，然后精确定位到这个全局最优点的位置，在其周围进行区域采样，从而观察邻域地形。两个全局最优点的地形采样情况如图8-9所示。

从图8-8和图8-9可以看出，就算是同一个实例的不同区域也呈现出不同的特征，有可能某个区域全是中性地形，也可能崎岖不平。并且，根据基于全局最优解的区域采样可以发现，全局最优解可能不是孤立地存在着的，而是形成了一个区域，隐藏在整个地形空间。另外，从图8-9e和图8-9f可以看出，在全局最优解的附近的确存在着较优的解，一定的距离之外，才分布着较差解。但是，这个关系并不可逆，通过观察可知，最优解附近存在着较优解，但是较优解附近并不一定存在最优解。但是，从这个分析可知，在较优解附近搜索到更优解的可能性更大，这为算法设计提供了一个指导的作用。

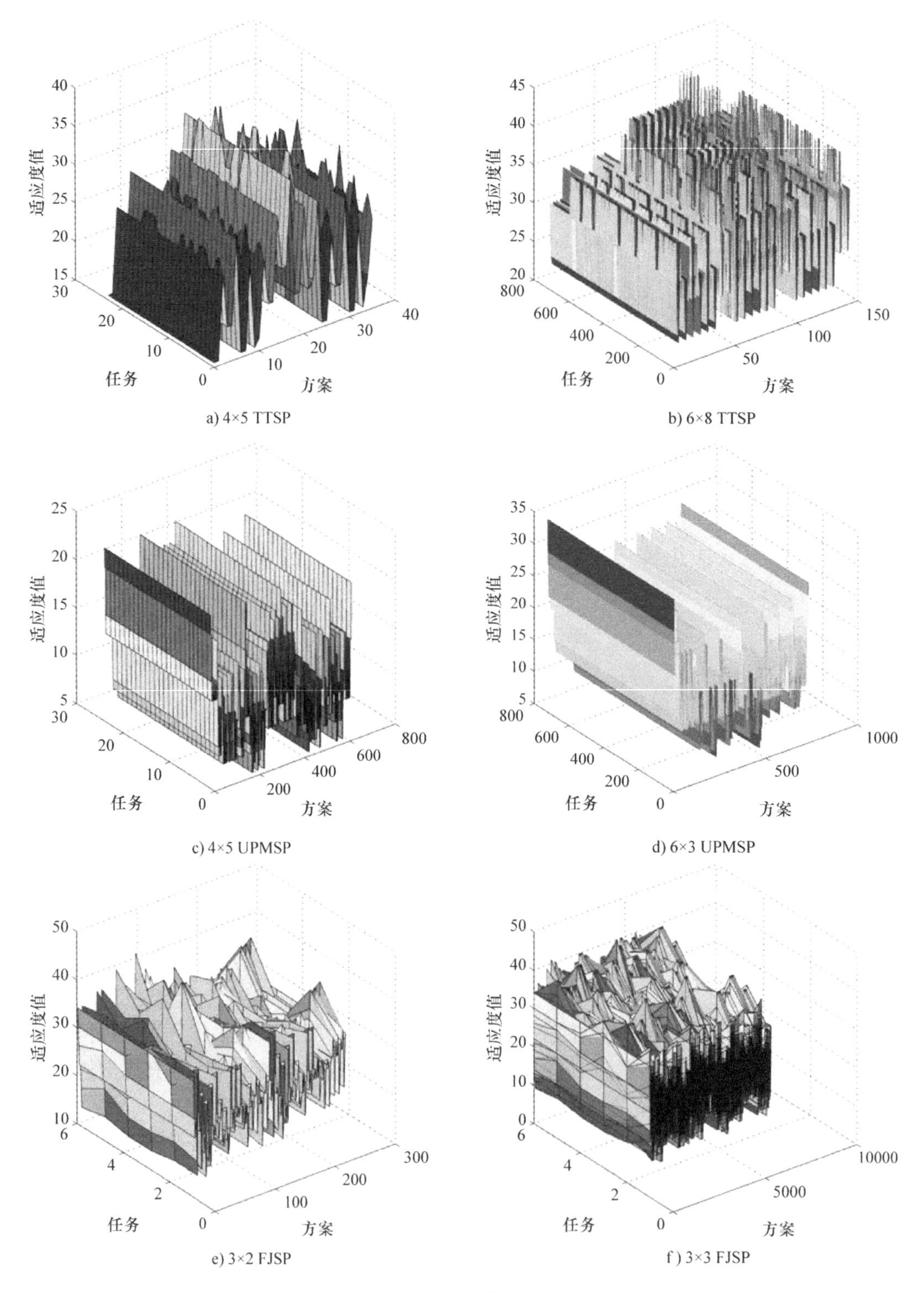

图 8-6　三个问题的不同小规模实例的空间适应度地形

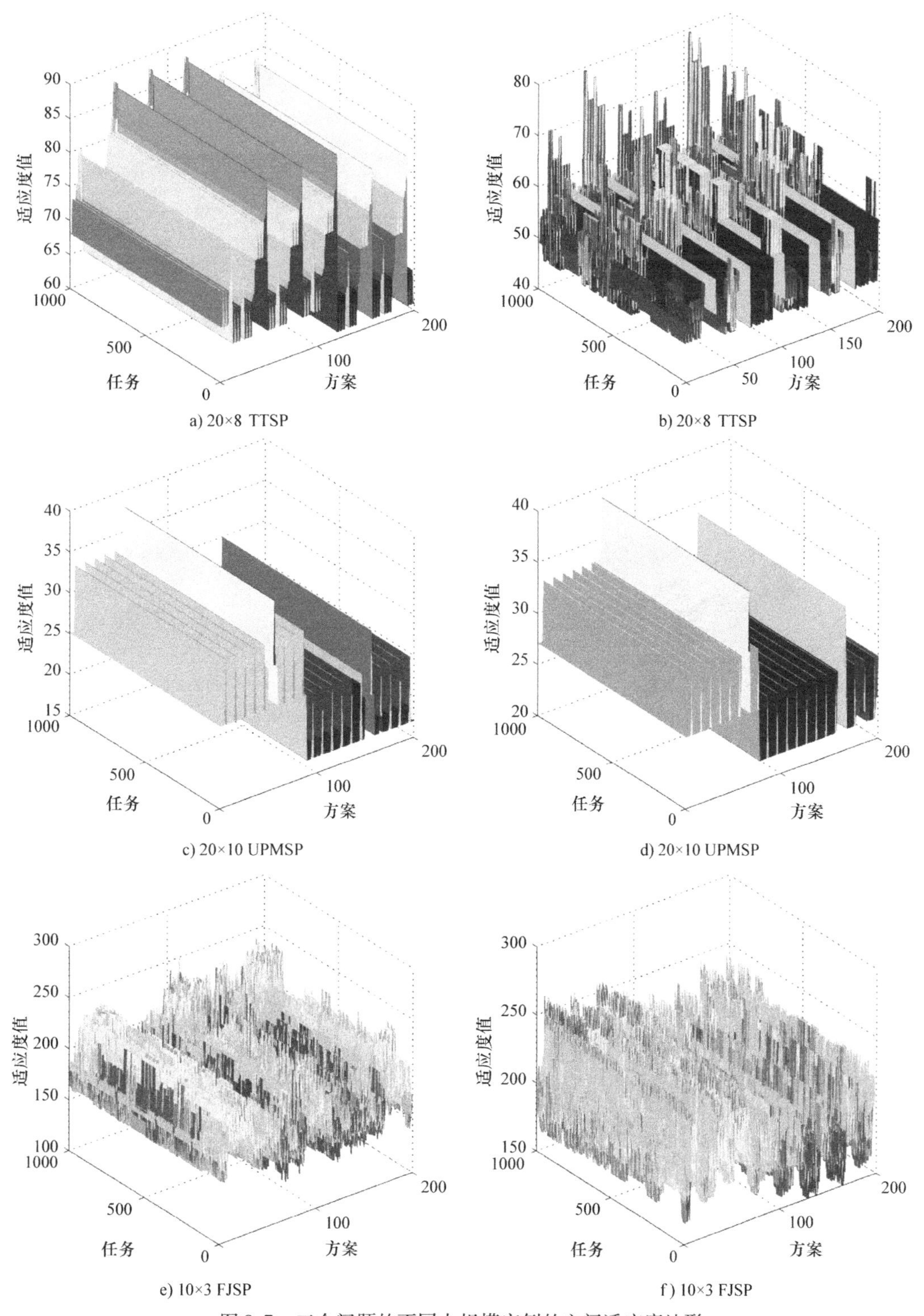

图 8-7　三个问题的不同大规模实例的空间适应度地形

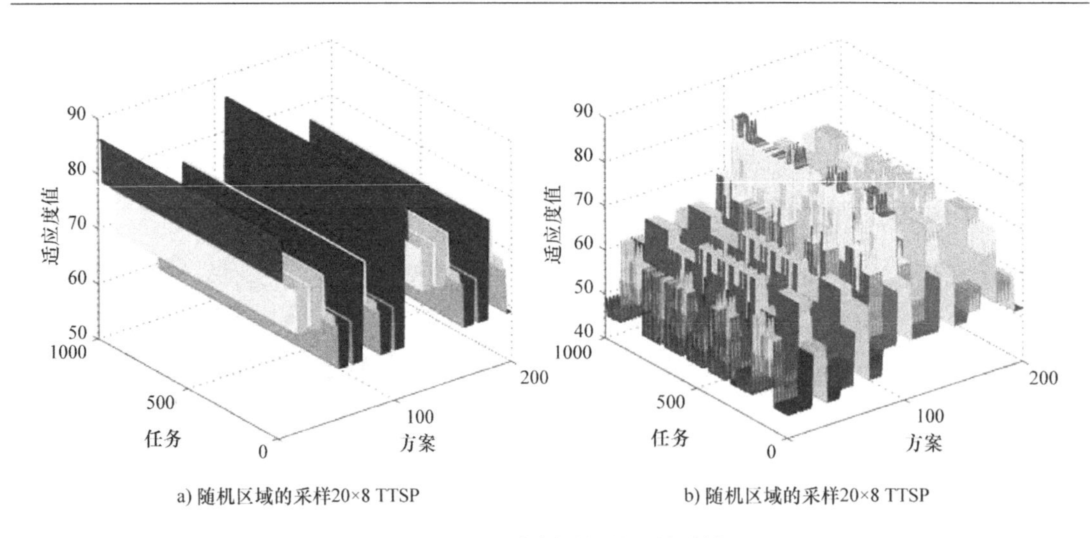

图 8-8　TTSP 实例随机的区域采样

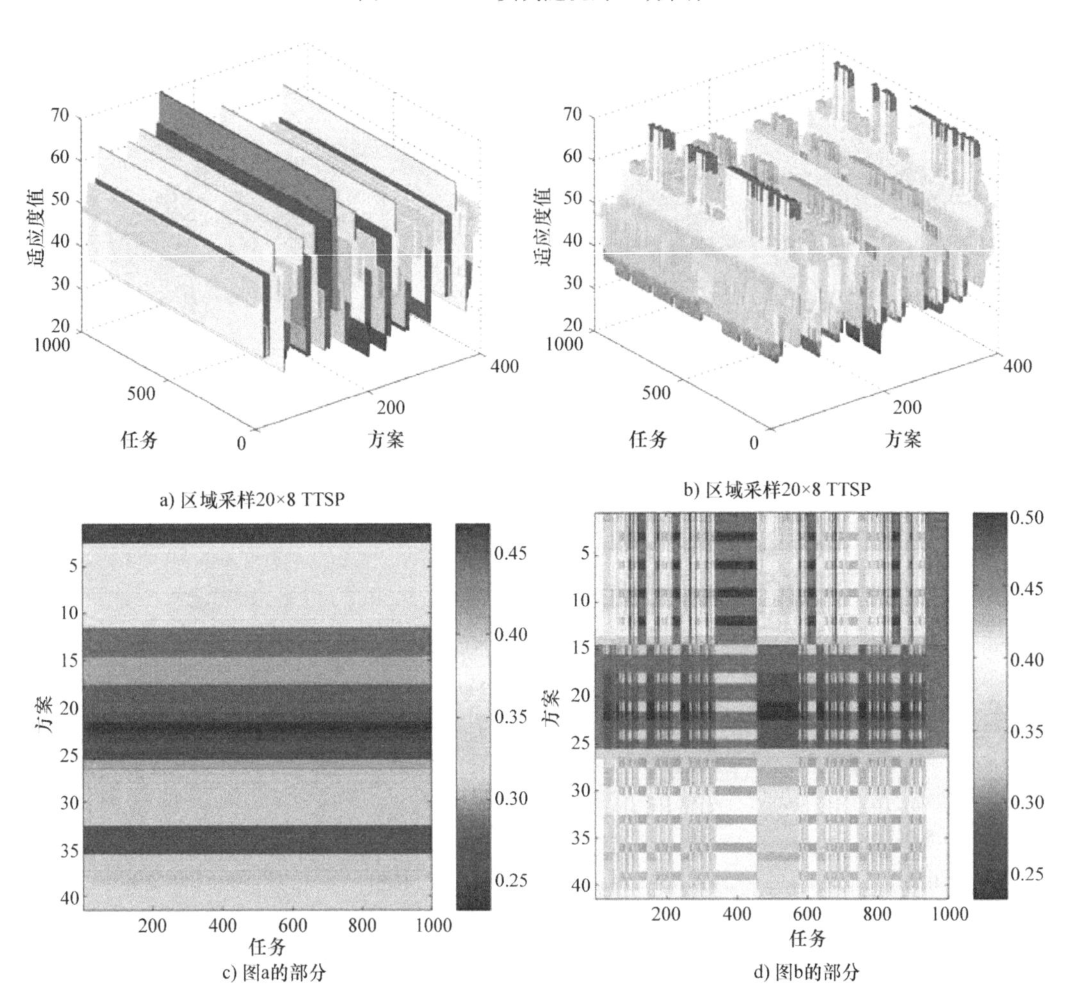

图 8-9　TTSP 实例基于全局最优解的区域采样

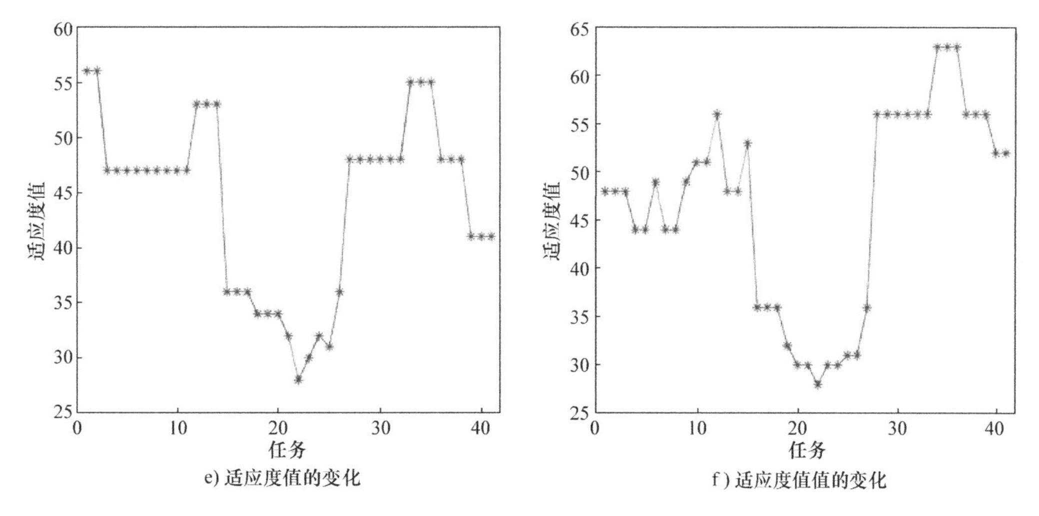

e) 适应度值的变化

f) 适应度值值的变化

图 8-9 TTSP 实例基于全局最优解的区域采样（续）

8.4 本章小结

地形空间可视化对于直观了解优化问题的特性非常关键，一方面便于了解问题特性，另一方面也可以为相应的求解算法设计提供指导。

本章重点介绍了地形空间可视化的几种方法和评价指标。分形技术和网络可视化技术是较为经典的地形可视化方法，但是不便于直观理解。本章探讨了基于 DEM 的空间地形可视化方法，使用坡度、中性比例等技术指标进行分析，并将空间地形可视化应用于不同的调度问题。

参考文献

[1] ZELINKA I, ZMESKAL O, SALOUN P. Fractal analysis of fitness landscapes [C]. In: Richter H, Engelbrecht A. (Eds.), Recent Advances in the Theory and Application of Fitness Landscapes. Emergence, Complexity and Computation, vol 6. Springer, Berlin, Heidelberg, 2014.

[2] OCHOA G, VEERAPEN N. Mapping the global structure of TSP fitness landscapes [J]. Journal of Heuristics, 2018, 24 (3): 265 – 294.

[3] CSARDI G, NEPUSZ T. The igraph software package for complex network research [J]. InterJournal, Complex Systems, 2006, 1695 (5): 1 – 9.

[4] NOACK A. Modularity clustering is force – directed layout [J]. Physical Review E, 2009, 79 (2): 026102.

[5] OCHOA G, VEERAPEN N. Additional dimensions to the study of funnels in combinatorial landscapes [C]. Proceedings of the Genetic and Evolutionary Computation Conference 2016, Denver Colorado USA, 2016.

[6] RICHTER H, A ENGELBRECHT. Recent Advances in the Theory and Application of Fitness Landscapes [M]. Part of the Emergence, Complexity and Computation book series, Springer, Berlin, Heidelberg, 2014.

[7] LIJI S, DAUZÉRE – PÉRÈS S, NEUFELD J S. Solving the Flexible Job Shop Scheduling Problem with Sequence – Dependent Setup Times [J]. European Journal of Operational Research, 2018, 265 (2): 503 – 516.

[8] YANG D L, YANG S J. Unrelated parallel – machine scheduling problems with multiple rate – modifying activi-

ties [J]. Information Sciences, 2013, 235 (6): 280 – 286.

[9] Lu Hui, Liu Jing, Niu Ruiyao, et al. Fitness distance analysis for parallel genetic algorithm in the test task scheduling problem [J]. Soft Computing, 2014, 18 (12): 2385 – 2396.

[10] Lu Hui, Zhang Mengmeng. Non – integrated algorithm based on EDA and Tabu Search for test task scheduling problem [C]. 2015 IEEE AUTOTESTCON, National Harbor, MD, USA , 2015: 261 – 268.

[11] LENSTRA J K, RINNOOY KAN A H G, BRUCKER P. Complexity of Machine Scheduling Problems [J]. Annals of Discrete Mathematics, 1977, 1: 343 – 362.

[12] GAREY M R, JOHNSON D S, SETHI R. The complexity of flowshop and jobshop scheduling [J]. Mathematics of Operations Research, 1976, 1 (2): 117 – 129.

[13] BRANDIMARTE P. Routing and scheduling in a flexible job shop by tabu search [J]. Annals of Operations Research, 1993, 41 (3): 157 – 183.

[14] VALLADA E, RUIZ R. A genetic algorithm for the unrelated parallel machine scheduling problem with sequence dependent setup times [J]. European Journal of Operational Research, 2011, 211 (3): 612 – 622.

[15] TARBOTON D G. Terrain Analysis Using Digital Elevation Models in Hydrology [C]. 23rd ESRI International Users Conference, San Diego, California, 2003.

[16] 李天文, 刘学军, 陈正江, 等. 规则格网 DEM 坡度坡向算法的比较分析 [J]. 干旱区地理, 2004, 03: 398 – 404.

[17] O'CALLAGHAN J F, MARK D M. The extraction of drainage networks from digital elevation data [J]. Computer Vision Graphics & Image Processing, 1984, 28 (3): 323 – 344.

[18] VANNESCHI L, TOMASSINI M, COLLARD P, et al. A Comprehensive View of Fitness Landscapes with Neutrality and Fitness Clouds [C]. In: Ebner M, O' Neill M, Ekárt A, Vanneschi L, Esparcia – Alcázar A I (Eds.), Genetic Programming. EuroGP 2007. Lecture Notes in Computer Science, vol 4445. Springer, Berlin, Heidelberg, 2007.

[19] APPLEGATE D, COOK W, ROHE A. Chained Lin – Kernighan for large traveling salesman problems [J]. Informs Journal on Computing, 2003 (15): 82 – 92.

[20] Lu Hui, Zhou Rongrong, Fei Zongming, et al. Spatial – domain fitness landscape analysis for combinatorial optimization [J]. Information Sciences, 2019 (472): 126 – 144.

第9章　动态适应度地形

9.1　定义

动态适应度地形通常由静态适应度地形引申而来。首先，静态适应度地形可以定义为

$$L_S = (S, N, f) \tag{9-1}$$

关于静态适应度地形定义的具体含义和特征已在上文详细阐述，这里不再赘述。在此基础上，可以继续探讨动态适应度地形的具体含义。首先，要明确式（9-1）中各个元素是如何随着时间变化的。一般说来，适应度地形的三个主成分——搜索空间 S、适应度值函数 $f(x)$ 和邻域结构 $N(x)$ 应该是可以动态变化的[1]。因此，还需要描述关于 S、$f(x)$ 和 $N(x)$ 是如何随时间进化的映射关系。到目前为止，文献中考虑的动态优化问题在一定程度上解决了所有这些变化的可能性，大多数工作都致力于与时间相关的适应度函数，因此，一个动态变化的搜索就省略了空间和邻域结构，但是适应度函数是依赖时间的，具体定义如下：

$$L_D = (S, N, K, F, \phi_f) \tag{9-2}$$

动态适应度地形与静态地形（见式（9-1））相同的是：搜索空间 S 代表优化问题的所有可行解，邻域结构 $N(x)$ 给出每个搜索空间点的一组邻居。时间集 $K \subseteq \mathbb{Z}$ 提供了测量和排序动态变化的基准，F 是在 $k \in K$ 时刻所有适应度函数的集合，也就是每一个满足 f: $S \times K \to \mathbb{R}$ 的 $f \in F$ 都依赖于时间，对于任意时刻 $k \in K$ 每个搜索空间点都有适应度值。转换函数 ϕ_f: $F \times S \times K \to F$ 定义了适应度函数是如何随着时间而变化的，它必须满足时间恒等式和合成条件，也就是

$$\phi_f(f, x, 0) = f(x, 0) \tag{9-3}$$

$$\phi_f(f, x, k_1 + k_2) = \phi_f(\phi_f(f, x, k_1), x, k_2),\ \forall f \in F,\ \forall x \in S,\ \forall k_1, k_2 \in K \tag{9-4}$$

还需满足空间边界条件，包括

$$\phi_f(f, x_{bound}, k) = f(x_{bound}, k),\ \forall f \in F,\ \forall k \in K \tag{9-5}$$

式中，x_{bound} 为搜索空间 S 的边界集合。

有了这些定义，假设适应度地形的变化在离散时间点上发生，是将时间点 k 的地形与以下时间点 $k+1$ 进行比较的结果，这与适应度地形是作为分析进化算法行为的工具是一致的。进化算法的种群变化随着离散的代数发展，一代可以定义为整个种群后续适应度函数评估之间的时间间隔。由于在进化算法中，适应度评估通常在一代中只进行一次，所以算法只能将适应度的差异作为时间上的离散点来处理。因此，如果用适应性地形来模拟变化，最自然和最直接的时间机制是离散时间。

静态适应度地形的直观几何解释对于动态情况仍然有一定的意义，主要的区别在于丘陵和山谷在搜索空间内移动和改变它们的拓扑形式，这包括丘陵的生长和收缩，山谷的加深或变平，或者地形完全或部分向内翻转。相应的动态优化问题表示为

$$f_s(k) = \max_{x \in S} f(x, k),\ \forall k \geqslant 0 \tag{9-6}$$

这可以产生临时最高适应度值的拟合 $f_s(k)$ 及其解的轨迹为

$$x_s(k) = \arg f_s(k), \forall k \geqslant 0 \tag{9-7}$$

和静态优化一样，进化算法的个体就相当于爬山，而且在动态的环境下，如果它们正在移动并且发现动态出现的山，还要追踪新出现的山峰。

9.2 动态适应度地形的生成

1. 移动峰

移动峰使用零平面上静态 n 维峰（或锥）作为适应度函数，随机选择高度和坡度产生的山峰分布在整个适应度地形中[1,2]。由此得到

$$f(x) = \max\{0, \max_{1 \leqslant i \leqslant N}[h_i - s_i \| x - c_i \|]\} \tag{9-8}$$

式中，x 是搜索空间 $S \subset \mathbb{R}^n$ 中的元素，N 是地形中山峰的数目，c_i 是第 i 个山峰的坐标，h_i 和 s_i 分别表示其高度和坡度，$f(x)$ 展示了在 $\mathbb{R}^2$ 空间的移动峰地形。

这个适应度函数可以通过几种方式调整，允许指定相关优化问题所构成的困难程度，除了搜索空间的维度和大小，式（9-8）所有定义的元素都会对问题的困难程度有一定的影响：峰的数目 N，峰的分布（包括坐标）以及高度和坡度。一般而言，直观看来，对于给定的状态空间维数，如果山峰（锥）的数量增多，算法搜索的困难程度就会增加，同时，对于任意数量的锥体，这种关系也不能成立。如果搜索空间扩展受到限制，那么已经有很大数量的锥体，此时进一步增加数量，很可能导致锥体开始彼此嵌套。因此，较小的锥体被较大的锥体隐藏，并且不会继续影响搜索过程。

优化问题的难度完全归因于适应度地形的静态外观，为了将静态适应度函数转换为动态适应度函数，需要随着进化算法的运行时间改变式（9-8）的静态特征。也就是对应离散时间变量 k（$k \in \mathbb{Z}$），N 个锥体的坐标、高度和坡度可能会发生移动。具体的定义如下，坐标、高度和坡度的动态序列分别是 $c(k)$、$h(k)$ 和 $s(k)$，一个动态适应度地形就可以得到

$$f(x,k) = \max\{0, \max_{1 \leqslant i \leqslant N}[h_i(k) - s_i(k) \| x - c_i(k) \|]\} \tag{9-9}$$

如图 9-1 所示，可以想象成一个静态的适应度函数，其中的锥体正在改变位置、高度和坡度。从图中可能会找到优化问题的最优解，意味着找到最高峰值，所以对于动态情况，这是跟踪最高峰值。

对于所有静态地形 $f(x)$，可以类似地识别地形数学函数描述中的拓扑特征函数并动态地改变数学描述的元素，同类型的问题还有动态球体、动态 Ackley、动态 Rosenbrook 等，还有动态组合优化问题，如动态背包、动态皇家道路或动态比特匹配等，这些都同属于该类型的动态地形。

如果动态适应度地形依赖于外部变化，需要生成动态序列的问题。第一步需要在代数适应度地形的描述中选择随时间变化的变量，对于式（9-8）中的移动峰，这些变量就是 $c_i(k)$、$h_i(k)$ 和 $s_i(k)$，动态变化是通过序列 $z(k)$ 实现的

$$z = (z(0), z(1), \cdots, z(k), z(k+1), \cdots) \tag{9-10}$$

也就是

$$c_i(k) = z_{ci}(k), h_i(k) = z_{hi}(k), s_i(k) = z_{si}(k) \tag{9-11}$$

一般情况下，动态变化有三种类型：规律性动态、混沌动态和随机性动态，可以根据这

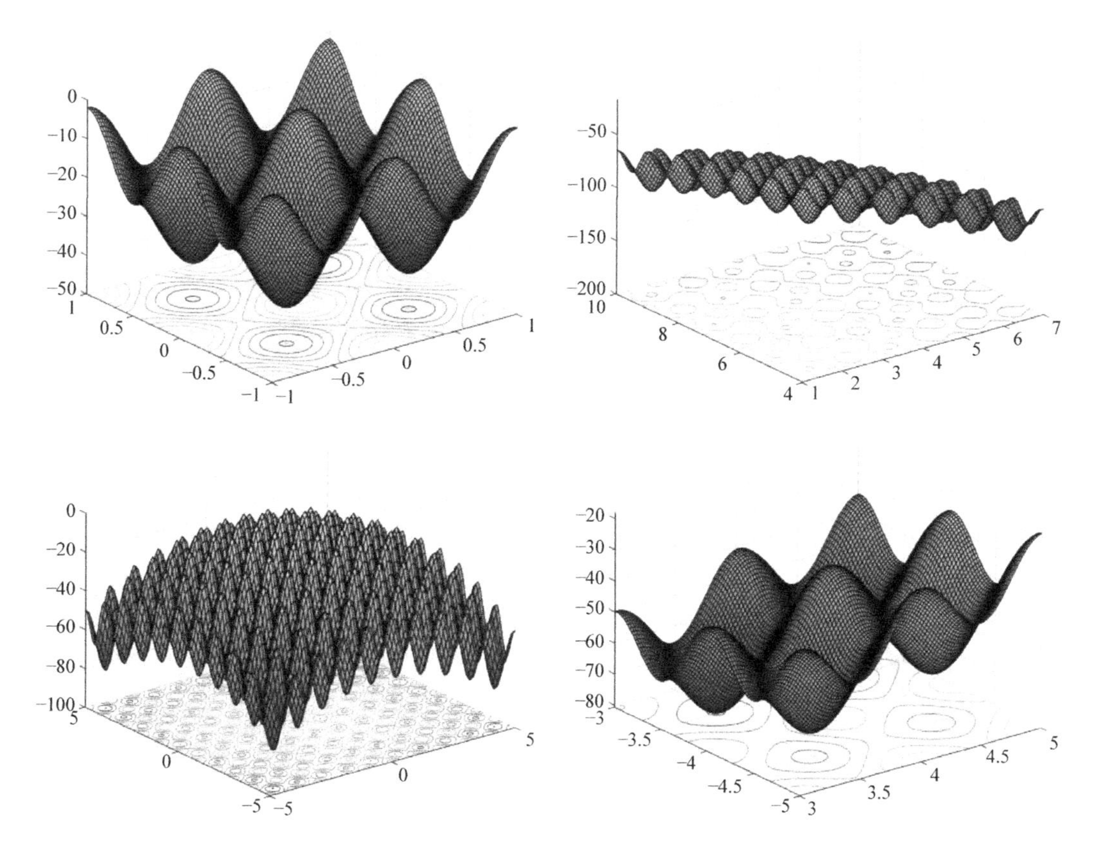

图9-1　动态适应度地形示意图

些类型生成移动序列 $z(k)$。通常通过分析坐标变换获得规则的变化，例如循环变化，其中每个 $z(k)$ 在一段时间之后重复自身或平移变化，其中数量由预定义的轨道决定。可以调整再循环周期和周期宽度并使其标准化，使得移动序列变得可比较。例如，可以通过式(9-12)生成循环动态

$$z_i(k)=g_i(k)=\sin(w_ik+\delta_i) \tag{9-12}$$

式中，w_i 和 δ_i 分别表示频率和相位。

但是，该公式不具有递归的性质，也就是在不知道 $z(k-1)$ 的情况下也可以计算出 $z(k)$，因此是完全可以预测的。

混沌变化可由离散时间动态系统产生，有

$$z(k+1)=g(z(k)) \tag{9-13}$$

式（9-13）是递归的，这样的系统对于某些参数值和初始状态 $z(0)$ 表现出混沌行为。如果对于每个 k 的 $c_i(k)$、$h_i(k)$ 和 $s_i(k)$ 是相互独立的随机变化，比如均匀分布的随机变量，那么就能得到随机动态变化的适应度地形。

2. DF1

DF1 是一种基于连续域的 DOP 生成器，其将搜索空间建模为锥域，每个锥体可以单独控制模拟不同的地形，基本函数定义如下：

$$f(x,y)=\max_{i=1,\cdots,N}\left[h_i-r_ig\sqrt{(x-x_i)^2+(y-y_i)^2}\right] \tag{9-14}$$

式中，N 是锥体的个数，每个锥体的位置是（x_i，y_i）；h_i 是高度；r_i 是坡度。

DF1 利用锥的高度和坡度等随机变化形成不同的地形，其静态函数类似于高斯分布的平面。DF1 的初始状态是在指定范围内随机产生的，一般可以采用 logistic 函数，产生从静态到混沌的不同过程。

3. XOR[7]

XOR 生成器，可以应用到任何一个二进制编码的静态函数 $f(x)$ 上，其中 $x \in \{0, 1\}^n$，对应的动态问题按照如下方式产生

$$f(x(t) \oplus m(T)) \tag{9-15}$$

其中，$\oplus$是二进制异或操作，周期 $T=[t/\tau]$ 由变化更新的周期 τ 决定，向量 $m(T) \in \{0, 1\}^n$ 是周期 k 的二进制掩码，初始值为 $m(0)=0$，按照 $m(T)=m(T-1) \oplus p(T)$ 的方式产生，其中 $p(T) \in \{0, 1\}^n$ 是一个随机创建的周期为 T 的模板，其中准确包含$\lfloor \rho n \rfloor$位。其中，$\rho \in [0, 1]$ 的值控制变化的幅度，其被指定为两个二进制点之间的汉明距离。因此，用于优化函数的算法需要将 ρn 位反转以返回到其先前位置。

对异或的初步分析强调了异或运算完全保留了问题的搜索空间：由于所有搜索点都以相同程度旋转，它们相对于彼此的位置被保留，动态系统的扩展分析表明，旋转等效于每当发生变化时可以采取的附加突变步骤。因此，需要结构上时变的动态基准，并且许多研究已经利用了单个的动态变量，并且有时已经使用（多维）背包问题来测试和验证不同的进化算法。

9.3 动态适应度地形的分析工具

Hendrik 在文献［1］中提到，分析适应度地形的主要目的是了解进化算法的种群与所研究的优化问题性质的相关性，这样就可以获得关于搜索算法对于某个问题求解困难程度的信息，或者至少可以确定推荐哪种类型的算法最有可能成功解决这个问题可以将静态适应度地形视为与搜索空间高度正交，这些高度形成几何结构，在可视化的维度可以将这些高度视作丘陵、峡谷、高原或脊。如果适应度地形给出了问题困难程度的指示，那么这些信息应该能在几何结构的属性中找到。如果几何结构随时间变化，那么这些变化的性质也应该与之相关。下面将重点介绍 Hendrik 对于拓扑属性和动态属性的分析[3]以及本书对于动态适应度地形的频域分析内容。

9.3.1 拓扑属性的分析

1. 模态分析

分析拓扑属性一个最直接的度量方法是模态分析，并计算最优解的数量。显然，这种测量方法只能很容易地计算构造的适应度地形，并且方程式的数学描述是可用的。因此，这一度量也可以作为与其他度量的比较，但对于相当数量的适应度地形，形态是影响问题难度的一个因素。如果邻域中的所有点都不超过其适应值，则动态适应度地形在搜索空间点 x、时间 k 处具有局部最优解，也就是满足

$$f(x,k) \geqslant f(n(x),k) \tag{9-16}$$

对于移动峰（式（9-9）），可以通过枚举来计算模态。在时间 k，如果满足

$$\max_{\substack{1 \leqslant j \leqslant N \\ j \neq i}} [h_j(k) - s_j(k) \| c_i(k) - c_j(k) \|] \leqslant h_i(k) \tag{9-17}$$

那么，在时刻k具有坐标$c_i(k)$、斜率$s_i(k)$和高度$h_i(k)$的第i个峰为最大值。值得注意的是，由于嵌套的影响，并非所有的峰都是最优的。在式（9-17）的条件下，记$\#_{LM}(k)$是k时刻局部最优解的数目，在动态环境下，这个数值是一直在变化的，可以看作是一个时间序列。因此，统计地考虑这个量，并分析它的时间平均$\overline{\#}_{LM}$。

2. 崎岖性

模态是表示进化搜索是否容易的概率的良好指标。对于给定的适应度地形，模态计算是不切实际的。形态学的本质是山谷的出现，即具有严格高于或低于周围环境适应度值的区域。换言之，模态指的是地形给定部分中的高适应度值与低适应度值之间的变化程度，或者看作如果相邻点的适应度值高于或低于其自身的适应度值如何可预测的问题。例如，考虑一个球体，它均匀向下弯曲到所有搜索空间方向，或者考虑一个巨大的尖峰集合，这些尖峰彼此紧密地排列在一起。前者看起来是平坦的，如果序列中的下一点将比当前点具有更高或更低的值，则根据给定的点序列和其适应度值，该地形是可预测的。而后者是崎岖不平的，预测就要困难得多。这种特性甚至适用于表面粗糙的地形，地形中重复出现高适应度值和低适应度值，但是如果要在这个地形上移动，则存在高度相关性。因此，在适应度地形上游走的适应度值之间的相关性可以作为一个定量的测量，用于衡量适应度地形的崎岖性，这也是在静态适应度地形分析中经常使用的方法[4,5]。长度为T，步长为t_s的随机游走可以用于计算动态适应度地形的崎岖度。在一个适应度地形上进行随机游走

$$x(j+1)=x(j)+t_s\times \text{rand} \tag{9-18}$$

那么，其适应度值可以看作是时间序列

$$f(j,k)=f(x(j),k),j=1,2,\cdots,T \tag{9-19}$$

通过时间序列的自相关函数可以得到空间相关函数$r(t_L, k)$

$$r(t_L,k)=\frac{\sum_{j=1}^{T-t_L}(f(j,k)-\bar{f}(k))(f(j+t_L,k)-\bar{f}(k))}{\sum_{j=1}^{T}(f(j,k)-\bar{f}(k))^2} \tag{9-20}$$

其中，$\bar{f}(k)=\frac{1}{T}\sum_{j=1}^{T}f(j,k)$，$T\gg t_L>0$。由于是动态环境，$r(t_L, k)$随着时间变化，可以考虑其平均值。另外，相关长度为

$$\lambda_R(t_L)=-\frac{1}{\ln(|r(t_L)|)} \tag{9-21}$$

相关长度的值越低，相关性越低，地形也就越崎岖。

3. 动态适应度距离的相关性

通过适应度距离的相关性，可以确定适应度值和最近的最优解之间距离的相关性，同样在随机游走中，$x(j)$表示当前解与动态问题的最优解$x_S(k)$的最小距离为$d_j(k)=\|x(j)-x_S(k)\|$。于是，可以计算动态适应度距离的相关性

$$\rho(k)=\frac{1}{\sigma_f\sigma_d T}\sum_{j=1}^{T}[f(j,k)-\bar{f}(k)][d_j(k)-\bar{d}(k)] \tag{9-22}$$

其中，$\bar{f}(k)=\frac{1}{T}\sum_{j=1}^{T}f(j,k)$，$\bar{d}(k)=\frac{1}{T}\sum_{j=1}^{T}d(k)$，$\sigma_f$和$\sigma_d$分别是$f(j, k)$和$d(k)$的标准差。如果到最优解距离的减小与适应度值的增加密切相关，那么问题应该很容易解决。这可

能表明通过增加适应度值有可能存在通向最优解的进化路径，这对于进化搜索没有障碍。

9.3.2 动态属性的分析

除了拓扑特性之外，动态相关的属性也发挥着重要作用，尽管适应度地形的拓扑特性在进化计算中是一个公认的话题，但是处理动态效应仍然扮演着相当重要的角色。直观地，动态有两个主要特征对进化搜索的性能产生强烈的影响：变化频率和动态强度。变化频率表示适应度地形相对于进化算法的变化速度，动态强度表示这些变化的大小重要性。变化频率非常重要，因为高速（适应度景观频繁地改变其拓扑结构）使得进化算法只需几代就能找到最优。高动态强度导致搜索空间中的最优解需移动一定的距离，因此恢复它可能很复杂或需要时间。

1. 变化频率

进化搜索过程从适应度地形中获取信息，因此通过评估所选搜索空间点（即其群体中的个体在给定代数所占据的位置）的适应度值与它积极交互。在大多数进化搜索算法中，适应度函数的评估在一代（迭代）中发生一次；在所有算法中，适应度函数的评估发生在时间不连续点。在这个意义上，进化算法对离散适应度地形（从空间和时间上看）进行采样。

基于这些事实，相对于进化搜索算法，度量适应度地形的变化速度是合理的，可以通过计算适应度函数评估的数目或从一个地形变化到下一个地形的代数来完成。对于常数的个体数，两种计数近似成线性比例。下面通过变化之间的代数来计算地形的速度，该数目称为变化频率 γ，用离散代数 τ 计算进化算法的种群动态。所以，变化频率 γ 有如下关系式

$$\tau = \gamma k \tag{9-23}$$

改变频率 γ 通常在算法的运行时间内是恒定的，但一般来说 γ 也可能通过改变用于正在进行的搜索，或者是随机数，已被视为实现整数随机过程。

2. 动态强度

动态问题难度的第二个影响因素是动态强度，它通过比较变化前后的地形来测量地形变化的相对强度。如果变化发生或者最优解移动，个体就会暂时失去它，这可能伴随着个体适应度值的下降。因此，对于进化搜索来说，如果最优值从其当前位置移动较长或较短距离，则会产生差异。在前者中，恢复和跟踪它可能是复杂和耗时的，在后者中，个体可能非常接近，以便快速地再次捕获它。动态强度可定义为

$$\eta(k+1) = \| x_S(k+1) - x_S(k) \| \tag{9-24}$$

当这个量随时间 k 变化时，计算时间平均严重度为

$$\eta = \lim_{K \to \infty} \frac{1}{K} \sum_{k=0}^{K-1} \eta(k) \tag{9-25}$$

9.3.3 动态适应度地形的频域分析

本小节基于第 7 章给出的适应度地形的频域分析方法，分别从动态振幅变化稳定性、动态尖锐性和动态周期长度三个方面对动态适应度地形进行探讨。

1. 动态振幅变化稳定性

对于动态适应度地形来说，考察每次变化发生后 SAC（Stationary of Amplitude Change）指标的变化也非常重要。因此，根据 7.2.1 节提出的动态 SAC 来衡量地形连续几次变化后

SAC 的变化均值。动态 SAC（DSAC，Dynamic Stationary of Amplitude Change）的计算公式为

$$Dsta = \frac{\sum_{e=1}^{n_c} |sta(e) - sta(e-1)|}{n_c} \tag{9-26}$$

式中，n_c 代表变化发生的总次数；e 代表变化序数；$sta(e)$ 代表第 e 次变化后地形的 SAC 值；$sta(0)$ 代表初始地形的 SAC 值。

2. 动态尖锐性

为了考察在变化发生时，尖锐性的变化程度以类似于动态 SAC 的方式定义了动态尖锐性，其计算公式为

$$Dkee = \frac{\sum_{e=1}^{n_c} |kee_{fd}(e) - kee_{fd}(e-1)|}{n_c} \tag{9-27}$$

式中，n_c 是变化总次数；e 是变化序数；$kee_{fd}(e)$ 是第 e 次变化后的尖锐性值，$kee_{fd}(0)$ 是初始适应度地形的尖锐性值。

3. 动态周期长度

相似的，动态周期长度由每次变化后周期长度改变的平均值给定，其计算公式为

$$Dper = \frac{\sum_{e=1}^{n_c} |per(e) - per(e-1)|}{n_c} \tag{9-28}$$

式中，n_c 是变化的总次数；e 代表变化序数；$per(e)$ 表示第 e 次变化后的周期长度，$per(0)$ 表示初始适应度地形的周期长度。

9.4 本章小结

本章主要对动态适应度地形进行了探讨，分别从动态适应度地形的生成和动态适应度地形的分析进行介绍和详细的阐述。

参考文献

[1] RICHTER H. Dynamic Fitness Landscape Analysis [C]. In: Yang S, Yao X (Eds.), Evolutionary Computation for Dynamic Optimization Problems. Studies in Computational Intelligence. Springer, Berlin, Heidelberg, 2013.

[2] RICHTER H. Evolutionary Optimization in Spatio – temporal Fitness Landscapes [C]. In: Runarsson T P, Beyer H G, Burke E, Merelo – Guervós J J, Whitley L D, Yao X (Eds.), Parallel Problem Solving from Nature – PPSN IX. Lecture Notes in Computer Science, vol 4193. Springer, Berlin, Heidelberg, 2006.

[3] BRANKE J. Memory enhanced evolutionary algorithms for changing optimization problems [C]. Proceedings of the 1999 Congress on Evolutionary Computation, Washington, DC, USA, 1999: 1875 – 1882.

[4] WEINBERGER E. Correlated and uncorrelated fitness landscapes and how to tell the difference [J]. Biological cybernetics, 1990, 63 (5): 325 – 336.

[5] STADLER P F. Landscapes and their correlation functions [J]. Journal of Mathematical chemistry, 1996, 20 (1): 1 – 45.

[6] MORRISON R W, DE JONG K A. A test problem generator for nonstationary environments [C]. IEEE Congress on Evolutionary Computation, 1999.

[7] TINÓS R, Yang Shengxiang. Analysis of fitness landscape modifications in evolutionary dynamic optimization [J]. Information Sciences, 2014 (282): 214 – 236.

第10章 调度问题

10.1 Job - based 类调度问题

随着中国制造2025以及智能制造等重大国家发展规划的制定，调度优化在国民经济发展的各个领域发挥着越来越重要的作用。它作为一种决策形式，帮助决策者在满足各种约束条件的情况下，以较小的时间、资源成本获得较大的经济效益，对于提升相关领域的任务执行效率和优化资源配置至关重要。

Job - based 类调度问题是调度领域的一大分支，包括柔性车间调度（FJSP）、并行机调度（PMSP）、测试任务调度（TTSP）等，广泛地应用于制造业、服务业、云计算和物联网等领域[1-6]。该类调度问题可以归纳为一个特定约束条件下的组合优化问题，它由一系列顺序或并行执行的任务（这里考虑到不同领域的称谓不同，用任务一词来统称诸如工件、测试任务等调度需求）组成，每个任务需占用一定的资源并可能存在资源冲突，任务间相互独立或具有局部优先级关系，其调度目标是将所有任务以合理的顺序和方式分配给相互独立的资源，达到资源利用率高、系统可靠性强等目的。

车间调度问题（JSP，Job - shop Scheduling Problem）是 Job - based 类调度问题中的一类 NP 难题，它解决一定数量的工件在一定数量的机器上处理的排序和分配问题。每个工件由一系列按既定顺序实施的工序组成，每个工序只能在一个已知的机器上处理。JSP 的目标是找到一种调度方法，使得某种性能指标最小。柔性车间调度问题（FJSP）是 JSP 的一般性扩展，每个工序可以在给定机器组中选择其中一个机器进行处理。每个机器不能同时处理一个以上工序，一个工件的两个工序也不能同时处理。对调度结果最常用的性能评价指标是最大完工时间。概括来讲，FJSP 就是在满足机器和优先级限制的条件下，找到使最大完工时间最小的调度方式，因此，FJSP 是分配问题和排序问题的结合。

对于确定性 FJSP 的解决方法大体可分为三类：精确算法、启发式算法和元启发式算法。分支定界法是精确算法的一种，它能找到线性规划的最优解[21]，但计算时间过长。基于优先权调度规则的方法是第一个解决经典 JSP 问题的启发式算法[22]。此外，Saidi - Mehrabad [23]等人采用禁忌搜索方法解决 FJSP。Liu[24]等人采用多粒子群方法解决多目标 FJSP，弥补之前算法在大规模问题上的不足。Pongchairerks 和 Kachitvichyanukul[25]提出一种新的粒子群优化方法，在避免陷入局优解的同时探索搜索空间的不同区域。此外，Akyol 和 Bayhan[26]针对 FJSP 提出一种动态耦合神经网络，并调整不同参数评价方法的性能。Wang[27]等人采用过滤定向搜索算法，解决固定和非固定机器可用性约束的 FJSP 问题。

并行机调度（PMS，Parallel Machine Scheduling）问题也属于 NP 难题。它与 FJSP 类似，但不同在于一个工件只有一个工序，该工序可以在任意一台空闲的机器上执行。每个工件处理完成后释放相应的机器[28]。PMS 根据机器特性可分为三类：同速并行机、同类并行机和不相干并行机。PMS 的工件特性与 FJSP 类似，包括工件处理时间异同性、截止要求一致性、是否可抢占以及有无优先权限制等。

在已有研究中，通常用启发式算法和元启发式算法来解决 PMS。Vallada 和 Ruiz[28]采用遗传算法解决不相关并行机的调度问题。Lee 和 Pinedo[29]提出一种三相启发式算法，并考虑依赖任务序列的准备时间。Anghinolfi 和 Paolucci[30]基于混合禁忌搜索、模拟退火和可变邻域搜索的特征，提出一种混合元启发式方法。Armentano 和 Felizardo[31]将贪婪随机自适应搜索和自适应记忆原则相结合。Joo 和 Kim[32]提出一种包含快速局部搜索和增强局部搜索的混合基因算法解决不相干并行机问题。Ruiz 和 Andres[33]提出混合整数规划模型和快速调度启发式算法。

测试任务调度问题（TTSP）可以描述为 n 项测试任务在 m 台仪器（资源）上执行。其中，一个任务可能有多种可选方案完成测试，每个可选方案由一个或多个仪器组成，任务之间存在一定的时序约束关系。调度目标是将各项测试任务安排给相应的测试仪器，并合理地安排任务测试过程的先后次序和开始测试的时间，在满足约束条件的前提下优化性能指标。TTSP 可以分为测试任务的排序和测试资源的配置两个问题。

智能优化算法广泛应用于解决 TTSP，付新华等人[34]通过设计启发式函数和状态转移概率，提高蚁群算法的精度和速度，并提出基于有色 Petri 网模型的蚁群算法，进一步提高搜索速度[35]。Lu 和 Niu[36]提出一种混沌非支配排序遗传算法，解决带有网状约束的 TTSP。闫丽琴[37]提出任务分组规则对初始任务序列进行搜索，并与禁忌搜索算法结合。作者[38]也借鉴了禁忌搜索的思想，但是通过图为初始种群确定任务排序。李文海[39]等人采用粒子群算法解决 TTSP 问题，利用了其自组织、自适应的特点。方甲永[40]等人将遗传算法和蚁群算法相结合，在加快收敛速度的同时避免陷入局部最优解。陈利安[41]等人利用禁忌算法自适应的特点，设计满足约束的测试任务调度方法。崔玉爽[42]等人提出将遗传算法和粒子群算法相结合，解决中小规模的 TTSP。

综上所述，Job - based 类调度问题在各行各业中广泛应用，并且研究方法和调度方式层出不穷。观其本质，发现该类调度问题间具有很强的一致性，并且不同 Job - based 类调度问题的研究经历了相似的演进过程。如图 10-1 所示，Job - based 调度问题均可以看作是分配问题和排序问题的组合优化问题；优化目标为完工时间、误工时间、成本等中的一种或几种，一般可以转化为最小化问题；调度方法也往往具有异曲同工之妙，经历了从精确算法、启发式算法到元启发式算法、混合算法的演进过程。因此，Job - based 类调度问题间存在着紧密的内在联系，如何在现有研究工作的基础上，探讨该类调度问题的关联性，为 Job - based 类调度问题的解决提供指导，是该类调度问题研究的一个趋势。

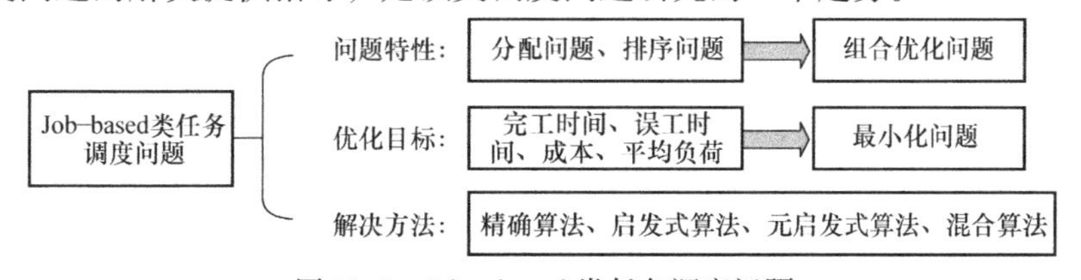

图 10-1　Job - based 类任务调度问题

10.2 数学模型的分析

根据 Job - based 类调度问题的问题特征与关联性，本节总结出一个基于优先级变量的一般数学模型。该模型综合考虑了 Job - based 类调度问题的问题描述、变量定义、约束条件等因素，并采用应用最广的最大完工时间作为目标函数。它可以应用于大多数 Job - based 类调度问题，如柔性车间调度问题、并行机调度问题、测试任务调度问题等，其基本数学描述如下：

（1）数据集

J：工件集或任务集，$J=\{J_i\}_{i=1}^{N}$，其中 N 是工件（任务）数；

M：机器或资源集，$M=\{M_k\}_{k=1}^{H}$，其中 H 是机器（或仪器）个数；

s_i：工件或任务 i 可选的方案集，$S_i=\{s_i^n\}_{n=1}^{u_i}$，其中 u_i 是工件或任务 i 的可选方案个数；

O_i：工件或任务 i 的操作集，$O_i=\{O_i^j\}_{j=1}^{v_i}$，其中 v_i 是工件或任务 i 的操作个数。

（2）参数与变量

工件（或任务）i 采用方案 s_i^n 用组合（i，s_i^n）表示。

$Pt_{jk}^{(i,s_i^n)}$：组合（i，s_i^n）的第 j 个操作在机器或资源 k 上的处理时间；

$a_{jk}^{(i,s_i^n)}$：如果组合（i，s_i^n）的第 j 个操作可以在机器或资源 k 上处理，则 $a_{jk}^{(i,s_i^n)}$ 为 1，否则为 0；

$St_{jqk}^{(i,s_i^n)(r,s_r^n)}$：机器或资源 k 从（i，s_i^n）的第 j 个操作到（r，s_r^n）的第 q 个操作的准备时间；

$Ft_{jk}^{(i,s_i^n)}$：（i，s_i^n）中第 j 个操作在机器或资源 k 上的完成时间；

$Y_{is_i^n}$：如果工件 i 采用方案 s_i^n，则为 1，否则为 0；

$X_{jk}^{(i,s_i^n)}$：如果（i，s_i^n）中第 j 个操作在机器或资源 k 上执行，则为 1，否则为 0；

$R_{jqk}^{(i,s_i^n)(r,s_r^n)}$：如果在机器或资源 k 上，（i，s_i^n）的第 j 个操作在（r，s_r^n）的第 q 个操作之前执行，则为 1，否则为 0；

L：一个大的整数。

（3）约束条件

$$Ft_{(j+1)k}^{(i,s_i^n)}-Ft_{jm}^{(i,s_i^n)}+L(1-a_{(j+1)k}^{(i,s_i^n)}X_{(j+1)k}^{(i,s_i^n)})\geqslant Pt_{(j+1)k}^{(i,s_i^n)},$$
$$i=1,\cdots,N;n=1,\cdots,u_i;j=1,\cdots,v_i-1;k=1,\cdots,M;m=1,\cdots,H \tag{10-1}$$

$$Ft_{jk}^{(i,s_i^n)}-Ft_{qk}^{(r,s_r^n)}+L\times R_{jqk}^{(i,s_i^n)(r,s_r^n)}\geqslant Pt_{jk}^{(i,s_i^n)}X_{jk}^{(i,s_i^n)}+St_{qjk}^{(i,s_i^n)(r,s_r^n)}X_{jk}^{(i,s_i^n)},$$
$$i=1,\cdots,N-1;r=i+1,\cdots,N;s_i^n=s_i^1,\cdots,s_i^{u_i};s_r^n=s_r^1,\cdots,s_r^{u_r};$$
$$j=1,\cdots,v_i;q=1,\cdots,v_r;k=1,\cdots,H \tag{10-2}$$

$$Ft_{qk}^{(r,s_r^n)}-Ft_{jk}^{i,s_i^n}+L(1-R_{jqk}^{(i,s_i^n)(r,s_r^n)})\geqslant Pt_{qk}^{(r,s_r^n)}X_{qk}^{(r,s_r^n)}+St_{jqk}^{(i,s_i^n)(r,s_r^n)}X_{jk}^{(i,s_i^n)},$$
$$i=1,\cdots,N-1;r=i+1,\cdots,N;s_i^n=s_i^1,\cdots,s_i^{u_i};s_r^n=s_r^1,\cdots,s_r^{u_r};$$
$$j=1,\cdots,v_i;q=1,\cdots,v_r;k=1,\cdots,H \tag{10-3}$$

$$\sum_{n=1}^{u_i}Y_{is_i^n}=1,i=1,\cdots,N \tag{10-4}$$

$$\sum_{k=1}^{H}a_{jk}^{(i,s_i^n)}X_{jk}^{(i,s_i^n)}=Y_{is_i^n},i=1,\cdots,N;n=1,\cdots u_i;j=1,\cdots,v_i;k=1,\cdots H \tag{10-5}$$

$$Ft_{1k}^{(i,s_i^n)}\geqslant Pt_{1k}^{(i,s_i^n)}X_{1k}^{(i,s_i^n)},i=1,\cdots,N;n=1,\cdots u_i;k=1,\cdots H \tag{10-6}$$

$$Ft_{jk}^{(i,s_i^n)}\leqslant L\times X_{jk}^{(i,s_i^n)},i=1,\cdots,N;n=1,\cdots u_i;j=1,\cdots,v_i;k=1,\cdots H \tag{10-7}$$

$$C_i \geqslant \sum_{k=1}^{H}\sum_{n=1}^{u_i} Ft_{v_i k}^{(i,s_i^n)} X_{v_i k}^{(i,s_i^n)}, i = 1,\cdots,N \tag{10-8}$$

$$C_i \leqslant D_i, i=1,\cdots,N \tag{10-9}$$

$$Ft_{jk}^{(i,s_i^n)} \geqslant 0; Y_{is_i}=0,1; X_{jk}^{(i,s_i^n)}=0,1,$$

$$i=1,\cdots,N; n=1,\cdots u_i; j=1,\cdots,v_i; k=1,\cdots H \tag{10-10}$$

$$R_{jkq}^{(i,s_i^n)(r,s_r^n)}=0,1, i=1,\cdots,N-1; r=i+1,\cdots,N;$$

$$s_i^n=s_i^1,\cdots,s_i^{u_i}; s_r^n=s_r^1,\cdots,s_r^{u_r}; j=1,\cdots,v_i; q=1,\cdots,v_r; k=1,\cdots,H \tag{10-11}$$

（4）目标函数

$$F_{obj1}=\min\{\max(C_i)\} \tag{10-12}$$

式（10-1）表明工件或任务 i 选择方案 s_i 时，其第 $j+1$ 个操作必须在第 j 个操作完成后才能开始；式（10-2）和式（10-3）确保任意两个操作不能同时在一个机器上处理，而且如果来自两个工件或任务的两个操作安排在同一机器或资源上处理，则机器或资源所需的准备时间与操作顺序有关；式（10-4）保证每个工件或任务只能采用一种方案；式（10-5）表明每个工件或任务的每个操作只能分配给一个机器或资源处理；式（10-6）确保每个工件或任务的第一个操作的完成时间不小于它的处理时间；式（10-7）表明如果工件或任务的第 j 个操作没有分配给机器或资源 k，则该操作在该机器或资源上的完成时间为 0；式（10-8）在其他变量的基础上确定了每个工件或任务的完成时间；式（10-9）确保每个工件或任务在截止时间前完成；式（10-10）和式（10-11）规定了各变量的取值范围。

该模型考虑了依赖于序列顺序的准备时间，当准备时间与序列顺序无关时，各操作在各机器或资源上的准备时间为一定值，可以加到每个操作的执行时间中处理，当准备时间可忽略时，St 的值置 0 即可。当应用于不同调度问题时，该模型的参数定义和约束条件等可做略微调整，各参数的取值范围也有所不同。如应用于置换流水线问题时，各工件的操作顺序相同，即只有一种操作方案，则 $s_i=1$，另外，每个工件的操作数相同，则 $v_1=v_2=\cdots=v_N$。应用于并行机问题时，每个工件只有一个操作、一种方案，则 $u_i=v_i=s_i=1$。应用于测试任务问题时，各任务只有一个操作，所以 $v_i=1$。各任务的处理时间、完成时间由该任务选择的方案决定，所以 $Pt_{jk}^{(i,s_i^n)} \to Pt^{(i,s_i^n)}$，$Ft_{jk}^{(i,s_i^n)} \to Ft^{(i,s_i^n)}$。在智能电网能耗调度问题中，$J$ 代表用户集，M 代表时隙集，该问题只是一个分配问题，一切与调度顺序有关的约束条件均可取消，但要增加功率阈值的约束。在云计算工作流调度中，J 代表工作流，M 代表需匹配的虚拟机，此外应该加入对于工作流内在约束关系即优先级的考虑。该模型仅以最大完工时间为目标函数，当采用其他性能指标作为目标函数时，可在该模型各变量和参数的基础上进行定义。

由数学模型可知，Job-based 类调度问题可以在多方面进行统一。在问题描述方面，Job-based 类调度问题均可以分解为任务排序和方案选择两个方面，是一类组合优化问题；在约束条件方面，该类调度问题都受到任务时序、截止时间、资源占用等方面的制约；在决策变量方面，该类调度问题都需要同时考虑任务集、资源集、执行时间等因素；在目标函数方面，该类调度问题均考虑最大完工时间、最小平均负荷中的一种或几种，均可以转化为最小化问题。该数学模型既能概括该类调度问题的共性，又能灵活地反映不同调度问题的需要，有利于不同领域调度问题的信息共享与相互借鉴。

10.3 解空间的获取方法

对于小规模调度问题，问题解空间不大，可以采用枚举的方式列出所有解，利用全部解进行解空间特性分析，具有较高的准确性；对于大规模调度问题，问题解空间很大，获取整个解空间具有较大的时间复杂度和空间复杂度，且为后续的指标计算、特性分析带来很大困难，这时可采取合适的采样方式，利用部分解空间探究问题特性。

10.3.1 枚举方法

对于给定任务集，选择合适的全排列生成算法，将所有可能的任务排列无重复无遗漏地枚举出来。n 个任务的全排列可以存在一个固定的顺序关系，在所有的排列中，除了最后一个排列外，都存在一个唯一的后继；除了第一个排列外，都存在一个唯一的前驱。全排列的生成算法就是一种顺序生成所有排列的方法，它使得每个排列的后继都可以从它的前驱经过最少的变化而得到。常用的全排列生成算法有：字典排序法、逐减进位数制法、递增进位制法、递归类算法。本节采用递增进位制法生成所有任务的全排列，它以计算中介数为中间环节，得到每一个排列的后继。如果用 a_i 表示排列 p_1，p_2，…，p_i，…，p_n 中元素 p_i 的右边比 p_i 小的数的个数，则排列的中介数就是对应的排列 a_1，…，a_i，…，a_{n-1}。一个排列的后继的中介数，是原排列的中介数增加 1。在做中介数加法时，如果 $a_i+1=n-i+1$，则要进位，这就是所谓的递增进位制。得到后继的中介数后，则可以根据它还原对应的排列。这时，中介数 a_1，…，a_i，…，a_{n-1} 的各位数字从左至右分别表示数字 n，$n-1$，…，2 在排列中距右端的空位数，据此，应按 a_1，…，a_i，…，a_{n-1} 的值从右向左确定 n，$n-1$，…，2 的位置，依次将其放入排列的相应位置中，即 i 放在右起的 a_i+1 位，如果某个位置已被某个数字占用，则忽略该位置，最后一个空位放入数字 1。

对于一个确定的任务序列，需要遍历其方案组合的所有可能。不失一般性，假设某任务序列为 t_1，t_2，…，t_j，…，t_{n-1}，t_n，即各个任务的任务号是顺序递增的。各个任务可以选择的方案个数不一定相同，假设任务 t_j 的可选方案个数为 k_j。因此，在该任务排序情况下，可选方案组合总数是 $k_1 \times k_2 \cdots k_j \cdots k_{n-1} \times k_n$。开始时，任务 t_1，t_2，…，t_j，…，t_{n-1} 均选择第一号方案，任务 t_n 的方案号从 1 增长到 k_n，然后任务 t_{n-1} 的方案号增加为 2（如果 $k_{n-1}>1$），任务 t_n 的方案号再次从 1 增长到 k_n，依次类推。整个过程是将任务序列对应的方案号从全 1 一直增加到 k_1，k_2，…，k_j，…，k_{n-1}，k_n 的过程，递进步长为 1。因此，该方法被称为任意进制加法计数器。

产生所有任务的全排列后，对于一个确定的任务序列，需要遍历其方案组合的所有可能。不失一般性，假设某任务序列为 t_1，t_2，…，t_j，…，t_{n-1}，t_n，即各个任务的任务号是顺序递增的。各个任务可以选择的资源或方案个数不一定相同，假设任务 t_j 的可选方案个数为 k_j。因此，在该任务排序情况下，可选方案组合总数是 $k_1 \times k_2 \cdots k_j \cdots k_{n-1} \times k_n$。开始时，任务 t_1，t_2，…，t_j，…，t_{n-1} 均选择第一号方案，任务 t_n 的方案号从 1 增长到 k_n，然后任务 t_{n-1} 的方案号增加为 2（$k_{n-1}>1$），任务 t_n 的方案号再次从 1 增长到 k_n，依次类推。整个过程是将任务序列对应的方案号从全 1 一直增加到 k_1，k_2，…，k_j，…，k_{n-1}，k_n 的过程，递进步长为 1。因此，该方法被称为任意进制加法计数器。

通过任务序列的全排列及方案组合的遍历，得到问题的所有可能解。以解的生成顺序为邻域结构，将所有解依次排列，将解空间转换为适应度地形。

10.3.2 采样方法

当问题规模较小时，可以通过枚举法获得整个问题的解空间，直接分析解空间的特性。而对于大规模 Job - based 类调度问题，由于存在“组合爆炸”效应，解空间大小随着任务个数的增多急剧增大，再通过枚举法获得全部解空间需要花费大量时间和计算量，解空间的进一步分析也变得极为困难。因此，采用合适的方法对解空间进行采样，由部分解空间分析获得整个问题特性，对 Job - based 类调度问题的关联性分析具有重要实际意义。

随机游走是大规模复杂网络中常见的采样方式，它又称为随机游动或随机漫步。生活中处处都存在着与随机游走有关的自然现象，例如气体分子的运动，滴入水中的墨水，气味的扩散等。随机游走受扩散现象的启发，除了可以对物理和化学等扩散现象进行模拟外，还在图论、复杂网络分析中得到了广泛应用。假设原始复杂网络定义为 $\Gamma=(\nu,\ \varepsilon)$，其中 ν 表示非空的可数元素集，称作节点集；ε 表示无序的节点对集，称作边缘或连接。当对原始网络进行采样时，得到原复杂网络的子网络 G，G 中包含了一系列跟踪节点和它们的邻节点。在原始网络 Γ 上的随机游走实际上是一种马尔可夫链过程，其转移矩阵$\boldsymbol{p}=[p_{ij}]$定义为

$$p_{ij}=\begin{cases}1/d(i) & (i,j)\in\varepsilon\\ 0 & \text{其他}\end{cases} \tag{10-13}$$

式中，p_{ij}为从节点 i 游走到节点 j 的概率，$d(i)$是节点 i 的度（即与节点 i 相连的边的个数）。另外，$\boldsymbol{p}$ 给出了在一跳中访问每个节点的概率。

根据马尔可夫链的基本理论，状态概率分布 π 可以表示为 $\pi=(\pi_1,\ \pi_2,\ \cdots,\ \pi_n)$，其中 π_i 为

$$\pi_i=\frac{k(i)}{2\,|\varepsilon|} \tag{10-14}$$

π_i 表示了在随机游走的任一步中，节点 i 被访问到的概率。式（10-14）中，ε 是一个常数，π_i 与节点 i 的度、$k(i)$呈正比，因此节点的度越大，该节点被采样到的概率越大。

在经典随机游走中，种子节点（即游走的开始节点）是在整个原始网络中随机选取的，从下一步开始，依均匀概率随机地在邻域中选择一个相邻结点，移动到该节点后，把当前节点再作为出发点，不断重复以上步骤至最大游走次数。那些被随机选出的结点序列就构成了一个在图上的随机游走过程。根据初始点选择方式与游走策略的不同，随机游走又出现了选择种子节点随机游走和无折回随机游走等变种。

在大规模 Job - based 类调度问题中，借鉴随机游走的思想，对大规模解空间进行采样。种子节点在整个解空间中随机产生，即随机产生初始解；游走策略采用经典方式，即依均匀概率随机跳到邻域中的任一节点。针对不同的搜索算法和编码方式，可以灵活选择邻域定义方式，例如对于实数编码的粒子群算法、遗传算法，一个解的邻域解可以定义为任意交换解中两位得到的所有解，即相邻解中的某两位相反，其余位对应相等。根据实际需要规定游走步数，获得采样后的部分解空间，再对该部分解空间进行特性分析，进而探究问题特性及关联性。

10.4 本章小结

本章重点对测试任务调度问题、车间调度问题等特性进行分析，将它们归结为 Job - based 调度问题，并重点对该类问题的数学模型、问题特性进行了介绍和分析，明确该类优化问题的决策变量、约束以及目标函数等的典型特点，并通过枚举和解空间采样方法获取该类问题的典型解集，为后续研究提供支撑。

参考文献

[1] Li Kai, Zhang Xun, LEUNG J Y T, et al. Parallel machine scheduling problems in green manufacturing industry [J]. Journal of Manufacturing System, 2016 (38): 98 - 106.

[2] Liu Weihua, Liang Zhicheng, Zi Ye, et al. The optimal decision of customer order decoupling point for order insertion scheduling in logistics service supply chain [J]. International Journalof Produciton Economics, 2016, 175: 50 - 60.

[3] ABDULLAHI M, NGADIM A, ABDULHAMID S M. Symbiotic organism search optimization based task scheduling in cloud computing environment [J]. Future Generation Computer Systems, 2016 (56): 640 - 650.

[4] SHARMA R, KUMAR N, GOWDA N B, et al. Probabilistic prediction based scheduling for delay sensitive traffic in internet of things [C]. Procedia Computer Science, 2015 (52): 90 - 97.

[5] Kong Weiwei, Lei Yang, Ma Jing. Virtual machine resource scheduling algorithm for cloud computing based on auction mechanism [J]. Optik, 2016, 127 (12): 5099 - 5104.

[6] FREITAG M, HILDEBRANDT T. Automatic design of scheduling rules for complex manufacturing systems by multi - objective simulation - based optimization [J]. CIRP Annals, 2016 (1): 433 - 436.

[7] WEINBERGER E. Correlated and uncorrelated fitness landscapes and how to tell the difference [J]. Biological Cybernetics, 1990 (63): 325 - 336.

[8] LIPSITCH M. Adaptation on rugged landscapes generated by iterated local interactions of neighboring genes [C]. In: Belew R K, Booker L B (Eds.), Proceedings of the 4th International Conference on Genetic Algorithms [C]. Morgan Kaufmann, San Diego, CA, USA, 1991: 128 - 135.

[9] VASSILEV K, TERENCE C FOGARTY, JULIAN F MILLER. Information Characteristics and The Structure of Landscapes [J]. Evolutionary Computation, 2000, 8 (1): 31 - 60.

[10] HORDIJK W, STADLER P F. Amplitude Spectra of Fitness Landscapes [J]. Advances in Complex Systems, 1998, 1 (1): 39 - 66.

[11] DAVIDOR Y. Epistasis variance: a viewpoint on GA - hardness [J]. Foundations of Genetic Algorithms, 1991 (1): 23 - 35.

[12] FONLUPT C, ROBILLIARD D, PREUX P. A bit - wise epistasis measure for binary search spaces [C]. In: Eiben A, Bäck T, Schoenauer M, Schwefel H P (Eds.), Parallel Problem Solving from Nature—PPSN V. Springer, Berlin Heidelberg, 1998: 47 - 56.

[13] REIDYS C M, STADLER P F. Neutrality in fitness landscapes [J]. Applied Mathematics and Computation, 2001, 117 (2 - 3): 321 - 350.

[14] VANNESCHI L, PIROLA Y, COLLARD P. A quantitative study of neutrality in GP boolean landscapes [C]. Proceedings of the 8th annual conference on Genetic and evolutionary computation. ACM, Seattle, Washington, USA, 2006: 895 - 902.

[15] SMITH T, HUSBANDS P, LAYZELL P, et al. Fitness landscapes and evolvability [J]. Evolutionary Com-

putation, 2002 (10): 1 -34.

[16] VEREL S, COLLARD P, CLERGUE M. Where are bottlenecks in NK fitness landscapes? [C]. The 2003 Congress on Evolutionary Computation. Canberra, ACT, Australia, Australia, 2003: 273 -280.

[17] VANNESCHI L, CLERGUE M, COLLARD P, et al. Fitness Clouds and Problem Hardness in Genetic Programming [C]. In: DEB K (Eds.), Genetic and Evolutionary Computation - GECCO 2004. Springer Berlin Heidelberg, 2004: 690 -701.

[18] Lu Guangzhon, Li Jinlong, Yao Xin. Fitness - probability cloud and a measure of problem hardness for evolutionary algorithms [C]. In: MERZ P, HAO (Eds.) J K, Evolutionary Computation in Combinatorial Optimization. Springer, Berlin Heidelberg, 2011: 108 -117.

[19] ROHLFSHAGEN P, Yao Xin. Dynamic combinatorial optimization problems: afitness landscape analysis [C]. In: Alba E, Nakib A, Siarry (Eds.) P, Metaheuristics for Dynamic Optimization. Springer, Berlin Heidelberg, 2013: 79 -97.

[20] TINÓS R, YANG S X. Analysis of fitness landscape modifications in evolutionary dynamic optimization [J]. Information Sciences, 2014, 282: 214 -236.

[21] JAIN A S, MEERAN S. Deterministic job - shop scheduling: past, present and future [J]. European Journal of Operational Research, 1999, 113: 390 -434.

[22] BAYKASOGLU A, OZBAKLR L. Analyzing the effect of dispatching rules on the scheduling performance through grammar based flexible scheduling system [J]. International Journal of ProductionEconnomics, 2010, 124 (2): 369 -381.

[23] SAIDI - MEHRABAD M, FATTAHI P. Flexible job shop scheduling with tabu search algorithms [J]. The International Journal of Advance Manufacturing Technology, 2007, 32: 563 -570.

[24] Liu Hongbo, ABRAHAM A, WANG ZW. A multi - swarm approach to multi - objective flexible job shop scheduling problems [J]. FundamentaInformaticae, 2009, 95 (4): 465 -489.

[25] PONGCHAIRERKS P, KACHITVICHYANUKUL V. A particle swarm optimization algorithm on job - shop scheduling problems with multi - purpose machines [J]. Asia Pacific Journal ofOperaional Research, 2009, 26 (2): 161 -184.

[26] AKYOL D E, BAYHAN G M. Multi - machine earliness and tardiness scheduling problem: an interconnected neural network approach [J]. International Journal of Advanced Manufacturing Technology, 2008, 37: 576 - 588.

[27] Wang XiaoJun, Gao Liang, Zhang Chaoyong, et al. A multi - objective genetic algorithm based on immune and entropy principle for flexible job - shop scheduling problem [J]. International Journal of Advanced Manufacturing Technology, 2010 (51): 757 -767.

[28] VALLADA E, RUIZ R. A genetic algorithm for the unrelated parallel machine scheduling problem with sequence dependent setup times [J]. European Journal of Operational Research, 2011, 211 (3): 612 -622.

[29] LEE Y, PINEDO M. Scheduling jobs on parallel machines with sequence dependent setup times [J]. European Journal of Operational Research, 1997 (100): 464 -474.

[30] ANGHINOLFI D, PAOLUCCI M. Parallel machine total tardiness scheduling with a new hybrid metaheuristic approach [J]. Computer & Operations Research, 2007 (34): 3471 -3490.

[31] ARMENTANO V, FELIZARDO M. Minimizing total tardiness in parallel machine scheduling with setup times: An adaptive memory - based GRASP approach [J]. European Journal of Operational Research, 2007 (183): 100 -114.

[32] JOO C M, KIM B S. Hybrid genetic algorithms with dispatching rules for unrelated parallel machine scheduling with setup time and production availability [J]. Computers &Industrial Engineering, 2015 (85): 102 -

109.
[33] RUIZ R, ANDRES - ROMANO C. Scheduling unrelated parallel machines with resource - assignable sequence - dependent setup times [J]. International Journal of Advanced Manufacturing Technology, 2011 (57): 777 - 794.
[34] 付新华, 肖明清, 夏锐. 基于蚁群算法的测试任务调度 [J]. 系统仿真学报, 2008, 20 (16): 4352 - 4356.
[35] 付新华, 肖明清, 刘万俊, 等. 一种新的并行测试任务调度算法 [J]. 航空学报, 2009, 30 (12): 2363 - 2370.
[36] Lu Hui, Niu Ruiyao. Constraint - guided methods with evolutionary algorithm for the automatic test task scheduling problem [J]. Chinese Journal of Electronics, 2014, 23 (3): 616 - 620.
[37] 闫丽琴, 路辉, 李晓白. 基于组合禁忌搜索的并行测试任务调度研究 [J]. 微计算机信息, 2011, 27 (3): 161 - 163.
[38] 路辉, 陈晓, 刘欣, 等. 基于图禁忌的并行测试任务调度算法 [J]. 航空学报, 2011, 32 (9): 1660 - 1677.
[39] 李文海, 王怡苹, 尚永爽, 等. 基于有色 Petri 网和 IPSO 的并行测试系统任务调度研究 [J]. 计算机测量与控制, 2011, 19 (10): 2390 - 2393.
[40] 方甲永, 肖明清, 谢娟. 基于遗传蚁群算法的并行测试任务调度与资源配置 [J]. 测试技术学报, 2009, 23 (4): 343 - 349.
[41] 陈利安, 肖明清. 基于遗传禁忌算法的并行测试任务调度 [J]. 微计算机信息, 2010, 26 (7): 160 - 162.
[42] 崔玉爽, 乐晓波, 周恺卿. 时间 Petri 网与 GA_PSO 算法相结合的并行测试 [J]. 计算机应用, 2010, 30 (7): 1902 - 1905.

第 11 章　调度问题的多维度适应度地形分析

本章从时域、频域和空域三个空间对适应度地形进行探讨，从时间序列分析、信号处理和空间地形可视化等技术手段出发，对适应度地形的崎岖性、中性、相似性、变化严重性等方面进行研究，从一个新的角度探讨地形特征参数与调度理论，为适应度地形与优化理论提供借鉴与参考。下面将利用这些分析方法对 Job - based 类调度问题进行深入地分析和探讨，获得解空间的先验知识，为算法设计与参数控制提供指导。

11.1　时频域适应度地形的分析

11.1.1　小规模实例的分析

Job - based 类调度问题均属于排序问题和分配问题的组合优化问题，因此它们之间必然存在一些共同点，体现在解空间外部结构的相似性上，可以采用相似性指标反映这一特征。同时，由于 Job - based 类调度问题的问题描述和约束条件各不相同，每种问题都有其特性。因此，它们之间必然存在一些差异性，尤其反映在邻域结构的变化程度上，可以通过解空间的尖锐性程度进行衡量。据此，将相似性和尖锐性作为评价该类调度问题关联性的主要指标，将周期性、稳定性、均值特征等作为辅助指标，从各个方面进一步分析 Job - based 类调度问题间的关联性。

为了验证解空间分析方法的有效性，从两个角度探究 Job - based 类调度问题的相似性和差异性。一方面在同一种 Job - based 类调度问题下，对不同规模的问题实例进行解空间枚举或采样，得到适应度地形并计算适应度地形的评价指标，以此探究某一特定问题下的内在问题特性；另一方面在不同种 Job - based 类调度问题间，对同一规模的问题实例进行解空间枚举，再应用适应度地形评价指标衡量不同问题间的相似性与差异性。

1. 同一问题下的特性分析

对于一种特定的 Job - based 类调度问题，由于问题描述与约束条件相同，因此其不同规模实例的解空间应具有一些相似特征。但由于任务个数、资源个数、任务处理时间等在不同实例或动态环境下有所不同，其解空间在某一方面的特征也会有所变化。为了探究某一种调度问题的问题特性，本节将适应度地形评价指标应用于枚举后的不同规模实例，并定量分析其解空间特征。

（1）FJSP 问题的特性分析

FJSP 小规模问题实例中所用到的任务见表 11-1。其中，实例 1 包含任务 1、任务 2，实例 2 包含任务 1 ~ 任务 3，实例 3 包含任务 1 ~ 任务 4。

通过枚举的方式获得三个问题实例的适应度地形，如图 11-1 所示。其中，横坐标为按枚举顺序产生的离散解序列，纵坐标为每个解对应的适应度值，即最大完工时间。

表 11-1　FJSP 小规模实例中各任务在各仪器上的处理时间

任务序号	操作序号	仪器 1	仪器 2	仪器 3
任务 1	操作 1	1	2	1
	操作 2	3	5	6
	操作 3	7	2	4
任务 2	操作 1	2	5	3
	操作 2	4	3	3
	操作 3	2	7	5
任务 3	操作 1	3	6	5
	操作 2	6	3	7
任务 4	操作 1	1	3	2
	操作 2	4	1	2

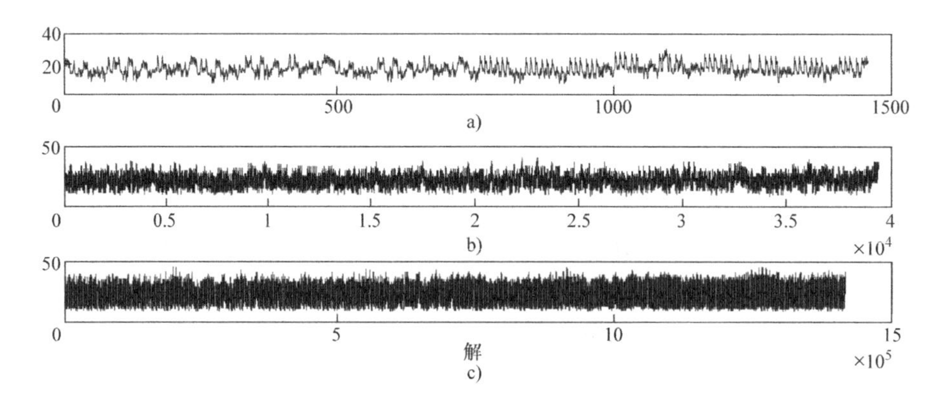

图 11-1　FJSP 实例 1－3 的适应度地形

1）主要指标分析：在适应度地形上应用已提出的适应度地形的评价指标，所获得的主要指标（相似性和尖锐性）的值分别见表 11-2 和表 11-3。

表 11-2　FJSP 地形的相似性

相似性	实例 1	实例 2	实例 3
实例 1	—	0.0198	0.0349
实例 2	0.0198	—	0.0167
实例 3	0.0349	0.0167	—

表 11-3　FJSP 地形的尖锐性

尖锐性指标	实例 1	实例 2	实例 3
kee_{fd}	0.1014	0.08	0.0593
kee_{td}	444.8	289.43	105.0737

结果表明，*sim* 的值很小，说明 FJSP 不同规模问题实例的解空间在外形结构上具有明显的相似性。尽管不同实例的任务个数不同，但是相同的变量定义、问题描述和约束条件仍然

导致不同规模的 FJSP 问题间具有很强的一致性，并最终体现在解空间的相似性上。另外，kee_{fd}和 kee_{td}的变化趋势相同，反应了尖锐性指标在时域和频域的一致性。随着问题规模的增大，尖锐性减小，说明任务数越多，邻域结构内解的多样性越小，解空间的抖动越不剧烈。由此可见，主要指标反映了 FJSP 内部结构的相似性，并揭示了其在尖锐程度方面的特征。

2）辅助指标分析：FJSP 每个问题实例的周期性、稳定性、均值特性指标结果见表11-4。

表 11-4　FJSP 问题实例的辅助指标结果

指标	实例 1	实例 2	实例 3
cyc	0.0095	0.0127	0.0986
sta	0.9907	0.9987	0.9997
ave_{sp}	16.5782	22.1975	22.4655

三个实例的周期性、稳定性指标的值都很相似。cyc 的数值很小，表明这些实例的解空间不具有明显的周期性。sta 的值均接近于 1，表明三个实例的解空间的外形特征相似，适应度地形包络均在一个均值附近小范围波动。ave_{sp}的值表明，随着任务数的增多，平均最大完工时间增大。

（2）UPMSP 问题的特性分析

UPMSP（Unrelated Parallel Machine Scheduling Problem）小规模问题实例中所涉及的任务见表 11-5，每个任务都可以选择任意的空闲机器执行，其在每个机器上的处理时间在表中给出。由这些任务组成三个问题实例，其中，实例 1 包含任务 1 ~ 3，实例 2 包含任务 1 ~ 4，实例 3 包含任务 1 ~ 5，实例规模依次增大。

表 11-5　UPMSP 小规模实例中各任务在各机器上的处理时间

任务序号	机器 1	机器 2	机器 3
任务 1	2	5	3
任务 2	3	4	3
任务 3	5	5	6
任务 4	4	2	5
任务 5	4	2	6

将解空间中的所有解按枚举顺序排列，得到各个实例的适应度地形如图 11-2 所示。

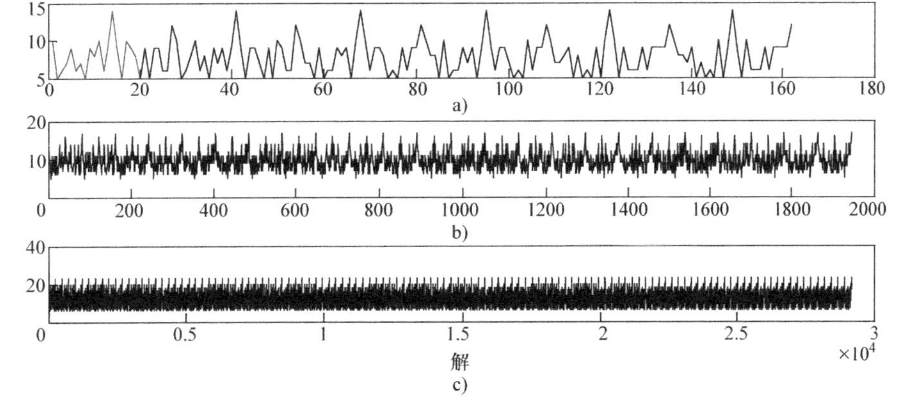

图 11-2　UPMSP 实例 1 – 3 的适应度地形

1）主要指标分析：两两计算 UPMSP 问题实例间的相似性指标值，结果见表 11-6。

表 11-6　UPMSP 地形的相似性

相似性	实例 1	实例 2	实例 3
实例 1	—	0.0505	0.0178
实例 2	0.0505	—	0.0148
实例 3	0.0178	0.0148	—

表中相似性指标 *sim* 的数值普遍较小，说明不同规模的 PMSP 问题实例在解空间外部结构方面具有较强的相似性。与 FJSP 问题的结果相似，这种解空间外形的高度相似，反映了 UPMSP 内部问题特性的一致性。

在 UPMSP 各个问题实例的适应度地形上应用尖锐性评价指标，其时域与频域的计算结果见表 11-7。

表 11-7　UPMSP 地形的尖锐性

指标	实例 1	实例 2	实例 3
kee_{fd}	0.2157	0.1805	0.1656
kee_{td}	35.2	9.05	-0.1467

由计算结果可知，频域尖锐性 kee_{fd} 和时域尖锐性 kee_{td} 的变化趋势一致，如果 kee_{fd} 的值减小，kee_{td} 的值也同样减小。因此，两个指标可以相互辅助和补充，如果两个地形的频域尖锐性 kee_{fd} 十分相近，可以借助时域尖锐性 kee_{td} 进一步比较和区分。另外，随着 UPMSP 问题实例规模的增大，kee_{fd} 和 kee_{td} 的数值减小。这说明 UPMSP 调度问题中的任务数越多，适应度地形的尖锐性越小，解空间邻域内适应度值的多样性越小。

综上所述，主要指标反映了 UPMSP 不同问题实例在解空间外部结构上的相似性，并且适应度地形的尖锐性程度随着任务数的增多而减小。这些问题特性与 FJSP 问题相似。

2）辅助指标分析：在 UPMSP 各实例的适应度地形上应用辅助指标，周期性 *cyc*、稳定性 *sta*、均值特性 ave_{sp} 的计算结果见表 11-8。

表 11-8　UPMSP 问题实例的辅助指标结果

指标	实例 1	实例 2	实例 3
cyc	0.0191	0.0254	0.0095
sta	0.9678	0.9930	0.9986
ave_{sp}	7.8889	9.5185	11.3663

在各个问题实例中，周期性指标 *cyc* 的值较小，说明 PMSP 问题的解空间不存在明显的周期特征。稳定性指标 *sta* 的数值较为接近且趋近于 1，说明 UPMSP 问题的适应度地形在整体上较为稳定，适应度值在一均值附近小范围上下波动。随着问题规模的增大，均值特性 ave_{sp} 的数值增大，说明最大完工时间随着任务数增多而增大。辅助性指标的变化规律与 FJSP 问题相似。

（3）TTSP 问题的特性分析

TTSP 各问题实例中涉及的任务见表 11-9，每个任务的可选方案、所用仪器及相应的处理时间在表中列出。实例 1 包含任务 1 ~3，实例 2 包含任务 1 ~4，实例 3 包含任务 1 ~5。每个任务具有 1 个或多个可选测试方案，每个方案需要 1 个或多个仪器完成测试。枚举解空间后，每个问题实例的适应度地形如图 11-3 所示。

表 11-9　TTSP 小规模实例中各任务的测试方案

任务序号	方案序号	仪器序号	处理时间
任务 1	方案 1	1，4	2
	方案 2	3，5	5
	方案 3	6，8	3
任务 2	方案 1	2	3
	方案 2	4	4
	方案 3	6	3
	方案 4	7	4
任务 3	方案 1	3	5
	方案 2	5	5
任务 4	方案 1	4	3
	方案 2	8	5
任务 5	方案 1	7	4

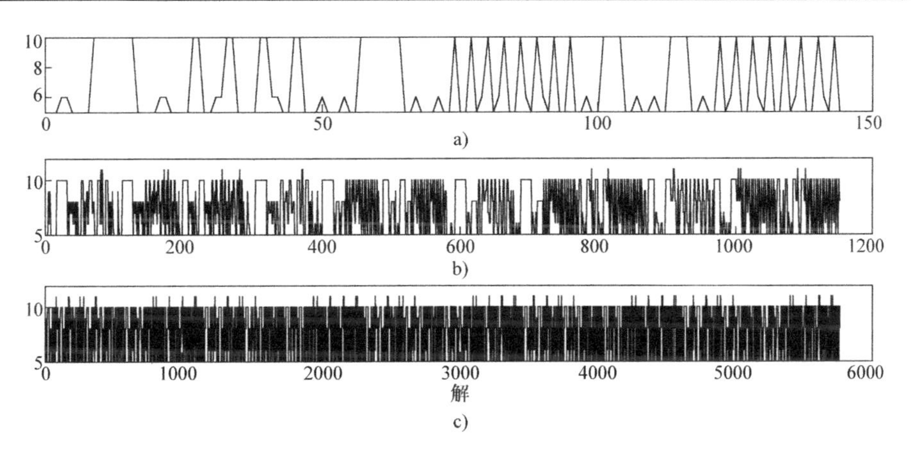

图 11-3　TTSP 实例 1 -3 的适应度地形

1）主要指标分析：任两个 TTSP 问题实例间的相似性指标计算结果见表 11-10。

表 11-10　TTSP 地形的相似性

相似性	实例 1	实例 2	实例 3
实例 1	—	0.0568	0.0333
实例 2	0.0568	—	0.0179
实例 3	0.0333	0.0179	—

与 FJSP 和 UPMSP 的规律一致，TTSP 各实例间的相似性指标 *sim* 数值很小，说明不同实例在解空间外部结构方面具有较高的相似性，TTSP 问题内部存在明显的一致性特征。

在 TTSP 各问题实例的适应度地形上应用尖锐性指标，其在频域和时域的计算结果见

表 11-11。

表 11-11 TTSP 地形的尖锐性

指标	实例 1	实例 2	实例 3
kee_{fd}	0.0801	0.1104	0.1125
kee_{td}	-70.4	-46.85	-37.9

对于 TTSP，kee_{fd}和 kee_{td}的变化趋势是相同的。这说明频域尖锐性指标和时域尖锐性指标是一致的，并且都能反映解空间的尖锐程度。不同的是，与 FJSP 和 UPMSP 相比，TTSP 在尖锐性特征方面具有一定的特殊性。随着问题实例规模的增大，TTSP 的尖锐性指标 kee_{fd} 和 kee_{td}的数值均增大，这一特征与 FJSP 和 UPMSP 相反，说明随着任务数的增多，解空间邻域内的适应度值多样性增加，体现在解空间尖锐性程度的提高上。

综上所述，TTSP 的主要指标分析表明，一方面 TTSP 的不同问题实例的解空间在外部结构方面具有较强的相似性，问题内部相关性明显，这一特点与 FJSP 和 UPMSP 具有一致性；另一方面 TTSP 的尖锐程度随着问题规模的增加而增大，这一特点与 FJSP 和 UPMSP 相反，在尖锐性方面具有一定的特性。

2）辅助指标分析：在 TTSP 各实例的适应度地形上应用辅助性指标，其周期性 cyc、稳定性 sta、均值特性 ave_{sp}的计算结果见表 11-12。

表 11-12 TTSP 问题实例的辅助指标结果

指标	实例 1	实例 2	实例 3
cyc	0.0191	0.0254	0.0191
sta	0.9605	0.9904	0.9959
ave_{sp}	6.8333	7.5417	7.9167

由结果可知，TTSP 辅助性指标的变化规律与 FJSP 和 UPMSP 相同。在周期性方面，cyc 的数值很小，说明 TTSP 问题解空间内不具有明显的周期性。在稳定性方面，sta 的数值均接近于 1，说明 TTSP 解空间内的适应度值在一均值附近稳定波动。随着任务数的增多，ave_{sp} 的数值增大，说明最大完工时间有所增加，与实际情况相符。

2. 不同问题间的关联性分析

本书探讨的时频域适应度地形评价指标，一方面可以用于某一特定调度问题内部，进行问题特性的分析，并通过比较问题特性进一步分析不同调度问题间的特性关联。另一方面也可以将地形评价指标应用于不同种类的 Job - based 类调度问题，通过比较评价指标的数值直接分析问题间的相似性与差异性。

为了进一步探究不同 Job - based 类调度问题间的相似性与差异性，这里将适应度值评价指标应用于三种调度问题的同规模实例。这三个实例分别为表 11-1 中 FJSP 问题的实例 2、表 11-5 中 UPMSP 问题的实例 1，以及表 11-9 中 TTSP 问题的实例 1。这些实例均包含三个任务。通过枚举，得到三个问题解空间的适应度地形，如图 11-4 所示。

（1）主要指标分析

在三种问题实例的适应度地形上直接应用主要指标，任两种相似性指标的计算结果见表 11-13。

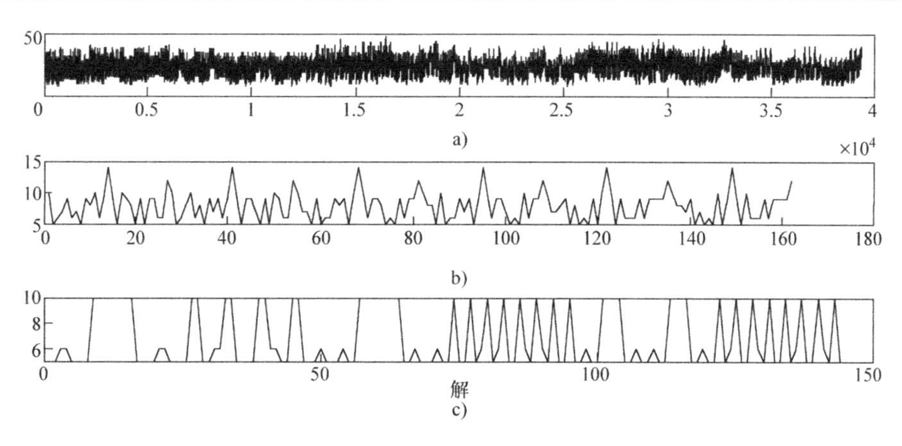

图 11-4　三种调度问题实例的适应度地形

表 11-13　三种问题实例的适应度地形相似性

相似性	FJSP	UPMSP	TTSP
FJSP	—	0.05	0.0675
PMSP	0.05	—	0.0936
TTSP	0.0675	0.0936	—

由结果可知，FJSP 和 UPMSP 间的相似性指标值最小，表明 FJSP 和 UPMSP 在地形外部结构方面具有较强的相似性，相比之下，TTSP 与 FJSP、UPMSP 之间的相似性程度较低。由于 TTSP 中存在测试方案的可选性与测试仪器的并用性，与 FJSP 和 UPMSP 的问题描述差异较大，这可能是导致其适应度地形与另两类问题相似性程度小的原因。

在三类调度问题的适应度地形上应用时域尖锐性与频域尖锐性指标，其仿真结果见表 11-14。

表 11-14　三种问题实例的适应度地形尖锐性

指标	FJSP	UPMSP	TTSP
kee_{fd}	0.2580	0.4212	0.2245
kee_{td}	32.1292	35.2	-70.4

仿真结果表明，kee_{fd}和 kee_{td}的变化规律一致。TTSP 的尖锐性指标最小，FJSP 的尖锐性指标小于 UPMSP。这说明三类问题的尖锐性程度为 UPMSP > FJSP > TTSP。也就是说，UPMSP 解空间中的邻域变化比 FJSP 或 TTSP 剧烈，而 TTSP 在邻域中具有更多的等值。因此，kee_{fd}和 kee_{td}可以在解空间尖锐性程度方面反映问题间的差异性。

（2）辅助指标分析

在三类问题的适应度地形上应用辅助指标，周期性、振幅稳定性、适应度均值的仿真结果见表 11-15。

表 11-15　三种问题实例的辅助性指标值

指标	FJSP	UPMSP	TTSP
cyc	0.0127	0.0191	0.0191
sta	0.9987	0.9678	0.9605
ave_{sp}	22.1975	7.8889	6.8333

由仿真结果可知，*cyc* 的数值都很小，而 *sta* 均接近于 1，说明在三类问题的适应度地形中均不存在明显周期，且解空间的整体波动情况相似，均呈台阶状，三类问题在周期长度、地形外部特征方面具有一定的相似性。此外，ave_{sp}随着任务数的增多而增大，说明任务数越多，平均完成时间越长，与实际情况相符。

为了更直观地比较三类问题的地形特征，绘制典型指标的线状图，如图 11-5 所示。

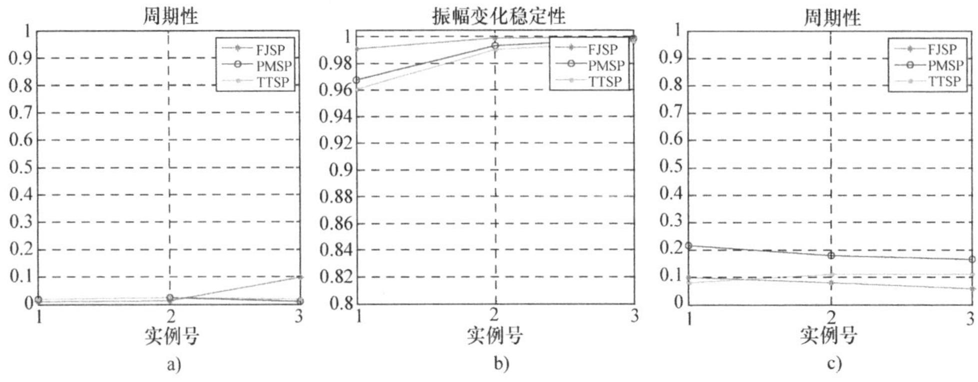

图 11-5　三类问题实例的指标比较图

由线状图可以清晰地看出，不同问题的 *cyc* 和 *sta* 数值相近，直观地反映了三类调度问题在周期长度、外形特征方面的相似性，与主要指标——相似性所反映的内容相一致。另外，三类问题在尖锐性方面有一定的差异，UPMSP 的解空间比 FJSP 和 TTSP 更尖锐，并且 UPMSP 和 FJSP 的尖锐程度随着任务数的增多而减小，而 TTSP 则相反，尖锐性程度随着任务数增多而增大。

11.1.2　大规模实例的分析

在 11.1.1 小节将基于适应度地形评价指标的解空间分析方法应用于测试任务调度、柔性车间调度、并行机调度的小规模问题实例，通过枚举获得全部解空间，在同一问题内和不同问题间探究问题特性和关联性。这一分析方法同样适用于大规模调度问题，只是解空间不能再通过枚举获得，而需要通过随机游走等采样方式获得部分解空间，利用部分解空间探究问题特性。本节中分别选取了测试任务调度问题 40 × 12 实例、柔性车间调度 20 × 15 实例和并行机调度 40 × 10 实例，利用多次 1 000 步随机游走获得部分解空间，并应用适应度地形评价指标进行特性分析。

1. FJSP 问题的特性分析

FJSP 问题的大规模实验采用 Brandimarte[10] 提出的实例 mk10，采用随机游走的方式获取部分解空间，邻域定义方式为任意调换两个编码位，10 次 1 000 步随机游走后得到 10 段适应度地形，在每段地形上应用适应度地形评价指标，实验结果见表 11-16。

表 11-16　大规模 FJSP 问题 10 次随机游走的评价指标结果

序号	kee_{fd}	kee_{td}	*cyc*	*sta*	ave_{sp}
1	0. 6858	54. 37	0. 0127	0. 9952	320. 3
2	0. 7085	57. 97	0. 0127	0. 9952	320. 2
3	0. 6886	55. 4	0. 0191	0. 9957	315. 6

（续）

序号	kee_{fd}	kee_{td}	cyc	sta	ave_{sp}
4	0. 6807	53. 83	0. 0127	0. 9952	316. 2
5	0. 6342	45. 76	0. 0191	0. 9958	319. 8
6	0. 6630	54. 06	0. 0127	0. 9950	320. 1
7	0. 6388	52. 73	0. 0127	0. 9954	321. 2
8	0. 6839	54. 93	0. 0127	0. 9953	322. 5
9	0. 6983	61. 1	0. 0127	0. 9951	317. 4
10	0. 7101	64. 1	0. 0127	0. 9955	318. 2
平均	0. 6792	55. 42	0. 0140	0. 9953	319. 2

实验结果表明，对于 FJSP 大规模实例，尖锐性指标值较大，且时域尖锐性与频域尖锐性的变化基本保持一致，周期性指标值很小，稳定性指标值接近于 1，说明 FJSP 大规模问题仍不具有显著周期性，地形整体上在一均值附近稳定波动，与小规模问题的解空间特性一致。

2. UPMSP 问题的特性分析

UPMSP 问题大规模实例的产生方法由 Vallada[11] 提出，任务数设为 40，机器数设为 10，每个任务在每个机器上的处理时间取自均匀分布。采用随机游走的方式获取部分解空间，10 次 1 000 步随机游走后，在每次游走产生的适应度地形上应用适应度地形评价指标，实验结果见表 11-17。

表 11-17　大规模 PMSP 问题 10 次随机游走的评价指标结果

序号	kee_{fd}	kee_{td}	cyc	sta	ave_{sp}
1	0. 8343	64. 07	0. 0127	0. 9947	69. 07
2	0. 8978	65. 80	0. 0127	0. 9949	71. 70
3	0. 8843	64. 53	0. 0191	0. 9951	71. 90
4	0. 8160	61. 30	0. 0191	0. 9952	69. 46
5	0. 8057	60. 30	0. 0191	0. 9950	70. 86
6	0. 6473	58. 07	0. 0191	0. 9952	72. 65
7	0. 8460	62. 6	0. 0127	0. 9949	70. 42
8	0. 7203	61. 67	0. 0191	0. 9952	71. 89
9	0. 8909	64. 97	0. 0127	0. 9948	69. 56
10	0. 7376	64. 33	0. 0127	0. 9949	71. 43
平均	0. 8080	62. 76	0. 0159	0. 9950	70. 89

实验结果表明，对于 UPMSP 大规模实例，其时域尖锐性与频域尖锐性的变化基本保持一致，尖锐性程度略大于 FJSP 大规模问题。在辅助性指标方面，周期性指标值很小，稳定性指标值接近于 1，说明 UPMSP 大规模问题仍不具有显著周期性，地形整体上在一均值附近稳定波动，这些特点与 FJSP 问题、小规模问题的解空间特性一致。

3. TTSP 问题的特性分析

TTSP 问题的大规模实验采用 40 × 12 问题实例[12]，通过 10 次 1000 步随机游走获得解空间中的部分解，并在这 10 段适应度地形上应用适应度地形评价指标，各指标的实验结果见表 11-18。

表 11-18　大规模 TTSP 问题 10 次随机游走的评价指标结果

序号	kee_{fd}	kee_{td}	cyc	sta	ave_{sp}
1	0.5702	-38.8	0.0127	0.9958	54.09
2	0.5628	-40.9	0.0191	0.9965	52.84
3	0.5860	-32.0	0.0191	0.9966	52.99
4	0.5375	-47.5	0.0127	0.9963	52.14
5	0.5817	-38.5	0.0127	0.9961	53.25
6	0.5285	-53.2	0.0127	0.9959	53.21
7	0.7000	-22.5	0.0191	0.9966	53.78
8	0.5765	-43.3	0.0191	0.9962	53.85
9	0.5926	-35.5	0.0127	0.9953	53.21
10	0.6237	-29.8	0.0127	0.9954	53.06
平均	0.5860	-38.2	0.0134	0.9961	53.24

实验结果表明，对于 TTSP 大规模实例，其时域尖锐性与频域尖锐性的变化基本保持一致，尖锐性程度小于 FJSP、UPMSP 大规模问题。在辅助性指标方面，周期性指标值很小，稳定性指标值接近于 1，说明 TTSP 大规模问题也不具有周期性，地形在均值附近上下抖动，与 FJSP、UPMSP 问题的周期特性、地形稳定性一致。

综上所述，尖锐性指标反映了各问题尖锐性程度的大小，指标值越大，尖锐性程度越大，地形在均值附近的抖动越剧烈。时域尖锐性指标与频域尖锐性指标的变化趋势基本一致，但是由于频域尖锐性只利用了频谱的高频特征，而时域尖锐性利用了地形中所有点的信息，因此，当两个指标在个别地形段存在出入时，时域尖锐性应更具有参考性。辅助性指标说明 Job - based 类调度问题在周期性、稳定性方面特性相同，即均不存在明显周期，地形在均值附近上下抖动，稳定性指标和尖锐性指标共同说明了该类调度问题的局优解较多，地形在若干局优解间来回抖动。

4. 三类问题大规模实例的特性比较

为了比较三类问题大规模实例在解空间外部结构方面的相似性，在三类问题中分别选取一段适应度地形，并两两计算相似性指标值，结果见表 11-19。

表 11-19　三种问题实例的适应度地形相似性

相似性	FJSP	UPMSP	TTSP
FJSP	—	0.0126	0.0130
PMSP	0.0133	—	0.0133
TTSP	0.0130	0.0126	—

为了更直观地比较三类问题大规模实例在尖锐性、周期性、稳定性方面的特点，将各问题相同指标的值绘制在一张线状图中，如图 11-6 所示。图中，横坐标为游走次数，纵坐标为相应指标的值。红色、蓝色、绿色曲线分别代表 FJSP、UPMSP 和 TTSP 的指标值连线。

由仿真结果可知，对于三类问题的大规模实例，在主要指标方面，三类问题在外部结构上具有较强的相似性，其中 FJSP 和 UPMSP 之间的相似性指标值最小，相似性程度最高；三类问题的尖锐性程度排序为 UPMSP > FJSP > TTSP，时域尖锐性与频域尖锐性的变化规律基本一致，与小规模问题特性相符。在辅助指标方面，三类问题的周期性指标值很小，说明其均不存在显著周期性；稳定性指标值较为接近且趋近于 1，进一步说明了三类问题的地形包络特征相似，适应度值在均值附近上下抖动。

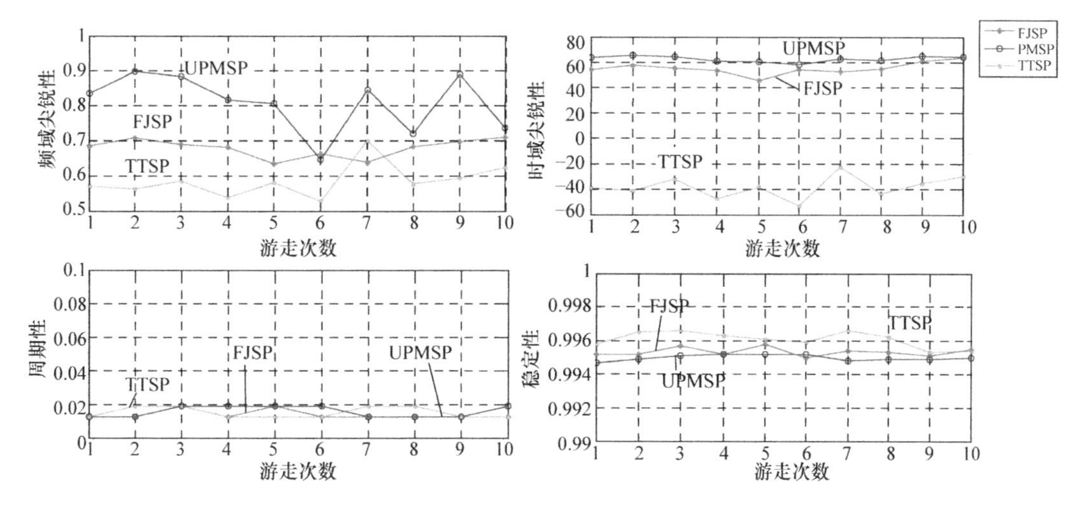

图 11-6　三类问题大规模实例的指标比较图

11.2　空间适应度地形的分析

11.2.1　特征参数的分析

根据 8.3.3 中坡度和中性比例的计算公式，可以计算出空间适应度地形的平均坡度和平均中性比例。特别地，两个子问题维度上的平均绝对坡度值也作为辅助参数用来发现地形特征。

1. TTSP

六个小规模实例和 20 × 8 实例采样结果的坡度和中性比例计算结果见表 11-20。对于 20 × 8 的实例，后面括号中的数字只是表示采样的序号，区别不同的采样区域。

表 11-20　不同 TTSP 实例的坡度和中性比例结果

实例	规模	$\overline{S}$	$\overline{S_x}$	$\overline{S_y}$	$\lvert\overline{S_x}\rvert$	$\lvert\overline{S_y}\rvert$	$\overline{\gamma}$
4 × 5	24 × 36	38. 2286	7. 0781	0. 2342	63. 3904	14. 7022	0. 3501
5 × 5	120 × 72	58. 9359	−6. 6565	0. 0337	75. 6821	11. 0006	0. 2204
6 × 5	720 × 72	62. 2129	3. 0192	−0. 0472	71. 9371	16. 3185	0. 2197
4 × 8	24 × 48	34. 4856	0. 6909	0	66. 7712	1. 3241	0. 2453
5 × 8	120 × 48	21. 7943	0. 9492	0	34. 9757	0. 9725	0. 5942
6 × 8	720 × 144	43. 0238	−2. 3208	0. 0262	63. 0005	5. 1803	0. 3500
20 × 8（1）	10^3 × 200	30. 3078	11. 5085	0. 0094	47. 9273	0. 0532	0. 5187
20 × 8（2）	10^3 × 200	22. 6338	−0. 5929	−0. 0688	23. 7632	7. 9524	0. 6741
20 × 8（3）	10^3 × 200	32. 7756	2. 8589	−0. 2007	43. 5620	14. 0158	0. 4710
20 × 8（4）	10^3 × 200	20. 1154	−0. 1607	0. 1464	15. 7507	7. 4143	0. 7745
20 × 8（5）	10^3 × 200	22. 0711	2. 6390	−0. 0198	39. 3701	0. 2757	0. 6159
20 × 8（6）	10^3 × 200	38. 2286	7. 0781	0. 2342	63. 3904	14. 7022	0. 3501

TTSP 的坡度不是固定在一个很小的范围内，这说明了不同的实例有着不同的地形，而且他们之间有一定的区别。在表 11-20 中，将表 11-20 中最小坡度和最大坡度对应的小规模实例的适应度地形绘制于图 11-7 中。更低的坡度值表明地形的适应度值变化很小，或者地形中存在很大的平原，也就意味着崎岖性较低。图 11-7b 的适应度地形就相对崎岖一点，平坦区域更少一些。同一实例 20 ×8 的采样区域的坡度结果还都是处在同一个数量级的，这样就可以使用多个采样区域的平均坡度衡量整个地形的崎岖性。

更进一步地，从表 11-20 的 $|\overline{S_x}|$ 和 $|\overline{S_y}|$ 可以看出，测试任务排序方向的坡度要明显高于方案选择方向上的坡度。这说明如果给定一个选择好的方案，那么有可能任务顺序的改变不会改变适应度值。这两个方向的坡度可以作为辅助指标，衡量地形这两个方向的崎岖性。从表 11-20 还可以看出，TTSP 的中性比例整体处于一个中等水平，它和坡度结果有一定的一致性，大规模实例的采样结果的中性比例要相对大于小规模的 TTSP 实例。这可能的原因是随着问题规模的增大，任务排序的关键路径数量的增多，也就意味着任务排序和方案选择的很小变动可能不足以改变适应度值。

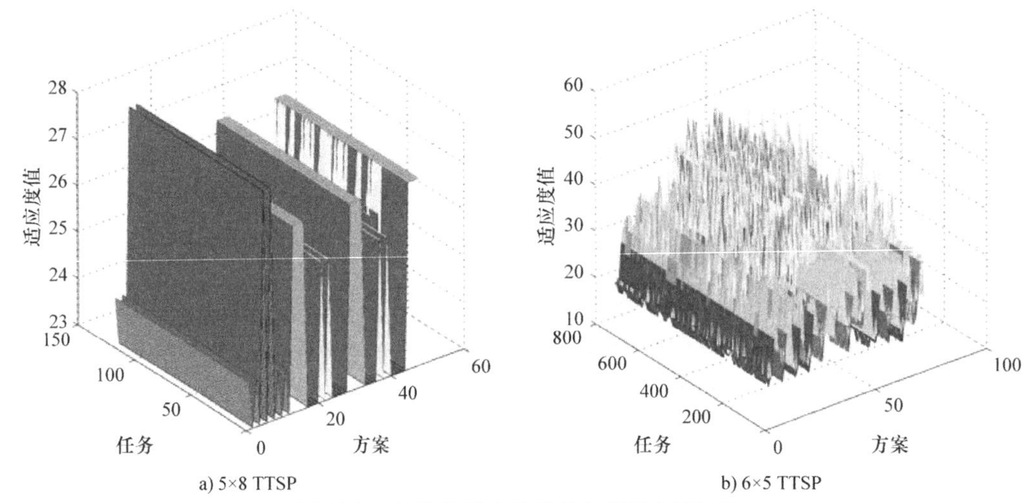

图 11-7　坡度较低和较高的空间适应度地形

2. UPMSP

为了更好地了解问题的特性，这里也将 UPMSP 坡度和中性比例的结果计算出来，不同规模的 UPMSP 实例的坡度和中性比例结果见表 11-21。

表 11-21　不同 UPMSP 实例的坡度和中性比例结果

实例	规模	$\overline{S}$	$\overline{S_x}$	$\overline{S_y}$	$\lvert\overline{S_x}\rvert$	$\lvert\overline{S_y}\rvert$	$\overline{\gamma}$
3 ×6	6 ×216	29. 2436	0. 4720	0	44. 3997	0	0. 5199
4 ×5	24 ×625	33. 3700	-0. 9313	0	50. 4844	0	0. 4583
5 ×4	120 ×1024	36. 3942	-0. 4489	0	54. 5468	0	0. 4349
5 ×5	120 ×3125	33. 6592	0. 0263	0	51. 2310	0	0. 4649
6 ×3	720 ×729	38. 8844	-1. 2512	0	53. 7413	0	0. 4047
20 ×10（1）	10^3 ×200	14. 3053	2. 2608	0	22. 5853	0	0. 7803
20 ×10（2）	10^3 ×200	11. 8343	0. 2533	0	21. 4648	0	0. 7942
20 ×10（3）	10^3 ×200	10. 2813	0	0	18. 8755	0	0. 8258
20 ×10（4）	10^3 ×200	8. 4643	-0. 5040	0	15. 8054	0	0. 8068
20 ×10（5）	10^3 ×200	9. 0730	-0. 1555	0	17. 7183	0	0. 8308

从表11-21中看，UPMSP的坡度相对TTSP来说有着更明显的特征。首先，UPMSP的坡度整体上较小，这表明了UPMSP的地形有很多平坦的区域，或者适应度值的变化情况比较小。其次，在资源方向上的坡度永远等于0，这说明了一旦每个任务的机器选择好了之后，适应度值是不会随着任务顺序的不同而改变的。而且，所有UPMSP实例的平均中性比例处在较高的水平，这意味着地形中有很多平坦区域。

3. FJSP

类似地，不同规模的FJSP实例的坡度和中性比例结果见表11-22。

表11-22　不同FJSP实例的坡度和中性比例结果

实例	规模	$\overline{S}$	$\overline{S_x}$	$\overline{S_y}$	$\lvert\overline{S_x}\rvert$	$\lvert\overline{S_y}\rvert$	$\overline{\gamma}$
3×2	6×256	59.8681	3.4044	0.5847	65.7143	46.2815	0.1228
3×2	6×128	57.9835	1.1923	2.4004	66.4387	46.7289	0.1466
4×2	24×1024	56.0153	1.8049	0.9711	67.8434	43.7716	0.1451
3×3	6×6561	56.2479	4.8187	1.7273	63.2146	46.8460	0.1411
3×3	6×2187	55.6080	0.1149	2.1045	63.6543	44.3279	0.1606
4×3	24×59049	53.9045	0.6119	1.0017	61.8636	41.7650	0.1834
10×3 (1)	10^3×200	62.1845	−0.3907	0.0884	81.1065	29.3317	0.1697
10×3 (2)	10^3×200	55.1385	−3.2723	−0.7782	58.6396	51.0523	0.2225
10×3 (3)	10^3×200	52.4075	−5.5290	−1.4846	68.0042	24.6353	0.2872
10×3 (4)	10^3×200	55.3563	−0.6719	0.2919	71.2988	30.6978	0.2428
10×3 (5)	10^3×200	53.8977	1.4045	0.4282	72.4075	28.7503	0.2607

从表11-22观察可知，FJSP的坡度相对较高，而且所有实例均有这个特点。这是由这个问题本身的特性所决定的，因为FJSP的一个任务有多道工序，而且这多道工序一般都是提前确定好顺序的。不同于其他两个问题，FJSP的平均中性比例非常小，这说明了地形中的中性结构存在的非常少。

11.2.2　评价指标的对比

已经有很多指标可以用来衡量崎岖性，为了观察这些指标之间的差异，也为了更好地说明提出指标的有效性，所以将坡度与其他衡量崎岖性的指标做一个对比，见表11-23。

表11-23　坡度与其他崎岖性指标的对比情况

问题	实例	$r(1)$	l	$\overline{kee_{td}}$	$\overline{S}$
TTSP	4×5	0.0126	0.2788	0.0791	38.2286
	5×5	0.0014	0.2248	0.0984	58.9359
	6×5	4.1472e−4	0.1621	0.1073	62.2129
	4×8	0.0107	0.2429	0.0403	34.4856
	5×8	−0.0055	0.2180	−0.0177	21.7943
	6×8	−3.9327e−4	0.1589	0.0685	43.0238
UPMSP	3×6	−0.0014	0.2647	0.0699	29.2436
	4×5	0.0028	0.1843	0.0881	33.3700
	5×4	0.0011	0.1651	0.0911	36.3942
	5×5	4.1731e−4	0.1390	0.0929	33.6592
	6×3	−6.6947e−4	0.1414	0.0956	38.8844

（续）

问题	实例	$r(1)$	l	$\overline{kee_{td}}$	$\overline{S}$
FJSP	3 × 2	−0.0046	0.2404	0.1053	59.8681
	3 × 2	0.0260	0.2911	0.1039	57.9835
	4 × 2	5.3916e − 4	0.1786	0.1099	56.0153
	3 × 3	−1.1094e − 4	0.1696	0.1111	56.2479
	3 × 3	−9.7817e − 4	0.1895	0.1080	55.6080
	4 × 3	−1.5758e − 4	0.1395	0.1093	53.9045

首先，坡度和相关长度的结果部分一致。对于 TTSP 来说，从两个指标都可以看出 6 × 5 和 6 × 8 实例都比较崎岖。此外，坡度和相关长度两个指标同时找出了 UPMSP 最崎岖的实例 3 × 6。但是，在 FJSP 问题上，两个指标的结果一致性不高，这说明有可能只根据一个参数的评估，会导致误判的情况。

另外，坡度和尖锐性指标有非常高的一致性。对 TTSP 来说，最崎岖的实例 6 × 5 和最不崎岖的实例 5 × 8 同时被这两个指标表征出来。在其他的实例上，两个指标的趋势基本一致，同样地，可以从尖锐性发现 FJSP 比其他两个问题更崎岖，这些都与前面的分析一致。

从中性指标来看，中性游走和中性网络分析是最广泛使用的两种分析手段。中性游走随机初始化一个解，然后从这个解出发进行中性游走，并且游走的步径越来越大，直到不能找到满足条件的解为止，记游走的步数为中性游走的结果。另外一个评价方法就是中性率，也就是中性比例初始的定义，它们之间的区别就是邻域结构定义的不同。对于原本的中性率，这里定义两个任务顺序的交换或者一个方案选择的改变为一个解的邻域。关于中性比例与其他指标的对比情况见表 11-24。

表 11-24　中性比例与其他中性指标的对比情况

问题	案例	中性游走	中性率	中性比例
TTSP	4 × 5	1.98	0.5043	0.3501
	5 × 5	2.24	0.5137	0.2204
	6 × 5	2.44	0.5192	0.2197
	4 × 8	2.04	0.7086	0.2453
	5 × 8	2.36	0.7400	0.5942
	6 × 8	3.16	0.7072	0.3500
UPMSP	3 × 6	1.82	0.4358	0.5199
	4 × 5	2.14	0.4896	0.4583
	5 × 4	2.56	0.5385	0.4349
	5 × 5	2.88	0.5516	0.4649
	6 × 3	2.9	0.6186	0.4047
FJSP	3 × 2	1.18	0.1350	0.1228
	3 × 2	1.12	0.1255	0.1466
	4 × 2	1.48	0.2224	0.1451
	3 × 3	1.46	0.2150	0.1411
	3 × 3	1.42	0.2278	0.1606
	4 × 3	1.98	0.2778	0.1834

根据表 11-24 中的结果，可以看出 TTSP 和 UPMSP 的中性程度高于 FJSP，这是与分析一致的。FJSP 的中性游走的步数，中性率和中性比例明显地低于其他两个调度问题。此外，每个问题内部指标结果的趋势有一定的差异性，原因可能是邻域结构定义的不同。总体上来说，从这三个指标得出的结论是一致的。

11.3　本章小结

本章基于时域、频域和空域三个角度对调度问题的解空间特性进行分析，分别利用测试任务调度问题、柔性车间调度问题和并行机调度问题作为研究对象，利用相应的小规模实例和大规模实例进行分析，基于时域、频域和空域指标对相应的问题进行了多角度分析。

参 考 文 献

[1] Lu Hui, Zhou Rongrong, Fei Zongming, et al. Spatial – domain fitness landscape analysis for combinatorial optimization [J]. Information Sciences, 2019 (472): 126 – 144.

[2] Lu Hui, Zhou Rongrong, Fei Zongming, et al. A multi – objective evolutionary algorithm based on Pareto prediction for automatic test task scheduling problems [J]. Applied Soft Computing, 2018 (6): 394 – 412.

[3] Lu Hui, Shi Jinhua, Fei Zongming, et al. Analysis of the similarities and differences of job – based scheduling problems [J]. European Journal of Operational Research, 2018, 270 (3): 809 – 825.

[4] Lu Hui, Shi Jinhua, Fei Zongming, Zhou Qianlin, et al. Measures in the time and frequency domain for fitness landscape analysis of dynamic optimization problems [J]. Applied Soft Computing, 2017 (51): 192 – 208.

[5] Lu Hui, Zhang Mengmeng, Fei Zongming, et al. Multi – objective energy consumption scheduling based on decomposition algorithm with the non – uniform weight vector [J]. Applied Soft Computing, 2016 (39): 223 – 239.

[6] Lu Hui, Zhang Mengmeng, Fei Zongming, et al. Multi – objective energy consumption scheduling in smart grid based on Tchebycheffdecomposition [J]. IEEE Transactions on Smart Grid, 2015, 6 (6): 2869 – 2883.

[7] Lu Hui, Liu Jing, Niu Ruiyao, et al. Fitness distance analysis for parallel genetic algorithm in the test task-schedulingproblem [J]. Soft Computing, 2014, 18 (12) : 2385 – 2396.

[8] Lu Hui, Niu Ruiyao, Liu Jing, et al. A chaotic non – dominated sorting genetic algorithm for the multi – objective automatic test task scheduling problem [J]. Applied Soft Computing, 2013, 13 (5) : 2790 – 2802.

[9] Lu Hui, Niu Ruiyao. Constraint – guided methods with evolutionary algorithm for the automatic test task scheduling problem [J]. Chinese Journal of Electronics, 2014, 23 (3) : 616 – 620.

[10] BRANDIMARTE P, Routing and scheduling in a flexible job shop by tabu search [J]. Annals of Operations Research, 1993 (41): 157 – 183.

[11] VALLADA E, RUIZ R. A genetic algorithm for the unrelated parallel machine scheduling problem with sequence dependent setup times [J]. European Journal of Operational Research, 2011, 2011 (3): 612 – 622.

[12] Lu Hui, Zhu Zheng, Wang Xiaotong. A Variable Neighborhood MOEA/D for Multiobjective Test Task Scheduling Problem [J]. Mathematical Problems in Engineering, 2014: 423621

第12章　一种调度算法框架

本章以 Job – based 类调度问题的关联性为基础，研究适用于不同调度问题的一种调度算法框架。一方面采用分层调度思想，针对大规模调度问题的任务排序子问题探讨分组策略，降低算法的搜索难度；针对资源分配子问题，探讨基于概率的贪婪式分配规则，进一步减小搜索空间。另一方面改进经典粒子群算法，提高其局部搜索能力和跳出局优解的能力，并用其对分组方式和组内调度进行双重优化。该求解框架具有较强的适应性，通过灵活调整分组个数、选择合适搜索算法等，可以应用于不同 Job – based 类调度问题的大、小规模实例。

12.1　关键调度策略

在不同 Job – based 类调度问题关联性分析的基础上，针对该类调度问题解空间大、局优解多的特点，对目前调度方法难以适应大规模调度问题、调度效率不高等问题进行改进，探讨一种适应性强、应用灵活的 Job – based 类调度问题统一求解框架，其原理图如图 12-1 所示。

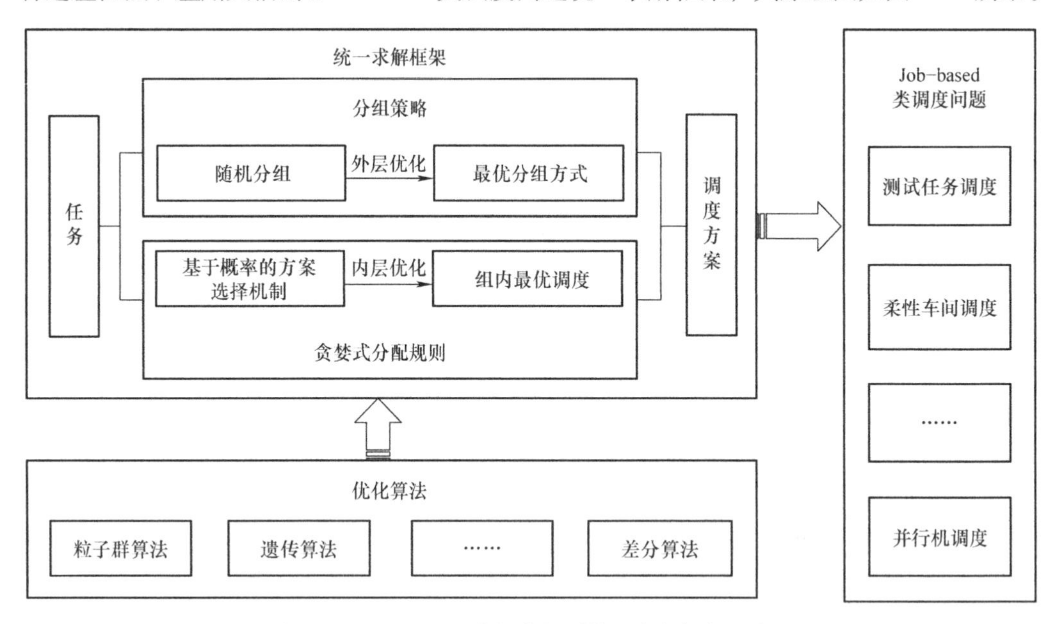

图 12-1　Job – based 类调度问题统一求解框架示意图

12.1.1　分组调度策略

分组调度策略采用了分组优化的思想。将整个解空间分成若干组相对独立地进行优化，得到组内最优解后将每个组的优化结果首尾相连，得到该分组方式下的最优解。然后，重复此过程进行分组方式的优化。分组调度策略减小了智能优化算法的搜索空间，并以一种贪婪的方式提高了搜索精度。该分组策略的示意如图 12-2 所示。

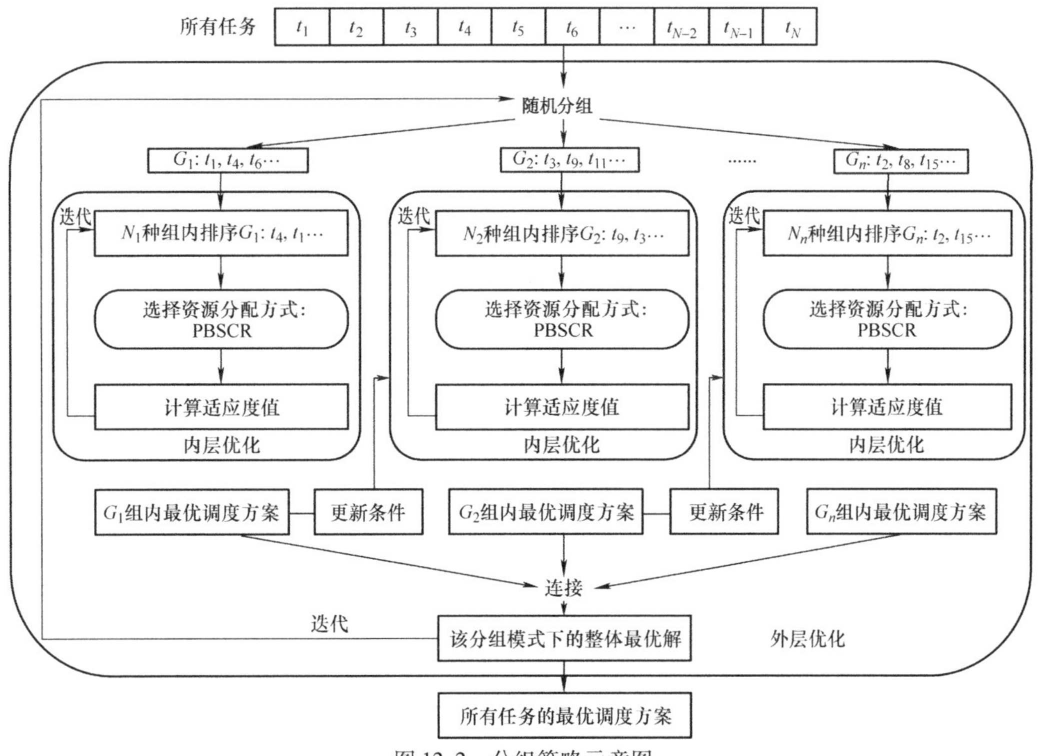

图 12-2　分组策略示意图

该分组策略的具体步骤如下：

1）选择一种智能搜索算法，作为优化分组方式的外层优化算法。产生外层优化的初始种群 $P_1(0)=I_1,I_1,\cdots,I_{N_1}$，$N_1$ 是个体个数，每个个体代表一种分组方式。外层优化的迭代次数 $iter_1$ 置为 1。

2）当问题规模较大时，根据 P_1 中每个个体决定的分组方式，将所有的 N 个任务随机分成 n 组并表示为 G_1，G_1，…，G_n，每个组内具有相同的任务数。将小组编号 g_n 设为 1，所有资源（仪器或机器）的开始可用时间均置为 0。

3）将第 g_n 小组内的任务调度看作是独立的小规模调度问题。确定组内每个任务和所有资源的初始条件。

4）选择一种智能搜索算法，作为每个小组内调度的内层优化算法。产生内层优化的初始化种群 $P_2(0)=I_1,I_2,\cdots,I_{N_2}$，其中 N_2 是个体个数。每个个体对应编码后的组内任务序列。内层优化的迭代次数 $iter_2$ 置为 0。

5）采用 PBSCR（Probability – Based Scheme Choice Rule）分配规则为任务序列中的每个任务选择合适的资源分配方式，从而确定 P_2 中每个个体的适应度值。

6）进行内层优化的第 $iter_2$ 轮迭代，获得迭代后的更新种群 $P_2(iter_2+1)$。

7）$iter_2=iter_2+1$，返回 5）进行下一轮迭代。优化当前小组内的任务调度策略直到满足内层优化终止条件。

8）通过内层优化，获得 g_n 小组内的最优任务序列和相应的最优资源分配方式。g_n 小组内的最优适应度值记为 f_{gn}。更新资源的当前状态，作为下一小组的初始条件（前一小组完成后，每个资源的最后释放时间或空闲时间为后一组每个资源的开始时间和可用时间）。$g_n=g_n+1$，返回 3），重复此过程直到小组编号为 $g_n=n$。

9）为了获得整个大规模问题的最优任务排序和资源分配方式，每个小组的最优解首尾相连。大规模问题在当前分组方式下的适应度值为 f_n。

10）进行外层优化的第 $iter_1$ 轮迭代，获得更新后的种群 $P_1(iter_1+1)$。

11）$iter_1=iter_1+1$，返回2），进行下一轮迭代。优化分组方式直到满足外层优化的终止条件。最后，整个大规模调度问题的最大完工时间即为最优适应度值的整数部分。

12.1.2 分配规则 PBSCR

假设在任务序列中有 t_n 个任务，且第 i 个任务有 m_i 种资源分配方式。PBSCR 的详细步骤如下：

1）任务编号 i 置为1，资源的可用开始时间置为0。

2）遍历任务 i 的所有可选方案，计算每种方案的完成时间。第 1 个方案至第 m_i 个方案的完成时间记为 $t_1, t_2, \cdots, t_m i$。

3）计算每个方案的被选择概率 $p(j) = \exp(-t_j) / \sum_{q=1}^{m_i} \exp(-t_q)$，其中 j 代表方案编号。

4）计算方案 j 的累计概率 $cp(j) = \sum_{q=1}^{j} p(q)$。

5）产生一个［0,1］之间的服从均匀分布的随机数 r。

6）如果 $r < cp(1)$，则第一个方案被选中。否则，为任务 i 选择满足 $cp(k-1) < r \leqslant cp(k)$ 的方案 k。

7）更新被方案 k 占用的资源的开始时间和可用时间。$i=i+1$，返回 2），重复此过程，指导任务变化达到 t_n。

举例说明 PBSCR 策略的操作过程，如图 12-3 所示。

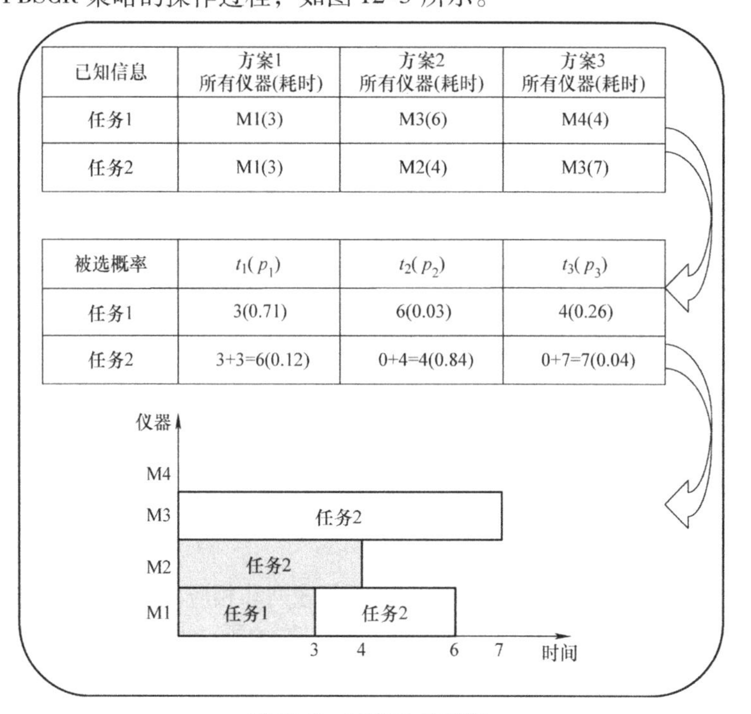

已知信息	方案1 所有仪器(耗时)	方案2 所有仪器(耗时)	方案3 所有仪器(耗时)
任务1	M1(3)	M3(6)	M4(4)
任务2	M1(3)	M2(4)	M3(7)

被选概率	$t_1(p_1)$	$t_2(p_2)$	$t_3(p_3)$
任务1	3(0.71)	6(0.03)	4(0.26)
任务2	3+3=6(0.12)	0+4=4(0.84)	0+7=7(0.04)

图 12-3 PBSCR 示意图

在图 12-3 所示实例中，任务 1 在每个方案下的完成时间分别为 3、6、4，所以 $t_{11}=3$，$t_{12}=6$，$t_{13}=4$，计算每个方案的被选概率，$p_1(1)=\exp(-t_1)/\sum_{q=1}^{m_3}\exp(-t_q)=\exp(-3)/\exp(-3)+\exp(-6)+\exp(-4)=0.71$，$p_1(2)=0.03$，$p_1(3)=0.26$。再计算每个方案的累积概率，$cp_1(1)=0.71$，$cp_2(2)=p(1)+p(2)=0.74$，$cp_3(3)=p(1)+p(2)+p(3)=1$。采用轮盘赌选择策略，产生随机数 r，假设 $r=0.56$，$r<cp_1(1)$，那么任务 1 的第一个方案被选择。在任务 1 被调度后，机器 1 的前 3 秒被占用，如果任务 2 仍然要用到机器 1（如任务 2 的方案 1），那么机器 1 的可用时间就从 3 开始。因此，任务 2 每个方案的完成时间分别为 $t_{21}=3+3=6$，$t_{22}=0+4=4$，$t_{23}=0+7=7$。相似的，任务 2 每个方案的被选概率为 $p_2(1)=0.12$，$cp_2(2)=0.96$，$cp_2(3)=1$。如果产生的随机数 r 等于 0.76，$cp(1)<r<cp(2)$，那么任务 2 的第两个方案被选择。

PBSCR 是一种改进的贪婪算法，它能以一定的概率接受稍差的解。该方法增加了解的多样性，提高了局域搜索的能力。

12.2　编码方式

编码是智能优化算法的关键，它将所研究的问题的解用计算机能处理的形式进行表达。良好的编码方式可以在后续算法操作中产生可行解，提高执行效率；否则，经过算法操作会产生不可行解，需要一定的改进措施，降低执行效率。它对求解速度、计算精度等有着直接的关系，对算法具有重要影响。目前，调度领域常用的编码方式有集成编码、分段编码、矩阵编码等。这些离散编码方式使得诸如粒子群等连续算法不能直接应用，因为在算法运行过程中粒子位置通常为实数值，而离散编码要求这些值都必须是整数。目前，主要有两种方法来解决上述兼容性的问题。一种方法是在每次粒子更新完成后重新修正其表达，一般采用取整操作来实现；另一种方法就是改变粒子位置的更新方式，使得粒子的更新过程在离散域中进行。这两种方法需要调整或设计专门的算子，比较繁琐。

为了避免以上繁琐的过程，并结合调度求解体系采用分层调度思想的特点，采用实数编码方式，仅在编码中体现任务分组或排序的信息。在确定分组方式时，编码长度与任务个数相同，编码的每一位为 0 ~ 1 之间的实数，先按照数值大小为任务排序，数值越大，该任务的执行顺序越靠前，设任务个数为 N，则排序后的任务序列表示为$_{s1}$，t_{s2}，…，t_{sN}；然后根据分组数，确定分组方式，设分组数为 n，则第 k 组包含的任务为 $t_{s[(k-1)+1]} \sim t_{s[(k-1)+N/n]}$。例如，含有 8 个任务的调度系统中，分组方式编码与解码的对应关系见表 12-1。

表 12-1　分组方式编码

维度	实数	任务序列	组号
1	0.5435	4	1
2	0.3562	6	2
3	0.1272	8	2
4	0.9513	1	1
5	0.8162	2	1
6	0.7281	3	1
7	0.2468	7	2
8	0.4057	5	2

即解（0.5435，0.3562，0.1272，0.9513，0.8162，0.7281，0.2468，0.4057）对应的分组方式：任务1、4、5、6为第一组，任务2、3、7、8为第二组。

在确定组内任务排序时，仍然采用实数编码的方式，编码长度与组内任务个数相同，编码的每一位为0~1之间的实数，数值越大，该任务的执行顺序越靠前。例如，第一组中任务排序的编码与解码对应关系见表12-2。

表12-2 任务排序编码

维度	实数	任务编号	执行顺序
1	0.5167	1	2
2	0.3428	4	3
3	0.9537	5	1
4	0.2458	6	4

由此可见，通过调整编码长度，整数编码既可以用于分组方式的确定，又可以用于组内任务排序的确定。该编码方式操作简单，在求解过程中不会产生不可行解，且具有一般性，适合于FJSP、UPMSP、TTSP等多种调度问题，不需要对智能优化算法做特殊处理。它在组合优化问题和连续优化算法之间建立了一条快速通道，使得诸如PSO等连续型算法可以用来解决组合优化问题。

12.3 组内优化目标

对于不同的Job-based类调度问题，前一小组的调度策略对后面小组的影响程度不同。因此，在组内优化时目标函数需要考虑的因素可能有所不同。根据实际情况，组内调度方案确定后，计算适应度值的方式可以灵活改变。例如，在FJSP和UPMSP中，后面小组内的任务可以插空安排到前面小组的空闲时段中，因此，在目标函数中可以加入对于空闲时间的考量。而在TTSP中，前一小组的空闲时间不能再被利用，这种情况下组内优化目标不再是最小化最大完工时间，而是使每个资源上的完工时间都尽可能小，以便后续小组中的任务可以尽早开始执行。因此，将优化目标改进为

$$f_{gn} = makespan + \sum_{m=1}^{M} (idle_m / fin_m) / M \tag{12-1}$$

式中，M是资源个数；$idle_m$和fin_m分别表示资源m上的总空闲时间和所有任务在资源m上的完工时间。f_{gn}的整数部分是最大完工时间，小数部分是归一化的空闲时间均值。

通过这种方式，目标函数体现了不同调度问题的特征，并能同时最小化最大完工时间和空闲时间。

12.4 改进粒子群算法

粒子群算法是一种常用的基于种群的进化计算方法，在各个领域发挥着非常重要的作用，在此不再赘述。

为了增加粒子群算法局部搜索的精度，防止陷入局部最优解，平衡算法的开发与探索能

力，本节探讨扰动策略和可变邻域搜索机制，提高经典粒子群算法的性能，改进后的粒子群算法流程图如图 12-4 所示。

（1）扰动策略

当粒子向个体最优解和全局最优解的方向移动时，为了增加解的多样性，在粒子更新位置后增加了扰动策略。该策略的原理类似于遗传算法中的变异操作，其具体描述如下：

1）设位置更新的粒子为当前粒子，其位置表示为 X_s。扰动率设置为 p。

2）产生 0 ~ 1 之间的一个随机数 $rand$，如果 $rand < p$，则跳转步骤 3）；否则，终止扰动过程。

3）设种群规模为 N，生成 1 ~ N 之间的两个随机整数 m 和 n。

4）产生一个新粒子，其位置为 $X_{new} = X_s + r(X_m - X_n)$，其中 r 是服从均匀分布的随机数，X_m 和 X_n 为种群中第 m 个粒子和第 n 个粒子的位置。

5）检查新粒子在各个维度上的值是否在取值范围内，如果超出取值范围，则由取值范围内的一个随机数代替；计算新粒子的适应度值，如果优于当前解，则用新粒子代替当前解参与后续迭代过程。

扰动策略提高了解的多样性，增加了算法跳出局优解的可能性。

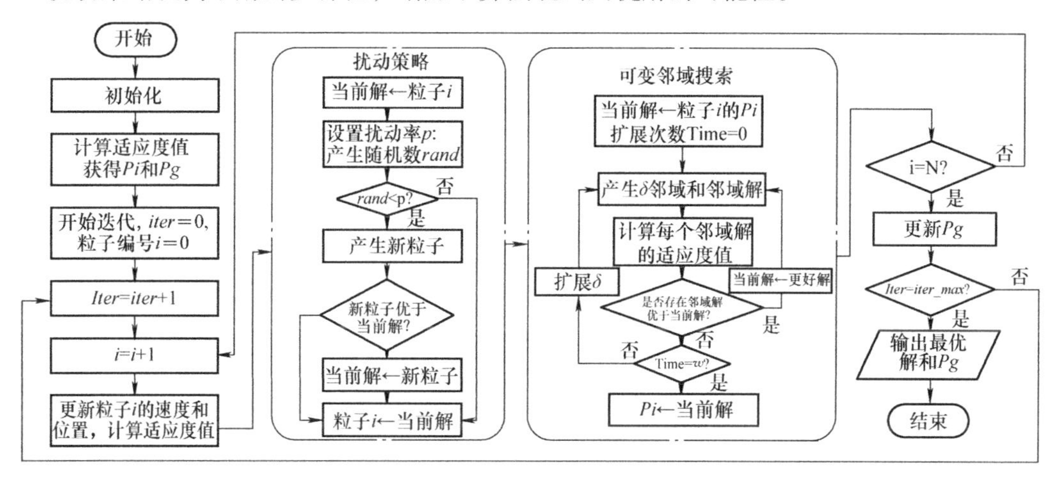

图 12-4　改进的粒子群算法流程图

（2）可变邻域搜索策略

为了提高粒子群算法的开发能力，提高其在局域范围内搜索的精细程度，本节探讨了可变邻域搜索策略，它可以有效地提高经典粒子群算法的寻优率。在该策略中，首先定义了一种基于维度的邻域结构。设 $X(x_1, x_2, \cdots, x_d)$ 是 D 维解空间中的一个解，δ 是一个小于 1/2 取值范围的正数，则 $(x_i - \delta, x_i + \delta)$ 称为第 i 维上的 δ 邻域。所有维度上的 δ 邻域的集合则称为解 X 的 δ 邻域。基于这一概念，可变邻域搜索策略可以描述如下：

1）在每个粒子更新个体最优解之前，将该个体当前的个体最优解设为初始解和当前解。

2）产生当前解的 δ 邻域，并在 δ 邻域中随机生成 m 个衍生解，评估每个衍生解的适应度值。

3）如果衍生解中的最优解优于当前解，则用该衍生解代替当前解，返回步骤 2）。

4）如果所有衍生解均差于当前解，则扩大邻域半径 δ，并返回步骤 2）；如果当前解的

搜索半径 δ 已经被扩大了 ω 次仍未找到更优解，则当前解的个体最优解保持不变。

12.5　仿真实验与结果分析

该求解体系为 Job - based 类调度问题的解决提供一般思路，并且具有一定的灵活性，其选择的搜索算法可以是任何具有全局搜索能力的智能优化算法。不同之处在于，一个出色的搜索算法可以获得更好的调度结果。为了证实该求解体系的灵活性与通用性，本节将求解体系分别与多种智能搜索算法相结合，并应用于测试任务调度、柔性车间调度、并行机调度的问题实例，与现有算法的性能进行对比分析。

12.5.1　求解体系应用于 TTSP

在 TTSP 实验中，测试案例的规模分别为 20 任务 8 个仪器[17]和 40 任务 12 个仪器[20]，每个算法的参数设置见表 12-3。在分组策略中，每组包含 10 个任务。为了保证公平性，参数设置使得每个算法的运行时间基本相同。每个算法运行 10 次后，每个性能指标的结果见表 12-4。BV 代表每个算法找到的最优解，SR 代表寻优率（即算法找到最优解的概率），MBF 代表了算法运行 10 次获得最优解的平均值。

表 12-3　每种算法的参数设置

算法	参数设置
PSGA	外层 GA：种群规模：30；迭代次数：10；$P_c=0.9$；$P_m=0.1$
	内存 GA：种群规模：20；迭代次数：15；$P_c=0.9$；$P_m=0.1$
PSPSO	外层 PSO：粒子个数：30；迭代次数：10；
	内存 PSO：粒子个数：20；迭代次数：10；
PSIPSO	外层 IPSO：
	粒子个数：20；迭代次数：10；$\delta=0.1$；$m=10$；$\omega=2$；$p=0.3$
	内层 PSO：
	粒子个数：20；迭代次数：10；不加扰动策略和局域搜索

表中 P_c 和 P_m 表示遗传算法的交叉率和变异率；δ，m，ω，p 分别代表邻域半径、邻域解个数，局域搜索次数和扰动率。

表 12-4　三种算法的性能指标值

实例规模	20 × 8			40 × 12		
指标	BV	SR	MBF	BV	SR	MBF
PSGA	28	0.1	29.1	39	0.2	40
PSPSO	28	0.7	28.3	38	0.1	39.1
PSIPSO	28	1	28	38	0.1	38.9

实验结果表明，求解体系可以与类似于 GA、PSO 的多种搜索算法相结合。搜索算法的搜索能力越好，求解体系的性能越好。对于案例 20 × 8，三个算法获得最优值相同，但是 PSIPSO 把寻优率提高到了 1，表明其性能在三个算法中是最稳定的。另外，PSGA、PSPSO、PSIPSO 获得的平均最优值依次减小，表明其平均性能依次提高。因此，改进的粒子群算法提高了经典粒子群算法的性能，并优于遗传算法。对于案例 40 × 12，几个性能指标的变化

规律与案例 20×8 基本相同，PSGA 没有找到已知的最优解，MBF 的值也是最差的，PSIPSO 再次获得三个指标的最好值。尽管案例 40×12 的解决难度大幅增加，但是 PSIPSO 仍然获得了最好的性能。综上所述，这组实验证明了求解体系能与多种算法相结合的一般性，以及改进的粒子群算法，提高了经典粒子群算法的性能。

为了进一步验证求解体系与改进粒子群算法的高效性，将其与现有方法进行比较。这些方法均采用随机键编码方式，在编码中同时体现任务排序和资源分配。这些方法的仿真结果与性能指标见表 12-5。

表 12-5　TTSP 现有方法的结果比较

实例规模	20×8			40×12		
性能指标	BV	OR	MBF	BV	OR	MBF
GA	31	1.0	31	45	0.2	46.1
PSO	31	0.2	31.8	45	0.2	47.8
PGA	31	0.2	33.8	42	0.1	44.8
GASA	32	0.2	33.9	47	0.1	49.2
GASCR	28	0.5	29	40	0.4	40.6
PSIPSO	28	1.0	28	38	0.4	38.6

与表 12-4 中的结果相比，GA 和 PSO 所得结果比 PSGA 和 PSPSO 更差，说明当解空间太大时，单独的 GA 和 PSO 算法性能较差，而求解体系与 GA、PSO 结合后，优化了调度结果，弥补了算法搜索能力的不足。在其他方法中，PGA 和 GASA 性能更差。尽管 GASCR 是之前已知的最好方法，但它的三个性能指标值仍然劣于 PSIPSO。综上所述，提出的求解体系有助于提高算法性能，且 PSIPSO 优于现有算法。

12.5.2　求解体系应用于 FJSP

柔性车间调度问题中，每个工件包含若干工序，工序间具有固定的优先级顺序。每个工序可以在给定机器组中选择其中一个机器进行处理。每个机器不能同时处理一个以上工序，一个工件的两个工序也不能同时处理，常采用最大完工时间作为目标函数。

本实验中，采用文献[23]中的标准测试案例，应用求解体系与改进粒子群算法相结合的 PBSCR 算法，并与其他现有算法，如 GA，Heuristic，TABC，HGTS 和 MA2 进行比较。每种算法获得最优解，即最优的最大完工时间见表 12-6。

表 12-6　FJSP 现有方法的结果比较

实例	$n\times m$	S_{bst}	GA	Heuristic	TABC	HGTS	MA2	PSIPSO
Mk01	10×6	40	40	42	40	40	40	35
Mk02	10×6	26	26	28	26	26	26	24
Mk03	15×8	204	204	204	204	204	204	172
Mk04	15×8	60	60	75	60	60	60	57
Mk05	15×4	172	173	179	173	172	172	186
Mk06	10×15	57	63	69	60	57	59	70
Mk07	20×5	139	139	149	139	139	139	129
Mk08	20×10	523	523	555	523	523	523	416
Mk09	20×10	307	311	342	307	307	307	307
Mk10	20×15	197	212	242	202	198	202	232

表 12-6 表明，不存在一种算法可以获得所有实例的已知最优解。PSIPSO 在大多数情况下，能找到已知最优解，或提升已知最优解。说明 PSIPSO 是一种出色的调度算法，能在大多数情况下高效地完成调度任务，并优于现有算法。

12.5.3　求解体系应用于 UPMSP

并行机调度问题与柔性车间调度问题类似，但不同在于一个工件只有一个工序，该工序可以在任意一台空闲的机器上执行。每个工件处理完成后释放相应的机器。并行机调度问题根据机器特性可分为三类：同速并行机、同类并行机和不相干并行机。本实验选用同速并行机问题，标准问题实例出自文献[24]。

由于实例规模较小，因此在采用求解体系时，所有任务可以看做一组。由于不再需要对分组模式进行优化，在参数设置方面，外层优化算法的粒子数和迭代次数均为 1。内存优化算法仍然采用 IPSO（I_m proved PSO），粒子数和迭代次数分布设为 200 和 50。将算法在每个问题实例上运行 5 次，并由公式$(C_{max}-C_{max}^*)\times 100/C_{max}^*$计算相对偏差比 PRD（Relative）。其中 C_{max}^*是已知最优解，C_{max}是算法获得的最优解。将 PSIPSO（Packet Scheduling improved PSO）获得的 PRD 与其他算法比较，结果见表 12-7。

表 12-7　UPMSP 现有方法的结果比较

$n\times m$	Meta	MetaC	GAK	GA1	GA2	PSIPSO
6×2	5.29	5.39	1.28	0.00	0.00	0.00
6×3	5.92	6.33	0.19	0.15	0.08	0.18
6×4	10.33	11.24	0.00	0.40	0.27	0.06
6×5	16.08	15.96	0.36	0.23	0.21	0.06
8×2	3.98	4.80	1.58	0.07	0.03	0.00
8×3	4.55	5.60	1.23	0.20	0.24	0.16
8×4	8.67	9.55	2.65	0.66	0.39	0.39
8×5	11.28	13.38	8.78	0.49	0.20	0.01
10×2	2.72	3.34	2.61	0.19	0.17	0.46
10×3	3.86	4.82	2.71	0.26	0.20	0.20

PRD 越小，算法获得最优解越好。实验结果表明，PSIPSO 获得 PRD 远小于 Meta 和 MetaC，因此 PSIPSO 的性能远优于 Meta 和 MetaC。另外，在多数实例中，PSIPSO 的表现优于 GAK、GA1 和 GA2。因此，PSIPSO 可以应用于 UPMSP，并能获得很好的性能。并且通过灵活调整分组数，PSIPSO 可以应用于大规模问题实例和小规模问题实例，具有很强的适应性。

12.6　本章小结

本章基于对 Job - based 类调度问题的适应度地形分析结果，发现问题间的相似性和差异性，基于此结果重点研究面向 Job - based 类调度问题的求解框架，重点对相应的分组调度策略、分配规则等进行介绍，并对外层和内层算法以 PSO 为例进行了阐述。通过对测试任务调度问题、柔性车间调度问题和并行调度问题的求解可以得出该方法的有效性。该方法可以内嵌任何一种智能优化方法，具有很好的可扩展能力，并可以应用于调度问题的求解。

参 考 文 献

[1] Zhou Rongrong, Lu Hui, Shi Jinhua. A solution framework based on packet scheduling and dispatching rule for job – based scheduling problems [C]. In: Tan Y, Shi Y, Tang Q (Eds.), Advances in Swarm Intelligence. ICSI 2018. Lecture Notes in Computer Science, vol 10942. Springer, Cham, 2018.

[2] Liu Yaxian, Lu Hui. Outlier Detection Algorithm based on SOM Neural Network for Spatial Series Dataset [C]. 10th Internaltional Conference on Advanced Computational Intelligence, Xiamen, China, 2018.

[3] Cheng Shi, Lu Hui, Wu Song, et al. Dynamic Multimodal Optimization Using Brain Storm Optimization Algorithms [C]. International Conference on Bio – Inspired Computing: Theories and Applications, Springer, 2018.

[4] Zhou Qianlin, Lu Hui, Qin Honglei, et al. TS – Preemption Threshold and Priority Optimization for the Process Scheduling in Integrated Modular Avionics [C]. In: He C, Mo H, Pan L, Zhao Y (Eds), Bio – inspired Computing: Theories and Applications. BIC – TA 2017. Communications in Computer and Information Science, vol 791. Springer, 2017: 9 – 23.

[5] Zhou Qianlin, Lu Hui, Shi Jinhua, et al. The Analysis of Strategy for the Boundary Restriction in Particle Swarm Optimization Algorithm [C]. In: Tan Y, Takagi H, Shi Y (Eds.), Advances in Swarm Intelligence. ICSI 2017. Lecture Notes in Computer Science, vol 10385. Springer, Cham, 2017.

[6] Shi Jinhua, Lu Hui, Mao Kefei. Solving the test task scheduling problem with a genetic algorithm based on the scheme choice rule [C]. In: Tan Y, Shi Y, Li L (Eds.), Advances in Swarm Intelligence. ICSI 2016. Lecture Notes in Computer Science, vol 9713. Springer, Cham, 2016: 19 – 27.

[7] Lu Hui, Zhou Rongrong, Fei Zongming, et al. Spatial – domain fitness landscape analysis for combinatorial optimization [J]. Information Sciences, 2019 (472): 126 – 144.

[8] Lu Hui, Liu Yaxian, Fei Zongming, et al. An outlier detection algorithm based on cross – correlation analysis for time series dataset [J]. IEEE Access, 2018, 53593 – 53610.

[9] Lu Hui, Zhou Qianlin, Fei Zongming, et al. Scheduling based on Interruption Analysis and PSO for Strictly Periodic and Preemptive Partitions in Integrated Modular Avionics [J]. IEEE Access, 2018, 6 (1): 13523 – 13540.

[10] Lu Hui, Zhou Rongrong, Fei Zongming, et al. A multi – objective evolutionary algorithm based on Pareto prediction for automatic test task scheduling problems [J]. Applied Soft Computing, 2018 (6): 394 – 412.

[11] Lu Hui, Shi Jinhau, Fei Zongming, et al. Analysis of the similarities and differences of job – based scheduling problems [J]. European Journal of Operational Research, 2018, 270 (3): 809 – 825.

[12] Cheng Shi, Lu Hui, Lei Xiujuan, et al. A quarter century of particle swarm optimization [J]. Complex & Intelligent Systems, 2018 (4): 227 – 239.

[13] Lu Hui, Shi Jinhua, Fei Zongming, et al. Measures in the time and frequency domain for fitness landscape analysis of dynamic optimization problems [J]. Applied Soft Computing, 2017 (51): 192 – 208.

[14] Lu Hui, Zhang Mengmeng, Fei Zongming, et al. Multi – objective energy consumption scheduling based on decomposition algorithm with the non – uniform weight vector [J]. Applied Soft Computing, 2016 (39): 223 – 239.

[15] Lu Hui, Zhang Mengmeng, Fei Zongming, et al. Multi – objective energy consumption scheduling in smart grid based on Tchebycheffdecomposition [J]. IEEE Transactions on Smart Grid, 2015, 6 (6): 2869 – 2883.

[16] Lu Hui, Liu Jing, Niu Ruiyao, et al. Fitness distance analysis for parallel genetic algorithm in the test task scheduling problem [J]. Soft Computing, 2014, 18 (12): 2385 – 2396.

[17] Lu Hui, Niu Ruiyao, Liu Jing, et al. A chaotic non – dominated sorting genetic algorithm for the multi – objec-

tive automatic test task scheduling problem [J]. Applied Soft Computing, 2013, 13 (5) : 2790 - 2802.

[18] Lu Hui, Niu Ruiyao. Constraint - guided methods with evolutionary algorithm for the automatic test task scheduling problem [J]. Chinese Journal of Electronics, 2014, 23 (3) : 616 - 620.

[19] Lu Hui, Yin Lijuan, Wang Xiaoteng, et al. Chaotic multiobjectiveevolutionary algorithm based on decomposition for test task scheduling problem [J]. Mathematical Problems in Engineering, 2014.

[20] Lu Hui, Zhu Zheng, Wang Xiaoteng, et al. A variable neighborhood MOEA/D for multiobjectivetest task scheduling problem [J]. Mathematical Problems in Engineering, 2014.

[21] Lu Hui, Wang Xiaoteng, Fei Zongming, et al. The effects of using chaotic map on improving the performance of multi - objective evolutionary algorithms [J]. Mathematical Problems in Engineering, 2014.

[22] Lu Hui, Chen Xiao, Liu Jing. Parallel test task scheduling with constraints based on hybrid particle swarm optimization and taboo search [J]. Chinese Journal of Electronics, 2012, 21 (4) : 615 - 618.

[23] BRANDIMARTE P. Routing and scheduling in a flexible job shop by tabu search [J]. Annals of Operations Research, 1993 (41): 157 - 183.

[24] VALLADA E, RUIZ R. A genetic algorithm for the unrelated parallel machine scheduling problem with sequence dependent setup times [J]. European Journal of Operational Research, 2011, 211 (3): 612 - 622.

第 13 章　单目标调度算法

12 章以问题之间的关联性出发，定性地研究其通用的求解框架。但是，提出的策略没有充分考虑适应度地形分析的结果，也没有将适应度地形的信息应用到算法搜索过程中。为了进一步提高算法的性能，本章基于问题的多模性质进行单目标优化算法的设计，并且应用了适应度地形参数的适应性参数控制方法。这里实现了将适应度地形的分析结果用于定量地指导算法搜索过程，使得算法性能得到提升。

13.1　单目标 Job - based 类调度问题的分析

13.1.1　问题特性的分析

Job - based 类调度问题是一类典型的组合优化问题，存在“组合爆炸”现象，即解空间的大小随着问题规模的增大呈指数级增长，属于 NP - hard 问题。此外，这些问题都是实际工程问题，属于离散问题，与连续优化问题有着本质的区别。

虽然问题的解空间没有任何先验的梯度信息等知识，但通过分析还是可以从中得出一些有价值的结论，为寻找合适的优化算法提供指导。解空间适应度值的统计分布特性呈中间区域占多数，两边区域较少的特性，特别是全局最优解的数量更是稀少。图 13-1 展示了大规模实例 20 ×8TTSP 的采样数据，横坐标是适应度值的大小，纵坐标是统计的出现该适应度值的个数。从图 13-1 可以看出，中间的数据分布比较集中，随机搜索很容易找到这些解，但是搜索到更优的解却是非常困难的。

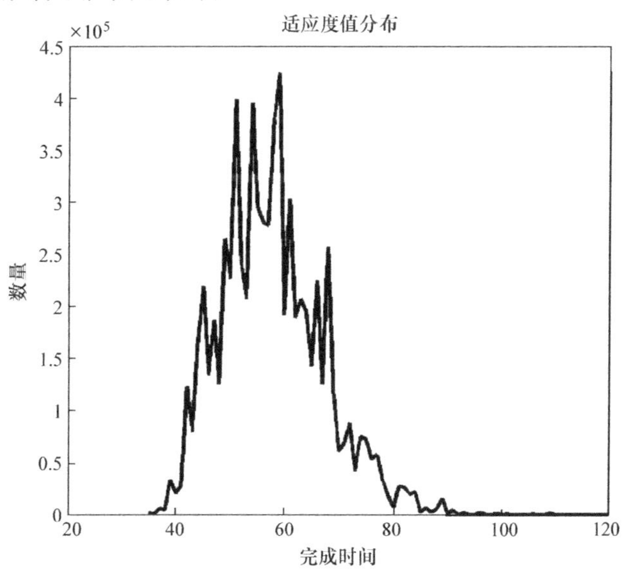

图 13-1　采样的适应度值分布

另外，从空间适应度地形的分析可知，Job－based 类调度问题属于多模问题，在整个空间存在很多全局最优解和局部优解。这些解不仅分布在不同的区域，而且在某个区域可能是呈中性地形特征存在。通过有目的性的采样分析可知，这些全局最优解分布在较优解附近的可能性比较大。这在以往的研究中容易忽略的一个重要性质。为了更深入地分析这个性质，表 13-1 给出了六个小规模实例的结果，N_{solu}是所有解的数量，N_{glo}是所有全局最优解的数量，$R_{g/s}$是全局最优解所占的比例。从表 13-1 可以看出小规模问题拥有许多全局最优解。另外，由于大规模实例的解空间巨大，所以使用随机游走的方法，采样得到的结果展示在图 13-2中。图 13-2 表明了在采样的解中存在着多于一个的全局或者局部优解。这些分析结果表明，这些组合优化问题都属于多模问题，该性质可以在算法设计过程中加以利用。

表 13-1　小规模实例解的统计结果

问题	N_{solu}	N_{glo}	$R_{g/s}$	N_{solu}	N_{glo}	$R_{g/s}$
TTSP	8640	720	8.3%	51840	528	1.02%
FJSP	39366	8	0.02%	13122	18	0.14%
UPMSP	15000	384	2.56%	524880	1440	0.27%

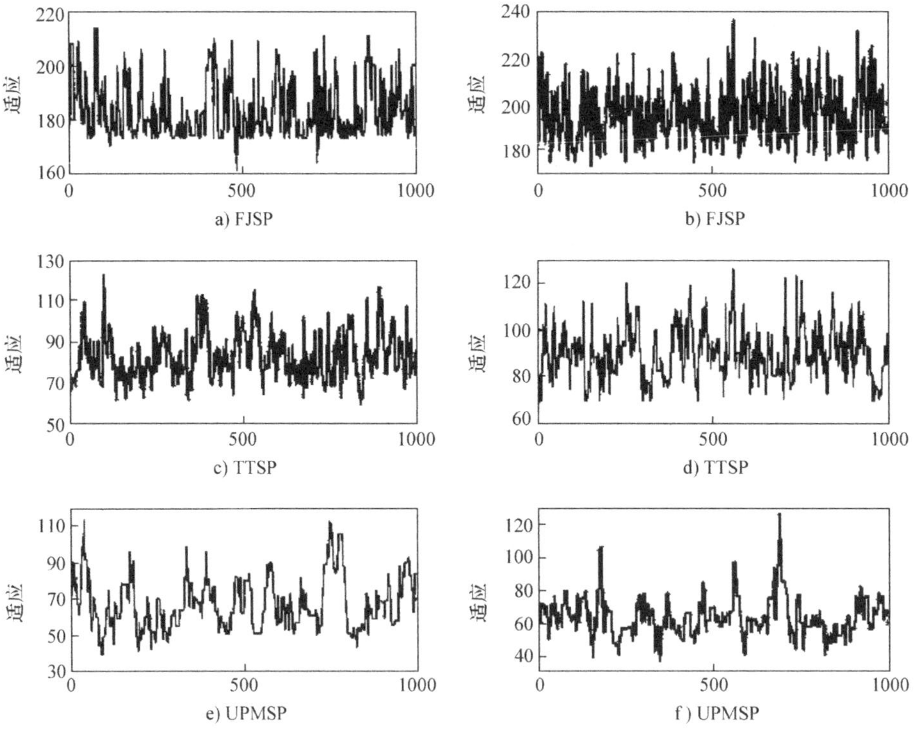

a) FJSP　b) FJSP

c) TTSP　d) TTSP

e) UPMSP　f) UPMSP

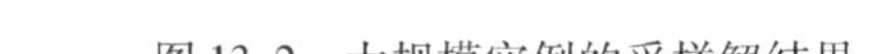

图 13-2　大规模实例的采样解结果

综合前文空间适应度地形和这里对解空间的统计分析来看，Job－based 类调度问题属于离散的多模态问题，解空间存在许多全局最优解和大量局部优解。因此，如何不陷入局部优解是求解该类问题的一个难点。现有的优化算法在解决 Job－based 类调度问题上已经表现出优越的性能，但是还存在一些不足，例如算法容易陷入局部优解；操作算子较为复杂；搜索过程过于随机，多样性较好，但是方向性不足，会导致收敛性较差。因此，需要根据问题特征的分析，设计出更适合 Job - based 类调度问题求解的优化算法。

13.1.2　多模优化算法的分析

Job - based 类调度问题是具有多个全局和局部最优的多模态问题，这个性质在研究中尚未得到充分考虑。虽然 Job - based 类调度问题的目标通常是为决策者找到最佳的解决方案，但多模态优化的研究可以为解决 Job - based 类调度问题提供一种新的思路。在多模优化中，目标是在搜索过程中定位所有全局最优解和若干局部最优值[1]。因此，具体的策略被设计为提高多模优化问题求解能力的算法。Haghbayan 和 Nezamabadi - Pour 将小生境法与重力搜索算法相结合用于求解多模问题中的多解问题。小生境法利用了将种群划分为更小的子种群的思想，以防止搜索过早收敛[1,2]。Tuo 等人将动态降维调整和动态宽度策略引入和声搜索算法中，以避免产生无效解，用来平衡全局探索和局部开发[3]。此外，Wang 等人将局部搜索技术加入到粒子群优化算法中，用于在多模优化问题的适应度景观中定位多个全局和局部最优解[4]。用于多模优化的粒子群算法的另一个改进是将原来的单个种群分割为若干个子种群，以分别提高找到多个全局和局部最优的概率[5]。根据多模问题的特点，结合适应性参数控制、聚类和拥挤方法的差分算法，文献［6］采用了一种基于最佳种群的聚类机制以提高效率。另外，Liang 集成了自适应精英策略和 GA 的算法，提出有效地探索多模优化问题的多个最优解的方法，主要的概念是根据个体的不同适应性调整种群的大小，并且基于一个新的方向产生新个体[7]。在多模优化问题的研究中，采用了多种策略提高搜索到更多优解的概率，而且都很关注在算法过程中如何保持探索和开发的平衡，这样的研究思路对设计算法有一定的借鉴意义。

13.2　多中心变尺度优化算法

如图 13-3 所示，根据问题的多模特性，本书探讨一种多中心变尺度搜索算法（Multi - Center Vanable Scale Search algorithm），以提高算法的多样性、收敛性和效率，其迭代过程主要包括搜索中心和搜索邻域。其中，多中心策略的主要目的是不依赖于某一个优解，这有利于提高搜索过程中种群的多样性，使算法具有跳出局部优解的能力。另外，变尺度搜索策略可以增加算法对搜索过程的适应性，具体表现为在算法前期，增加搜索的范围，目的是可以快速地找到较优解，锁定潜在的优解对象；然后在算法的后期，对已经搜索出来的较优解进

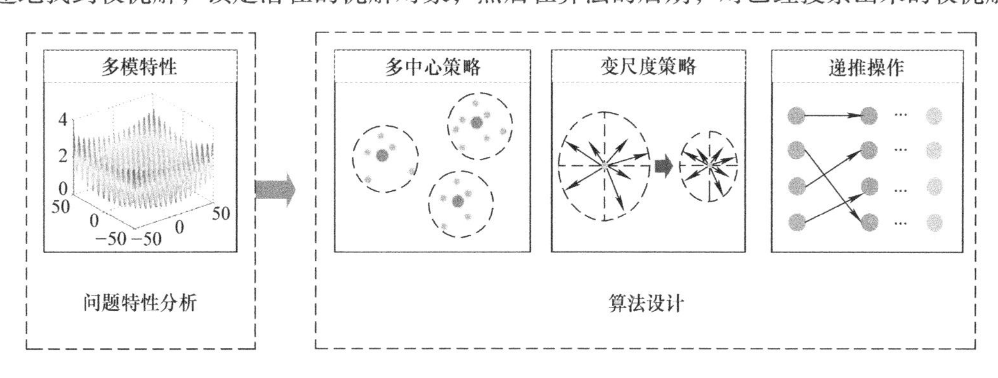

图 13-3　多中心变尺度搜索算法框架示意图

行精搜，实现深度挖掘。这种粗搜和精搜策略的结合通过指数函数形式的递推方程实现，形式简单，计算方便，可以提高算法的效率。值得注意的是，该递推方程中每一个个体的产生都仅仅依赖于一个父代个体，这是由解决问题的性质决定的。组合优化问题存在关键路径，如果通过不同个体产生新解，就会破坏原本个体的优良结构，相当于打破了优化的节奏。

13.2.1　多中心策略

在算法搜索过程中，通常呈现出两种状态，即发散和收敛，它们都起着非常重要的作用。然而，如果算法侧重于探索过程，随机性强，多样性将非常高。在这种情况下，算法会因为缺乏信息的引导而大范围地徘徊。如果有许多局部最优解，该搜索策略也能找到局部最优解，并且性能也是可以接受的，但是难以找到更优的解。为了解决这一问题，许多算法都做出了相应的调整。在 GA 中，有选择操作，如轮盘赌和联赛选择，都是为了引导算法进入收敛状态，PSO 则直接使用全局最优解和局部最优解作为指导。但是会带来一个新的问题，算法的快速收敛也将导致陷入局部最优解。关于跳出局部最优解的方法也有很多研究，包括突变、扰动、混沌算子等。这里，根据组合优化问题的多模性质提出了多中心策略，不仅可以保持探索和开发过程的平衡，还可以提高找到高质量解的概率。

对于单目标优化，根据评估标准在每次迭代之后选择更优的个体保留，它们作为中心，负责生成下一代以指导搜索过程。随着迭代次数的增加，为了适应搜索过程，这些中心是动态变化的。如图 13-3 所示，红色点代表所选择的中心，其他个体基于这些中心随机生成。该方法的优点是在搜索空间中同时搜索多个局部最优解，并在算法中实现并行搜索的目的。首先，多中心点作为参考，以提高种群的多样性。换言之，不要将优化问题的所有希望放在局部最优解上。并且这些中心点不是随机选择的，而是选择一些在种群中更好的个体，这种精英策略可以加快算法的收敛速度。综上所述，多中心搜索策略综合考虑了算法的多样性和收敛性。

13.2.2　变尺度策略

固定地操作算子和策略已经无法满足搜索过程的变化。为了解决这个问题，学者们已经提出了很多集成算法，主要目的是利用各种算法在不同方面的优势。为了提高 GA 的局部搜索能力，Azzouz 和 Ennigrou 基于遗传算法和迭代局部搜索算法（ILS）提出了更好地解决有约束条件 FJSP 的集成算法[8]。Sobeyko 和 Mönch 提出了另一种集成算法，包括转移瓶颈启发式算法、局部搜索和变邻域搜索。其中，局部搜索算法收敛速度快，有助于在很短的计算时间内找到高质量的解决方案。此外，算法采用了模拟退火的验收标准，以提高跳出局部最优的能力[9]。Nouri 等人提出了一种基于邻域的遗传算法，应用于全局探索和局部搜索，以保证对有效区域的搜索[10]。此外，人工蜂群算法（ABC）具有良好的全局搜索能力，但全局最优解在算法中没有得到直接的利用。针对算法中存在的缺点，Muthiah 等人提出了集成 ABC 和 PSO 的重组算法[11]。另外，Chen 等人提出了一种混合 PSO 和禁忌搜索的算法来解决具有约束的 TTSP，并提出了一种新的惯性权重，以提高开发和探索的能力[12]。这些集成算法主要是为了改善搜索过程中的多样性和收敛性，最终提高性能。此外，这些操作和策略的实现方式也是非常复杂的，特别是集成算法，引入了更多的操作和参数。基于这些考虑，本节探讨一种基于简洁递推方程的可变尺度搜索策略，以适应搜索过程和提高效率。

更具体地说，在算法的早期阶段采用粗搜索策略增加搜索范围，提高种群的多样性。在对更优的解进行大规模搜索之后，另一种精细搜索策略将在更优解附近进行深度搜索，以提高算法的收敛性。粗搜策略和精搜策略由如下的递推方程实现。

$$x_{t+1}^{i} = x_{t}^{i} + rand \times scale \tag{13-1}$$

$$scale = a \times \exp\left[-b \times \left(\frac{iter}{Max\_iteration} \right) \right] a > 0, b > 0 \tag{13-2}$$

式中，x_t^i 是第 i 代一个个体的第 i 维度决策变量；$rand$ 是 0 ~ 1 之间的随机数；$scale$ 是一个基于迭代次数的变量；$iter$ 为当前代数；$Max\_iteration$ 是默认的最大迭代次数；如果决策变量的编码范围为 0 到 1，则 a 的值通常等于 1；b 变量影响的是粗搜索和精搜索所占的迭代次数。

从式（13-1）和式（13-2）可以看出，递推算子的计算非常简洁，可以大大地提高效率。另外，x_{t+1}^i 仅仅只与 x_t^i 有关。当 $rand$ 和 $scale$ 的值非常小时，单个 x_t 的某些维度可能没有改变，这意味着某些排列组合保持不变。因此，变尺度策略综合地考虑了效率、算法行为和问题特征等因素。

13.2.3　算法过程

在以上两种策略的基础上，形成多中心变尺度的搜索算法。其中选择中心的标准是选择种群中的最优的 N_c 个解。该算法中递推算子完全取代了其他算法中复杂的操作算子，新的个体生产完全由其产生，不仅增加了算法的适应性，而且提高了效率。多中心策略和变尺度策略协调平衡算法的多样性和收敛性。下面将给出该算法的实现步骤，其中 N_{pop} 是种群数量。

1. 初始化

1）参数初始化：N_c、N_{pop}、$Max\_iteration$；

2）随机初始化种群，并计算适应度值；

3）根据评价标准，找出 N_c 个最好的个体作为中心 C_0。

2. 重复步骤

当“没有达到理想的效果或者预设的条件没有达到”，重复以下步骤：

1）搜索邻域：随机选择一个中心，根据递推方程产生新个体；重复此步骤，直到产生新种群 P_t；

2）搜索中心选择：新种群和上一代的中心一起 $P_t \mathrm{U} C_{t-1}$，组成新的种群 Q_t；根据评价标准，确定新种群 Q_t 的中心。

3. 输出

根据评价标准，输出最优解。

13.3　基于适应度地形参数的适应性参数控制

根据经验，提前确定一个合适的参数是非常耗时，不切实际的。参数控制方法可分为确定性方法、适应性方法和自适应方法。其中，由于算法参数通常是特定于问题的，不同的参数值可能适用于优化过程的不同阶段，因此适应性参数的控制已被广泛研究。在适应性参数控制的研究中，从适应度提高、种群的多样性和约束的满足度等方面设计了反馈控制策略。在搜索过程中，适应度地形的信息作为一个非常有用的反馈量可以对参数的调整进行指导。

根据空间适应度地形提出的参数不仅可以帮助理解问题特性，还可以帮助引导算法的行为。算法搜索过程蕴含着适应度地形的信息，这些信息可以作为参数控制的指导。因此，这些参数可以给算法操作或者参数选择提供一定的指导。这里，基于空间适应度地形的参数，提出了一个适应性参数选择的机制，可以充分挖掘和利用算法过程中蕴含的信息。假设有一个参数 p 需要进行调整，有一个大概的范围的可以选择，但却不知道如何选择，这时可以将参数 p 分成几个区间 $\{[p_1, p_2], \cdots, [p_{n-1}, p_n]\}$，每个参数区间定义一个奖惩因子，记为 $Credit_i$。适应性参数选择过程的一般框架如图 13-4 所示。其中，最主要的部分是确定评价指标和奖惩机制从而进行参数的调整。

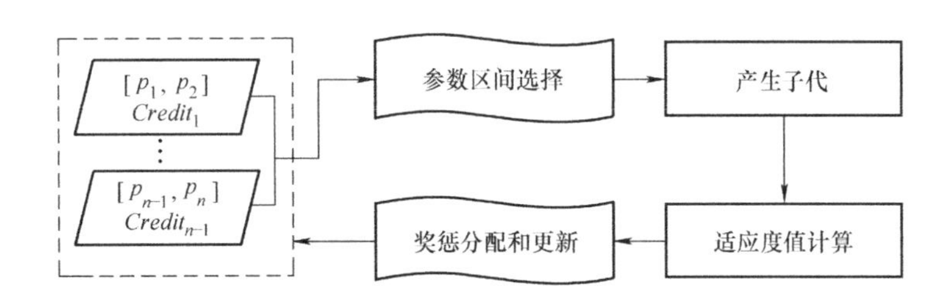

图 13-4　适应性参数控制的一般框架

13.3.1　评价指标

在搜索过程中，基于地形有一些参数可以作为奖惩项去控制参数的选择，从而适应性控制参数的选择，同时也是给算法一个搜索的方向。具体的评价指标如下：

1. 最优适应度值 f_b

根据适应度值的计算，最优适应度值 f_b 是种群中最优的个体。如果这是一个最小化问题，则 f_b 定义为 $f_b = \min\ \{f_i\}_{i=1}^{N}$。

2. 平均坡度 $\overline{S_{op}}$

种群中适应度值的变化情况可以用坡度来衡量。如果在搜索过程中，衡量子代与父代的地形崎岖程度，那么定义如下：

$$\overline{S_{op}} = \frac{\left| \sum_{i=1}^{N} \arctan(f_i^o - f_i^p) \right|}{N} \tag{13-3}$$

式中，f_i^o 是新种群中第 i 个个体；f_i^p 是 f_i^o 的父代；N 是种群的大小。

同样地，如果在一个种群中，衡量当代种群自身的崎岖程度，也可以用平均坡度来评估。

3. 平均中性比例 $\overline{\gamma_{op}}$

种群中的邻居对为 N 对，如果邻居拥有相同的适应度值，则为中性邻居，统计中性邻

居对为 N_{op}，则平均中性比例为$\overline{\gamma_{op}} = \frac{N_{op}}{N}$。这个指标可以衡量种群的中性程度。

4. 平均最小邻居距离$\overline{d_m}$

种群中有 N 个个体，记为集合$\{X_i\}_{i=1}^{N}$。最小的邻居距离就是距离它最近的邻居与自身的距离，这个距离可以反映出种群在决策变量上的多样性，同时也在一定程度上反映了种群在空间适应度地形上的多样性。平均最小邻居距离定义为

$$\overline{d_m} = \sum_{i=1}^{N} \{\min_{j\neq i} d_{ij}\} / N \tag{13-4}$$

式中，d_{ij}为第 i 个体和第 j 个个体之间的距离。

5. 平均适应度值$\bar{f}$

平均适应度值$\bar{f} = \sum_{i=1}^{N} f_i / N$ 可以衡量种群进化的程度，如果平均适应度值没有整体呈现下降的趋势，说明算法并没有趋于收敛。

13.3.2 奖惩机制

这些进化过程中的信息可以作为指导算法进化的有力工具，根据实际的需要，选择不同的参数，以达到平衡算法的探索能力和开发能力。既要让算法有跳出局优的能力，又要保证算法的收敛性。根据上述调整参数的框架，结合这些参数，提出了适应性调整参数的机制，奖惩机制主要根据通过加权投票机制设计的，只有获得更多的得分，才能成为最终的胜利者，从而主导算法。适应性参数控制机制的具体过程如下：

（1）初始化

1）初始化参数：区间数 N_r，权重系数 w_i；

2）将参数 p 分成 N_r 个区间；

3）产生初始种群，并计算适应度值。

（2）奖惩分配与更新

当“没有达到理想的效果或者预设的条件没有达到”：

1）产生新种群，并计算适应度值；

2）计算不同参数区间在f_b、$\overline{S_{op}}$、$\overline{\gamma_{op}}$、$\overline{d_m}$和$\bar{f}$上不同的反馈值；

3）根据权重 w_i，计算奖惩矩阵 $\boldsymbol{C} = \{c_j\}_{j=1}^{N_r}$。$c_j$ 的初始值为 0，如果第 j 个参数区间有更好的性能表现在第 i 个参数上，则 $c_j = c_j + w_i$。最后，胜者是综合表现能力最好的。

13.4 实验仿真与应用

MCVS（Multi - Center Variable Scale Seearch algorithm）主要是基于 Job - based 类调度问题的特性提出的，多中心策略适合解决有多个全局或者局部最优解，递推方程偏重从全局搜索到局部搜索的过渡。为了验证这个算法的有效性，从三个方面对算法进行了验证，包括标准的多模测试函数，Job - based 类调度问题。其中，对 MCVS 算法，研究了不同的曲率对问题求解的影响，并且与其他单目标优化算法进行了充分的对比。在此基础上，对于提出的参数控制方法进行了变异程度和中心点数目的调参实验，说明了利用适应度地形信息可以进一

步提高算法整体性能。

13.4.1 标准多模测试函数

选择四个典型的标准多模测试函数，它们的定义见表 13-2。它们在 2 维时的适应度地形如图 13-5 所示，可以看出它们都是复杂的多模函数。

表 13-2 标准多模测试函数

Griewank 函数	$f(x) = \sum_{i=1}^{d} \frac{x_i^2}{4000} - \prod_{i=1}^{d} \cos\left(\frac{x_i}{\sqrt{i}}\right) + 1 x_i \in [-600,600]$
Rastrigin 函数	$f(x) = 10d + \sum_{i=1}^{d} [x_i^2 - 10\cos(2\pi x_i)] x_i \in [-5.12,5.12]$
Schwefel 函数	$f(x) = 418.9829d - \sum_{i=1}^{d} x_i \sin(\sqrt{\lvert x_i \rvert}) x_i \in [-500,500]$
Shubert 函数	$f(x) = \left(\sum_{i=1}^{5} i\cos((i+1)x_1 + i\right)\left(\sum_{i=1}^{5} i\cos((i+1)x_2 + i\right) x_i \in [-5.12, 5.12]$

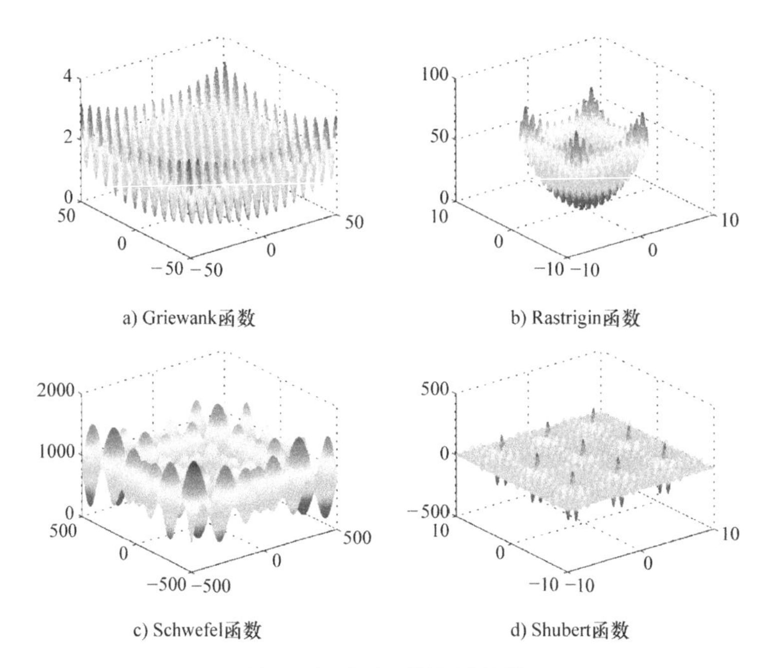

图 13-5 标准多模测试函数

MCVS 将用于解决这些问题，并且与 PSO 做相应的比较。它们的参数配置见表 13-3。其中，递推方程中 a 的取值与测试函数的决策变量的范围最大值一致。

表 13-3 MCVS 和 PSO 解决标准多模测试函数的参数配置

PSO	$n_{pop}=60$；$n_{iter}=120$；$\varphi_1=2$；$\varphi_2=2$；$w_{\max}=0.95$；$w_{\min}=0.4$；
MCVS	$n_{pop}=60$；$n_{iter}=120$；$N_c=5$；$b=12$；

每次实验独立运行 50 次，最后取其平均值作为最终的结果，这四个函数都是最小化问题。其中由于 Shubert 函数一般就取 2 维，所以只做了一个实验，PSO 和 MCVS 都找到了全

局最优解 -186.7309。其他三个函数都在不同维度上进行了实验，分别是 2、5、10、15、20、25、30、35、40、45、50 维，做出了两个算法在不同维度上的对比图，如图 13-6 所示。可以看出，虽然 PSO 在维度较低时性能优于 MCVS，但是随着维度的增加，MCVS 的优势越来越明显，说明 MCVS 是比较适合解决这类高维多模问题的。并且 MCVS 的平均运行时间小于 PSO，说明算法的效率也有一定的提升。

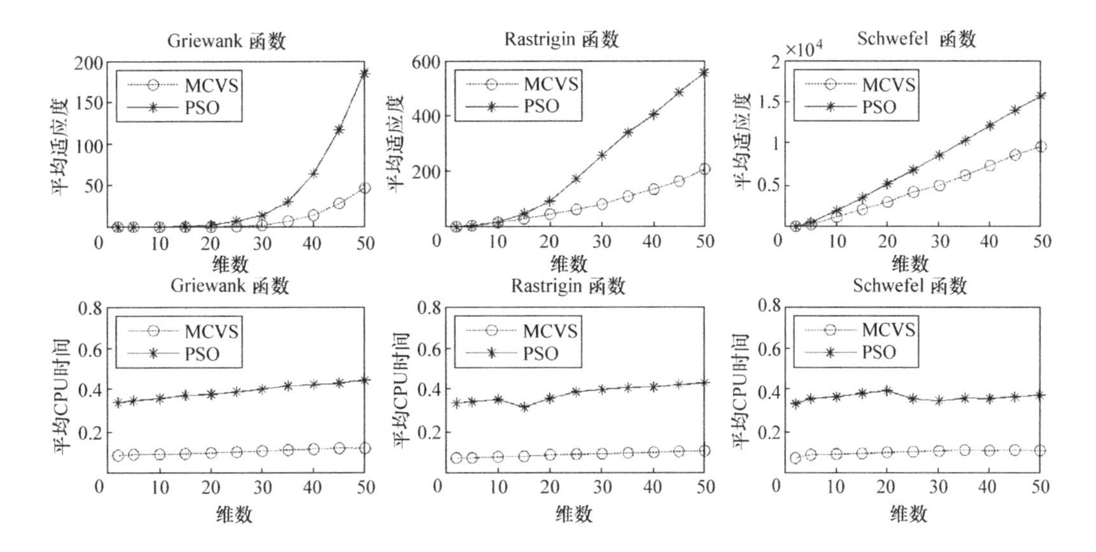

图 13-6 MCVS 和 PSO 在标准多模测试函数上对比图

13.4.2 调度问题

为了验证算法的性能，将算法用于求解 TTSP、UPMSP 和 FJSP，以此充分了解算法在此类问题上的性能表现。三个问题都以最大完成时间为目标函数，首先研究不同曲率对算法的影响，确定适合问题求解的递推方程，然后将 MCVS 与 GA、PSO、头脑风暴算法(BSO)[13]进行对比。

由于求解问题编码方式的特殊性，需要对递推方程稍作改进，但是求解的思想是没有变的，依然是粗搜和精搜策略的组合。由于编码过程中，决策变量的小数部分也是有用的信息，如果按照原本的递推方程，在搜索算法的后期，其实都是一些重复解，为了避免这种情况，采用了将方程的这部分改成了以线性递减的方式趋于 0。具体的改动如下：

$$Lscale = \begin{cases} a \times \exp\left(-b \times \dfrac{iter}{Max\_iteration}\right) & scale \geqslant c \\ c \times \dfrac{(Max\_iteration - iter)}{Max\_iteration - iter_c} & scale < c \end{cases} \tag{13-5}$$

这里，$iter_c$ 是当 $scale$ 恰好减少到小于阈值 c 时的代数。从 $iter_c$ 代开始，$Lscale$ 线性下降到 0，减缓了下降的速度。

1. 不同曲率对算法的影响

每个问题都有四个测试案例，为了说明变尺度搜索策略对算法收敛过程的影响，将研究

不同的 b 对算法性能的影响。每个算法运行50次。对于所有实例，a 等于1。UPMSP、TTSP和FJSP的 c 值分别为0.1、0.05和0.01，这主要是因为三个问题的崎岖性不同，需要的变动程度也就不同。表13-4显示了由不同的 b 值得到的平均适应度值。对于FJSP和TTSP，当 b 值为8、10和12时，MCVS的性能更好。然而，当 b 值较小时，该算法对UPMSP的性能更好。换言之，FJSP和TTSP都需要比UPMSP更精细的搜索，这与三个问题的崎岖程度是一致的。

表13-4 不同曲率对MCVS性能的影响

问题	实例	4	6	8	10	12
TTSP	20×8	32.18	32.12	32.04	32.14	32.08
	30×12	34.06	34.08	34.02	33.30	33.60
	40×12	43.62	42.76	42.72	42.96	43.16
	50×15	59.62	58.38	58.16	58.74	58.46
FJSP	15×3	86.60	76	77.16	76.16	76.18
	15×4	76.60	65.14	63.40	64.10	63.14
	20×3	129.86	112.64	112.08	110.34	112.08
	20×4	161.40	141.42	137.70	134.72	137.62
UPMSP	20×10	14.70	14.80	15.20	15.76	16.40
	30×10	23.44	22.76	22.84	23.04	23.18
	40×15	33.48	34.04	34.24	34.7	35.2
	50×15	46.78	45.62	46.48	44.9	45.76

为了进一步探究搜索过程的表现，需要跟踪算法的收敛曲线，不失一般性，这里选取50次求解部分实例的平均收敛曲线作为观察对象，结果如图13-7所示。其中，图13-7的每个子标题代表的实例，横坐标是迭代次数，纵坐标是适应度值。从图13-7可以看出，不同的 b，也就是不同的曲率对算法的搜索过程的收敛性还是有很大影响的。对TTSP来说，一般情况下，曲率越大，收敛的速度越快，b 的值从8到12虽然收敛速度有所差别，但是最终的结果却是相差甚微的。所以，更大的曲率更适合TTSP问题的解决，但是达到一定的程度之后，再增大 b 的值也是没有什么实质性意义，也就是有一个更适合解决TTSP的曲率范围。从平均适应值和平均收敛曲线，可以选择更适合每个问题的变化尺度。最后，分别确定TTSP、FJSP和UPMSP分别为10、10和4。

2. 不同单目标优化算法的比较

为了更直观地证明所提出的算法性能，将MCVS与GA、PSO和BSO进行比较。所有实验的基本参数设置见表13-5。表13-5中，P_c 是交叉率的缩写，P_m 是变异率的缩写。在BSO中，三个概率参数 $P_{generation}$、$P_{onechuster}$ 和 $P_{twocluster}$ 决定了在不同情况下选择不同类型的个体。对20×8TTSP实例，分别有 $N_{pop}=70$ 和 $Max\_iteration=120$；对于其他所有实例，分别有 $N_{pop}=100$ 和 $Max\_iteration=250$。同样，每个实验运行50次，平均性能的结果可以在表13-6中看到，最好的表现性能用粗体和斜体表示。

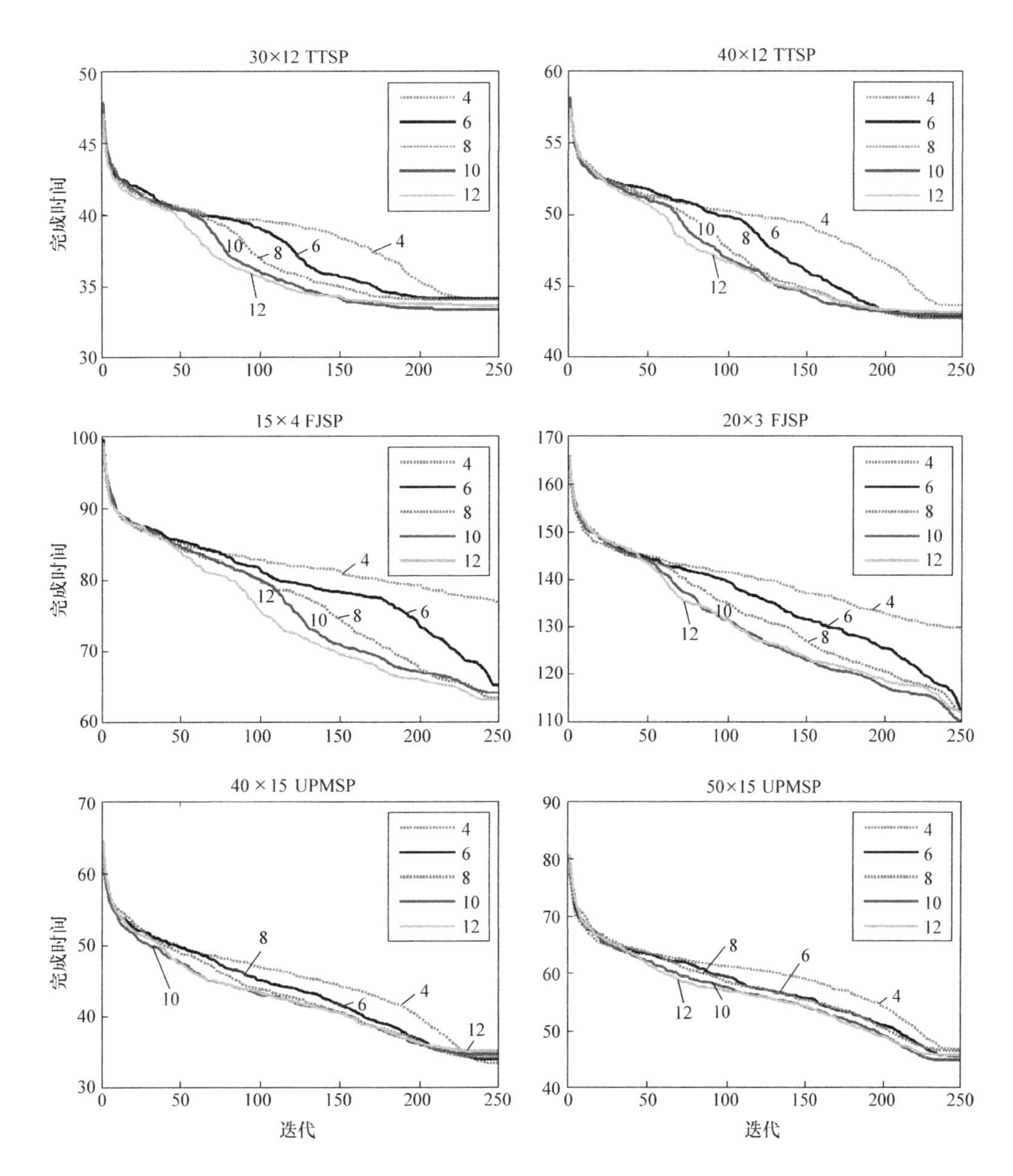

图13-7　不同曲率MCVS性能的平均收敛曲线

表13-5　不同单目标优化算法的参数配置

GA	$P_c=0.9$；$P_m=0.1$；
PSO	$\varphi_1=2$；$\varphi_2=2$；$w_{\max}=0.95$；$w_{\min}=0.4$；
BSO	$P_{generation}=0.8$；$P_{onecluster}=0.4$；$P_{twocluster}=0.5$；
MCVS	$N_c=5$；$a=1$；$b=\{10, 10, 4\}$；$c=\{0.05, 0.01, 0.1\}$

表 13-6 不同单目标优化算法解决调度问题的结果比较

问题	实例	GA	PSO	BSO	MCVS
TTSP	20 × 8	33	33.6	32.6	***32.14***
	30 × 12	39.6	39.4	35.5	***33.30***
	40 × 12	48.58	50.18	44.84	***42.96***
	50 × 15	70.92	69.80	61.36	***58.74***
FJSP	15 × 3	91.94	91.02	78.10	***76.16***
	15 × 4	81.26	80.74	68.32	***64.10***
	20 × 3	137.20	139.46	119.44	***110.34***
	20 × 4	165.06	165.90	152.46	***134.72***
UPMSP	20 × 10	26.72	25.92	15.52	***14.7***
	30 × 10	34.92	34.20	24.22	***23.44***
	40 × 15	54.06	51.9	35.4	***33.48***
	50 × 15	69.76	69.16	48.08	***46.78***

从表 13-6 可以明显地看出，相比于 GA 和 PSO，MCVS 和 BSO 在解决 TTSP 问题上取得了更好的结果。而且 MCVS 在不同的实例上都取得了更好的结果，而且问题规模越大，这种优势越明显。另外，MCVS 在求解 FJSP 和 UPMSP 上也取得了最优的平均性能，这种优势在 FJSP 上表现的更加明显。

另外，为了全面了解各个算法对问题求解性能的表现，图 13-8 和图 13-9 分别做出了部分实例的平均收敛曲线和 50 次结果的盒图。从图 13-8 可以看出，MCVS 的收敛速度是最快的，而且在搜索算法的中后期也在不断地向更优的解探索，没有处于停止搜索能力的阶段。这说明了 MCVS 相比其他算法，不易陷入局部优解，搜索能力更强。从图 13-9 可以看出，MCVS 一般可以能够得到的最小完成时间要低于其他算法。因此，从整体上看，虽然 MCVS 的方差不是最好的，但是由于最优的结果比其他算法得到的更好，所以方差会稍微大些。从实验分析可知，MCVS 算法更适合解决此类问题。

13.4.3 变异程度的调参实验

GA 作为经典的智能优化算法，已经成功应用于解决各种实际问题中。同样地，参数对算法性能也是比较明显的，需要根据问题的特征进行适当的调整。按照不断试验的方法，最终也很难决定合适的参数。并且算法进化是一个动态的搜索过程，不同的阶段可能需要不同程度的探索和开发能力。

按照上述参数调整的方法，对三个调度问题进行了实验，验证适应性参数控制策略的必要性和有效性。根据适应度地形分析，这三个调度问题的崎岖程度不一样，说明不同的问题需要不同程度的变化。GA 中的变异算子可以提高种群多样性，以帮助算法跳出局优。这里采用的变异算子如下：

$$X_i^j = \begin{cases} X_i^j + rand \times p & X_i^j \leqslant 0.5 \\ X_i^j - rand \times p & X_i^j > 0.5 \end{cases} \tag{13-6}$$

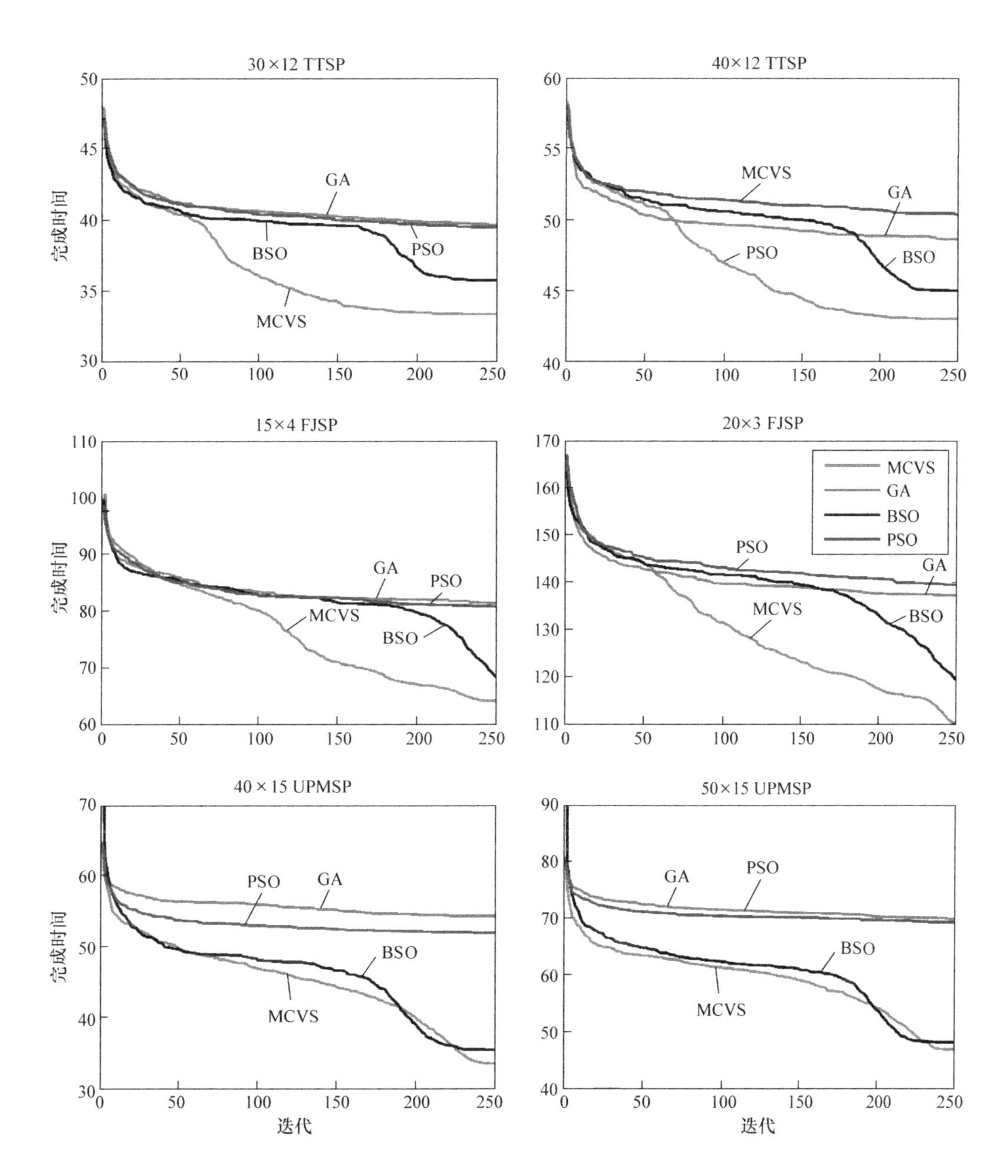

图13-8　不同单目标优化算法平均收敛曲线

一般情况下，p 取值为0.5。如果 p 值更大，那么个体的变异程度也会更大，搜索的区域将更远；如果 p 值相对地较小，就可能在局域中更加深入地搜索。所以调整 p 值，可以很大程度地改变种群的进化区域。根据上述的参数控制方法，在具体的应用时，新种群是根据胜者的区间产生的，评估根据各个区间产生新解的情况，在下一代中优选获胜区间以最大比例产生新个体，而其他的区间则以较小的比例 P_{min} 产生新个体。GA以及参数控制的具体参数配置见表13-7，调整参数前后的比较情况见表13-8。

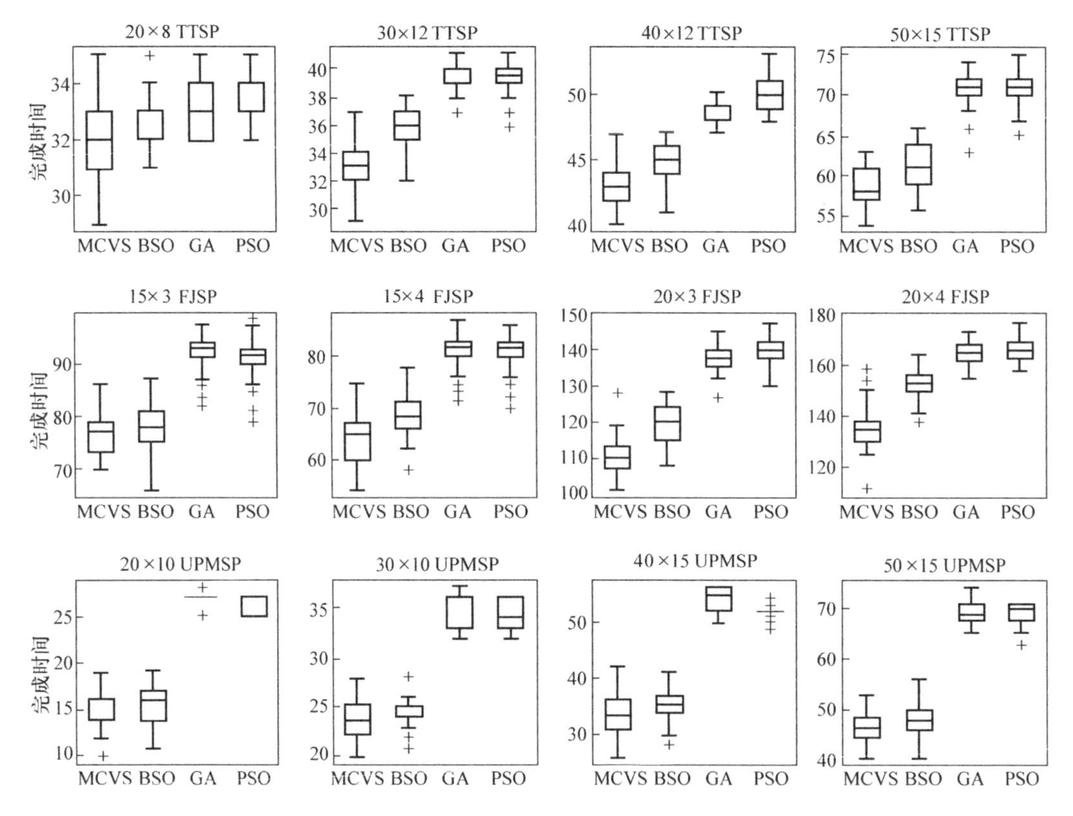

图 13-9　不同单目标优化算法解决调度问题的盒图对比

表 13-7　适应性参数调整 GA 的参数配置

GA	$N_{pop}=100$；$N_{gen}=200$；$P_c=0.9$；$P_m=1$；
参数控制	$N_r=5$；$P_{\max}=0.6$；$P_{\min}=0.1$；$\{w_i\}_{i=1}^{5}=\{2,1,1,1,1\}$
TTSP、FJSP	$p=\{[0,0.01],[0.01,0.05],[0.05,0.1],[0.1,0.3],[0.3,0.5]\}$
UPMSP	$p=\{[0,0.2],[0.2,0.4],[0.4,0.6],[0.6,0.8],[0.8,1]\}$

表 13-8　GA 调整参数前后的对比情况

问题	规模	均值（前）	方差（前）	均值（后）	方差（后）
TTSP	20×8	***31.64***	***0.2759***	31.8	0.3200
	20×12	36.44	0.8864	***35.84***	***0.6944***
	40×12	46.8	0.7600	***46.66***	***0.7444***
	50×15	64.66	***3.9841***	***62.46***	4.8249
FJSP	15×3	93.84	***12.7139***	***89.4***	15.36
	15×4	83.68	11.2176	***79.5***	***7.45***
	20×3	71.62	***6.1556***	***65.46***	9.8084
	20×4	126.88	***12.1078***	***119.98***	18.3396
UPMSP	20×10	26	1.6	***19.9***	***0.93***
	30×10	31.24	2.5024	***30.9***	***1.4900***
	40×15	39.72	4.2016	***38.78***	***4.1716***
	50×15	52.16	4.1744	***51.12***	***3.7856***

参数的选择常常决定算法对于特定问题的性能。调整参数后的结果一般优于从具有固定参数值的 GA 获得的结果见表 13-8。对于 TTSP 调整参数后的三个实例在平均性能方面优于原始结果。此外，对于 FJSP 的性能，调参后的 GA 性能远远优于原始的算法。这一结果表明，三个问题需要不同程度的变化，即对应于每个问题不同程度的崎岖性和中性。适应参数控制机制有效地利用适应度地形的信息作为反馈来控制参数的选择，并提高了 GA 在解决三个问题中的平均性能。

13.4.4　中心点数目的调参实验

多中心变尺度搜索算法（MCVS）主要是为了种群在各个区域可以同时寻找最优解，而不会过早地陷入局优，但是到了算法的中后期，算法收敛到一定的程度，中心也可能已经聚集到同一片区域，所以为了保持多样性和收敛性的平衡，可以动态地调整中心点的个数。同样利用基于空间适应度地形的适应性参数控制方法，选择平均坡度$\overline{S_{op}}$、平均中性程度$\overline{\gamma_{op}}$和最小邻居距离$\overline{d_m}$作为反馈量。这里没有选择其他两个特征参数，主要是因为最小适应度值是不会根据中心点个数而变化的，最优解是被选择作为中心的，而平均适应度值肯定会随着中心点个数的增加而增大，对算法也没有指导意义。为了保持中心的多样性和收敛性的平衡，所以在这三个参数上的表现居中者为胜者。

表 13-9　多中心、变尺度搜索算法调整中心点个数的对比情况

问题	规模	均值（前）	方差（前）	均值（后）	方差（后）
TTSP	20 × 8	32.14	***1.9596***	***31.98***	2.4196
	30 × 12	***33.3***	2.4184	33.52	***2.2896***
	40 × 12	42.96	***2.4882***	***42.9***	2.6100
	50 × 15	58.74	5.7065	***57.44***	***5.6064***
FJSP	15 × 3	76.1	***14.66***	***73.56***	15.6064
	15 × 4	64.1	23.9694	***60.88***	***17.7056***
	20 × 3	110.34	***28.5555***	***108.46***	34.4844
	20 × 4	134.72	***55.7567***	***133.42***	58.8036
UPMSP	20 × 10	14.7	***4.0510***	***14.2***	4.84
	30 × 10	23.44	3.8841	***22.56***	***2.6464***
	40 × 15	33.48	15.3296	***32.16***	***10.8144***
	50 × 15	46.78	***9.2916***	***44.6***	13.3200

假定中心个数为 N，既然是中心，引导算法的进化，数目一般较少。这里定义一个合适的范围区间［2，15］，在这个范围中适应性地选择少、中、大三个等级的中心点个数，如需要多样性高时，可能选择的点较多；算法收敛时，可能选择的点就会较少。MCVS 解决这几个问题的参数配置和表 13-5 一致，只是中心点的个数不是一个定值，而是分布在$\{[2,5),[5,10),[10,15)\}$这三个区间里。每一次产生了新种群之后，就对适应度值进行排序，较好的适应度值就是中心的候选解，分别计算 2、5、10 个中心时对应的评价指标。如果表现性能较佳者（这里是参数性能处于中间的值），则会得到 1 分，最后得分较高者，会在相应的区间随机取得一个值作为下一代中心点的个数。根据适应度地形，调整中心点的个数，也就相当于调整了中心点的分布，有效地均衡了算法的多样性和收敛性。最后，与原来调整参数之前的对比情况见表 13-9。

从表 13-9 的对比情况来看，算法在调整中心点个数后整体的平均性能得到了一定的提升，特别是对于 FJSP 问题。另外，调整参数的效果在越大规模的实例上，效果越明显，这是因为小规模实例的解空间相对较小，原本算法的搜索能力是可以搜索到优解的，所以调整参数之后算法的效果没有那么明显。对于稍大一些规模的案例，解空间巨大，算法更容易陷入局部优解，这时调整中心点的个数，可以开拓不同的搜索区域，提高算法的搜索能力。

13.5 本章小结

本章重点对单目标 Job - based 类调度问题的求解方法进行了研究和介绍，通过对 Job - based 类调度问题特性的分析，发现其是典型的多模优化问题，解空间具有多个全局最优解和局部最优解，因此算法容易陷入局部最优。基于此特性，探讨一种多中心变尺度搜索算法，并利用适应性地形分析的特征参数作为反馈量，对搜索算法的参数进行适应性参数控制，从而形成了完备的解决方案。通过对测试任务调度问题、柔性车间调度问题以及并行机调度问题的测试，证明了该方法的有效性和合理性。

对于优化问题的求解来说，如何在多样性保持能力和收敛速度之间得到平衡，一直是搜索算法需要解决的问题，本章利用适应度地形分析的结果分别从算法设计与参数控制的角度进行了详细阐述。

参 考 文 献

[1] YAZDANI S, NEZAMABADI - POUR H, KAMYAB S. A gravitational search algorithm for multimodal optimization [J]. Swarm and Evolutionary Computation, 2014 (14): 1 - 14.

[2] HAGHBAYAN P, NEZAMABADI - POUR H, KAMYAB S. A niche GSA method with nearest neighbor scheme for multimodal optimization [J]. Swarm and Evolutionary Computation, 2017 (35): 78 - 92.

[3] Tuo Shouheng, Zhang Junying, Yong Longquan, et al. A harmony search algorithm for high - dimensional multimodal optimization problems [J]. Digital Signal Processing, 2015 (46): 151 - 163.

[4] WANG H, MOON I, YANG S, et al. A memetic particle swarm optimization algorithm for multimodal optimization problems [J]. Information Sciences, 2012 (197): 38 - 52.

[5] CHANG W D. A modified particle swarm optimization with multiple subpopulations for multimodal function optimization problems [J]. Applied Soft Computing, 2015 (33): 170 - 182.

[6] BOŠKOVIĆ B, BREST J. Clustering and differential evolution for multimodal optimization [C]. IEEE Congress on Evolutionary Computation, San Sebastian, Spain, 2017.

[7] LIANG Y, LEUNG K S. Genetic Algorithm with adaptive elitist - population strategies for multimodal function optimization [J]. Applied Soft Computing, 2011, 11 (2): 2017 - 2034.

[8] AZZOUZ A, ENNIGROU M, SAID L B. A self - adaptive hybrid algorithm for solving flexible job - shop problem with sequence dependent setup time [J]. Procedia Computer Science, 2017 (112): 457 - 466.

[9] SOBEYKO O, MÖNCH L. Heuristic approaches for scheduling jobs in large - scale flexible job shops [J]. Computers & Operations Research, 2016 (68): 97 - 109.

[10] NOURI H E, DRISS O B, GHÉDIRA K. Hybrid metaheuristics within a holonic multiagent model for the flexible job shop problem [J]. Procedia Computer Science, 2015 (60): 83 - 92.

[11] MUTHIAH A, RAJKUMAR A, RAJKUMAR R. Hybridization of artificial bee colony algorithm with particle swarm optimization algorithm for flexible job shop scheduling [C]. 2016 International Conference on Energy Efficient Technologies for Sustainability (ICEETS), India, 2016: 896 - 903.

[12] Chen Xiao, Liu Jing. Parallel test task scheduling with constraints based on hybrid particle swarm optimization and taboo Ssearch [J]. Chinese Journal of Electronics, 2012, 21 (4): 615 - 618.

[13] Shi Yuhui. Brain storm optimization algorithm [M]. Berlin: Springer Berlin Heidelberg, 2011.

[14] Lu Hui, Zhou Rongrong, Cheng Shi, et al. Multi - center variable - scale search algorithm for combinatorial optimization problems with the multimodal property [J] . Applied Soft Computing, 2019 (84): 105726.

第 14 章　多目标调度算法

Job – based 类调度问题不仅需要合理地安排任务顺序，也要分配合适的资源。在实际工程中，往往想要实现多个目标，比如完成时间最短，资源利用率最大，负载均衡水平最大等，因此研究多目标 Job – based 类调度问题是一个非常具有实际价值的课题。下面将对多目标 Job – based 类调度问题进行问题特性分析，然后进行优化算法设计与参数控制，提高算法的求解能力。

14.1　多目标 Job – based 类调度问题的分析

14.1.1　问题特性的分析

除了和单目标 Job – based 类调度问题相同的一些问题特性，多目标 Job – based 类调度问题还具有一些特有的特征，包括各个目标解的分布、前沿解的分布情况等。例如，通过统计搜索算法中每一代解的分布情况如图 14-1 所示，TTSP（这里以 40 × 12 的 TTSP 为例）在两个目标上的解都集中在中间部分，于是就导致了搜索的解在目标空间也是大量地分布在支配解集部分，前沿解集的数量非常少。

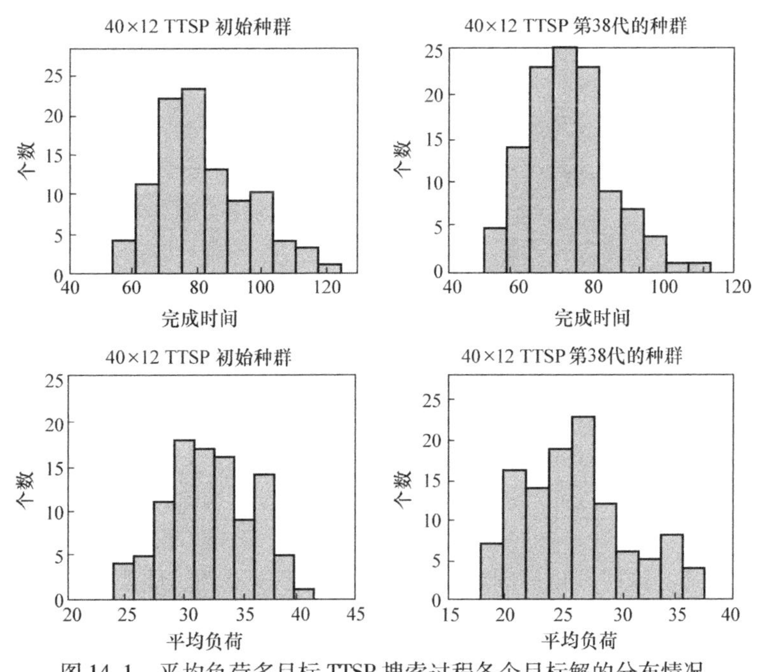

图 14-1　平均负荷多目标 TTSP 搜索过程各个目标解的分布情况

此外，多目标组合优化问题同样表现出了多模性质——不同的 Pareto（帕累托）集合拥有相同的目标值，即在决策空间的多个解对应着目标空间的一个解。为了进一步说明多目标问题的多模性质，遍历了小规模案例的解空间，统计结果见表 14-1。其中，N_{soluD}和N_{soluO}分别是在决策空间和目标空间所有解的数量。$R_{D/O}$是N_{soluD}与N_{soluO}的比值，该值表示平均每$R_{D/O}$个决策空间的解拥有相同的目标值。N_{pareO}是在目标空间 Pareto（帕累托）前沿中解的数量，N_{pareD}表示每个 Pareto（帕累托）前沿解在决策空间对应的数量。

表 14-1　多目标组合优化问题解空间统计结果

问题	N_{soluD}	N_{soluO}	$R_{D/O}$	N_{pareO}	N_{pareD}
TTSP	103 680	116	893.79	4	1440, 96, 288, 8
	51 840	306	169.41	5	36, 36, 272, 32, 4
FJSP	39 366	585	67.29	1	4
	13 122	493	26.62	2	12, 5
UPMSP	122 880	409	300.44	2	40, 24
	1 296	104	12.46	2	6, 6

从表 14-1 可以看出，$R_{D/O}$的值是大于 1 的，这就说明决策空间的多个解确实只对应目标空间的一个解。尽管小规模实例真实前沿解较少，N_{pareD}的值有效地说明了存在不同的 Pareto（帕累托）解集对应着同一个 Pareto（帕累托）前沿。例如，表 14-1 中第一行实例的目标解空间如图 14-2 所示，决策空间中 103 680 个解只对应了目标空间上百个解。此外，真实前沿解的数量也非常少。由于决策变量是高维的，难以直接展示，因此图 14-2 给出了一个多模特性的示意图，不同的 Pareto（帕累托）解集对应着目标空间相同的前沿。

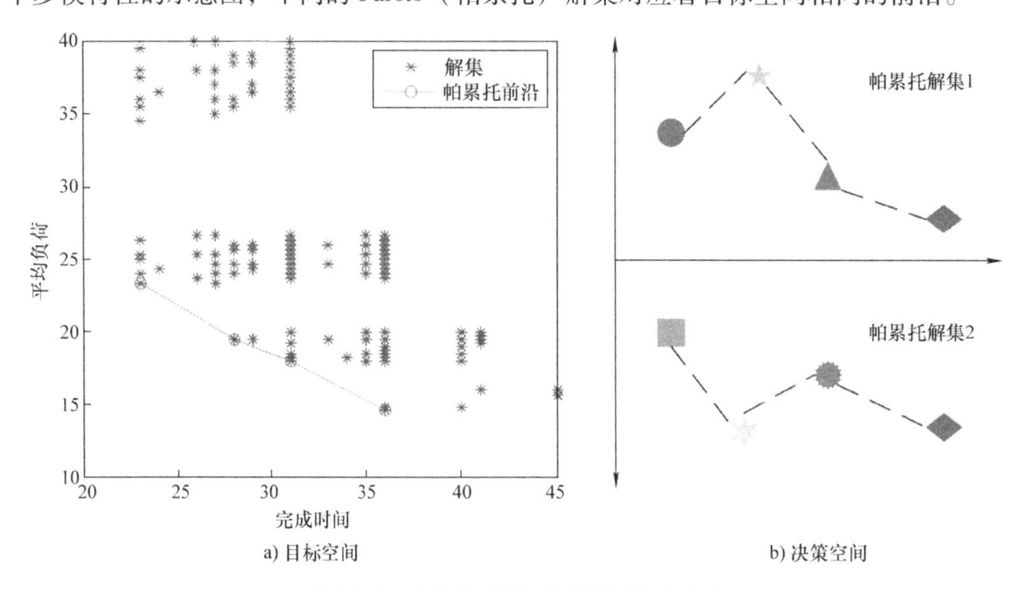

a) 目标空间　　b) 决策空间

图 14-2　多目标 TTSP 的多模特性示意图

从上述分析可知，这些多目标问题同样表现出了多模特性，即决策空间解的离散性不能反映目标空间解的离散性。例如，在算法迭代过程中，需要保留一些候选解作为产生下一代种群的基础，但是如果保留了很多在目标空间拥有同样适应度值的解，那么可能就忽视了目标空间的离散性和分布性。不仅如此，这样也可能误导了算法的搜索方向。更具体地说，如果只需要保留 N 个个体，但是其中拥有相同目标值的解占到了 90%，在这种情形下，下一代种群的大部分个体将是由目标空间的同一个个体产生的，这样不仅不能保持个体的多样性，而且浪费了搜索的资源。从这个角度考虑，充分考虑问题的特性在算法设计过程中是非常有必要的。

14.1.2 优化算法的分析

目前，已经有很多改进的多目标优化算法成功地应用到 Job - based 类调度问题中，并且取得了较好的性能表现，这包括融合了混沌算子的快速非支配排序遗传算法（NSGA - II，Non - dominated sorting genetic algorithm - II）[1] 和变邻域的基于分解的多目标进化算法（MOEA/D，Multiobjective Evolutionary Algorithm based on Decomposition）[2] 等。

NSGA - II 中每个个体有两个参数：排序等级和拥挤度算子，这可能增加了算法的时间复杂度。特别地，因为 Job - based 类调度问题是离散问题，真实前沿也是离散的，所以原本 NSGA - II 的这种策略并不是特别适合 Job - based 类调度问题。换句话说，大部分连续问题的前沿其实是一个无限集合，而多目标优化算法的目标是寻找一个有限的集合逼近真实的前沿。而这些算法都是为了这个目标提出的，算法的仿真实验都是基于连续的测试函数，这可能并不完全适用于实际的离散问题。因此需要根据问题的特性，重新选择更合适的算法解决实际问题。

相对而言，MOEA/D 比 NSGA - II 的效率更高，因为它不是基于非支配排序进行保留个体的，而是基于聚合的方法，因此 MOEA/D 就很容易丢失非支配解。例如，在一个两个目标的问题中，图 14-3 中的点 A 和点 B 都是前沿的候选解，如果根据支配关系，点 B 将会存活下来。但是，在聚合的方法中，点 A 和 B 都有机会存活下去。假设 A 和 B 的坐标是(a_1,a_2)和(b_1,b_2)，权重矢量 $\boldsymbol{\lambda}_1$ 是$(\lambda_{11},\lambda_{12})$，那么 $\sum_{i=1}^{2}\lambda_{1i}\times a_i$ 和 $\sum_{i=1}^{2}\lambda_{1i}\times b_i$ 就存在大小关系，这决定保留哪个点。如果这个子问题是另外一个权重矢量，那么就可能出现相反的情况。因此，如果点 A 被保留下来，那么真实前沿可能就会丢失了一个解。这对于本身前沿解就不多的 Job - based 类调度问题来说，是应当尽可能避免的。

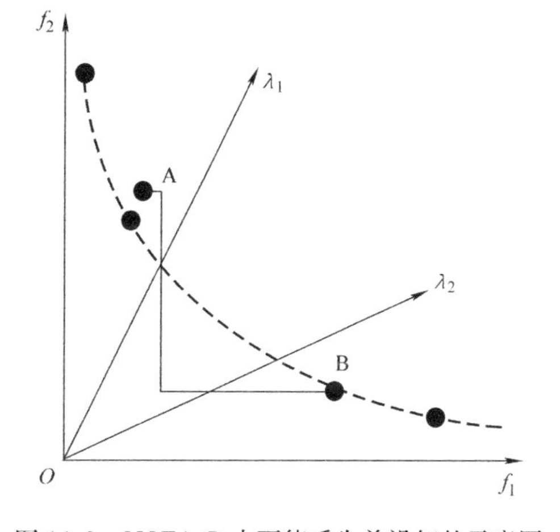

图 14-3 MOEA/D 中可能丢失前沿解的示意图

这两种多目标优化方法在解决 Job - based 类调度问题上各有各自的优点，NSGA - II 的精英策略可以促进算法的收敛，并且基于支配关系，不容易丢失有效解。MOEA/D 根据子问题快速让前沿聚集到一个较为优胜的区域，使得算法效率较高，同时保证了收敛性。

14.2 多目标 Job - based 类调度问题的优化算法

由于实际问题的复杂性和高维性质，很难成功地获得真正的 Pareto（帕累托）前沿。因此，多目标优化算法的主要目标一般包括收敛性和多样性两个方面[3]。为了追求这两个目标，研究者提出了多种策略来提高多目标优化算法的性能。多目标优化算法主要包括适应度值分配、选择和种群多样性的维持，如图 14-4 所示。对应这个算法框架的各个部分，每个算法都具有与之相应的设计。其中，适应度值分配和选择决定收敛的方法，保持种群的多样性是确保前沿解集整体性能的核心步骤。根据优化领域著名的“没有免费午餐”定理[4]，每种算法都有其自身的特点和应用领域。因此，当一个成熟的算法应用于一个具体的问题时，需要考虑实际问题的特点。

从适应度值分配的角度来看，大多数的智能优化算法是基于 Pareto（帕累托）支配关系，如 GA、PSO 和差分进化算法（DE）。另外，基于分解的方法是另一个被广泛研究的方法。这两种方法在求解不同的问题上都各有优缺点。例如，基于 Pareto（帕累托）的方法更适合于离散问题，而基于分解的方法更适合有很多局部的 Pareto（帕累托）最优前沿[5]。然而，当种群数量和目标数目增多时，基于 Pareto（帕累托）的方法更耗时[6]。不管他们是基于适应度分配方法，所有的算法都提出了一些其他的策略来促进收敛性并保持多样性。于是增加了算法的复杂度。在现有的多目标优化算法中，“精英”机制作为有效的工具可以促进算法的收敛速度[7]。类似地，学者们也提出了其他提高算法性能的策略，包括参数控制、自适应进化算子和混沌算子等。另一个问题是如何选择合适的解集来保证下一代的多样性，已有的策略包括适应度值共享，拥挤度算子，基于指标的方法等。这些策略表现在不同性质的问题上表现出更好的性能，包括多模性质问题，均匀或不均匀的 Pareto（帕累托）前沿，连续或离散问题。

为解决多目标 Job－based 类调度问题，有很多现成的、比较成熟的多目标优化算法可以直接使用。然而，它们没有考虑到问题的特殊性。因此，如图 14-4 所示，需要根据多目标问题特征，在不同的方面设计更适合问题的操作，以此提高算法的收敛性、多样性和效率。

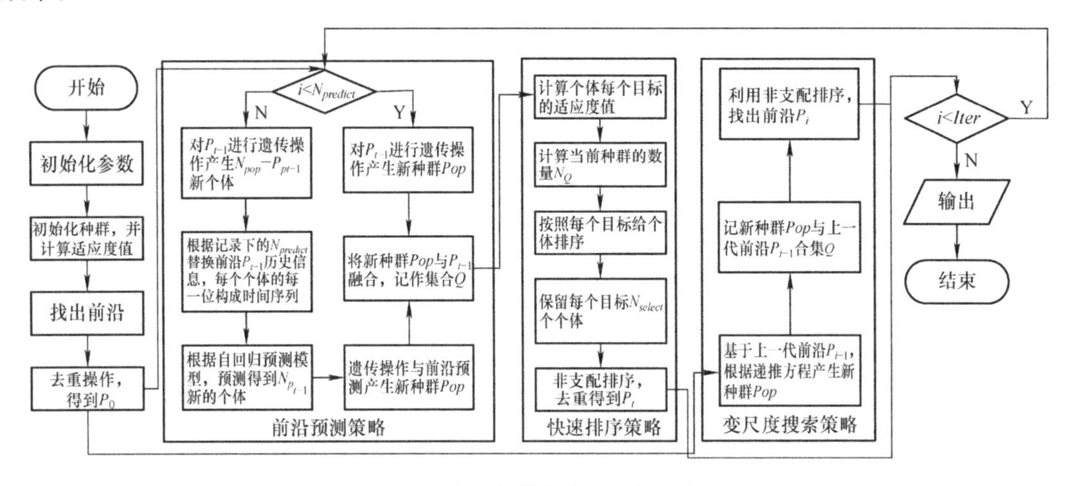

图 14-4　多目标优化算法框架示意图

14.2.1　纯粹的“精英”策略

NSGA－Ⅱ中的“精英”策略是给个体划分等级，然后在个体比较时选择等级较高的作为新的父代，所以这个父代包括除了等级为 1 的前沿，还包括很多支配解集，于是会减缓种群进化的速度，从而影响前沿收敛的速度。本节采用纯粹的“精英”策略，每一代种群和上一代前沿组在一起后挑选出新的前沿解集，此时支配解集就被淘汰了，然后新一代种群就在前沿解集的基础上产生。这样不仅可以加快算法的收敛，而且在算法后期，有利于算法在较优的结果上进一步深入开发，以获得更优质的解。

14.2.2　基于缩减规模的非支配快速排序

一般的非支配排序方法需要将种群中所有的个体排序，划分等级，这是一件非常耗时的操作，因为每个个体都需要和其他的个体做很多次的比较，才能确定最终的等级。考虑到解在目标空间的分布情况，支配解集分布较多，而非支配解集相对较少，提出一种基于缩减规模的快速非支配排序方法（SDNS，Non - dominated Sorting based on Scale - doum）。这种方法的主要思想是在每个目标上选取目标值较小的一些个体（最小化问题）参与非支配排序，而其他的个体不参与排序的过程，这样再从少量的个体中利用排序非支配排序的方法挑选出前沿解集，如图14-5所示。

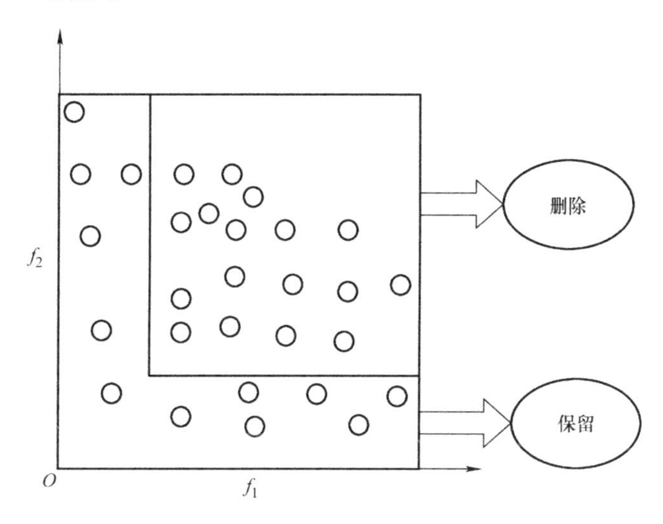

图14-5　SDNS策略的示意图

SDNS的具体步骤如下：

1）计算种群 Q 中每个个体在各个目标上的适应度值；

2）计算当前种群 Q 的个体数量 N_Q；

3）按照每个目标对个体进行排序；

4）在每个目标上保留 N_{select} 个个体，记作 T；

5）用快速非支配排序方法挑选出等级为1的个体，即为帕累托前沿。

14.2.3　去重策略

根据14.1.1中对于多目标调度问题的分析可知，该类问题属于多模态问题，决策空间存在着大量的解同时对应着目标空间的解。如果对这种情况不进行合理地调整，会造成浪费搜索资源和误导搜索方向的情况。因此，针对该问题，本节探讨在每一次迭代中，Pareto（帕累托）前沿的候选解在决策空间进行去重操作，也就是说Pareto（帕累托）前沿的每一个解在决策空间只选择一个解进化到下一代。不失一般性，这里选择在多个“重复解”中随机选择一个解保留。虽然这只是一个简单地去重操作，但是是容易被忽视的，这也是根据问题特性的分析而提出的针对性的一个策略，它可以有效地防止所有个体聚集的情况，增加真正前沿的多样性。

14.2.4 前沿预测策略

目前，多目标优化算法在大多数问题上获得了性能良好的Pareto前沿，但也面临着复杂性和多样性的严峻挑战。充分利用历史信息是一种新的促进算法快速收敛的方法，最近吸引了越来越多的关注。

1. 基于历史信息的方法

基于历史信息的方法已经成功地应用到多目标优化中，并且取得了一定的进步。Hatzakis和Wallace首次在动态多目标优化算法中加入了向前预测的策略（FPS）[8]，该策略加在动态环境发生变化之后，适用于种群重启。如果随机重启种群，算法就得从初始状态重新进行搜索。FPS策略中重启种群由三部分组成：上一时刻的支配解集、非支配解集和预测解。产生预测解的基本思想是记录每个历史时刻Pareto解集的端点，该问题有 M 个目标，就会构造出 M 个时间序列，就能预测出 M 个新解加入重启种群中。通过实验数据可以发现该策略一定程度上可以更快地追踪到前沿。Zhou等人提出追踪种群的策略，记录历史时刻的种群信息，依据距离的概念关联种群[9]。后来，Zhou等人提出种群预测策略，将Pareto前沿分成两个部分——中心和流形，记录历史前沿的中心，预测下一时刻的中心，利用流形的变化，预测整个初始种群[10]。Koo等人提出新的追踪和预测Pareto解集变化的方法，基于历史信息预测下一时刻前沿解集的方向和大小，定义为预测梯度[11]。

国内对预测模型也有相关的研究，并取得了一定的研究成果。Huang等人提出在算法中加入趋势预测，预测Pareto解的前进方向，在算法中加入前进方向的趋势选择粒子，提高算法的收敛性[12]。彭星光等人根据历史Pareto前沿信息通过预测产生新环境下的初始种群，使算法快速地适应新环境[13]。他们设计了基于超块的Pareto解集关联方法，先对候选解进行初选，然后再构造描述历史信息变化的时间序列。为了在动态环境中快速追踪到前沿解集，武燕等人提出一种新的多目标预测遗传算法。主要思想是先通过聚类的方式找出当前Pareto面的质心，通过质心与参考点的结合描述当前Pareto前沿，从而预测新的点集，实现有指导地增加种群多样性[14]。大部分的预测策略是根据动态变化后前沿解集趋于稳定之后的历史信息进行预测的，而彭舟提出了一种新的基于引导个体的预测策略，是利用动态变化后一小段进化过程的历史信息进行预测的。通过前期进化过程的方向，产生引导个体，实现对最优解集潜在区域的预测[15]。丁进良等人提出了一种基于结构化参考点建立预测时间序列的方法，有指导地增加种群多样性[16]。参考点都均匀分布在超平面上，每个参考点与原点确定参考向量，与该参考向量距离最近的个体与这个参考点关联。最后，关联到一个参考点的个体构造出一个时间序列。

2. 时间序列构造

为了快速追踪到前沿的历史信息，本节探讨提出了给个体添加标签的方法，该方法追踪的是前沿父代的信息，合理且效率高。具体的方案是给种群中每个个体附加两个标签，一个是当前的代数，另一个是在上一代父亲的位置。在初始种群中，代数为0，位置为在种群中的顺序。于是，通过两个标签，就能追踪个体的历史信息，构造出时间序列。追踪个体的示意图如图 14-6 所示。举例来说，图 14-6 中第二代的第二个蓝色标出的个体标签是 3，说明他的父代是第一代的第三个个体。在算法中，只需要追踪前沿的 $N_{history}$ 代历史信息，用来预测下一代前沿可能存在的位置。

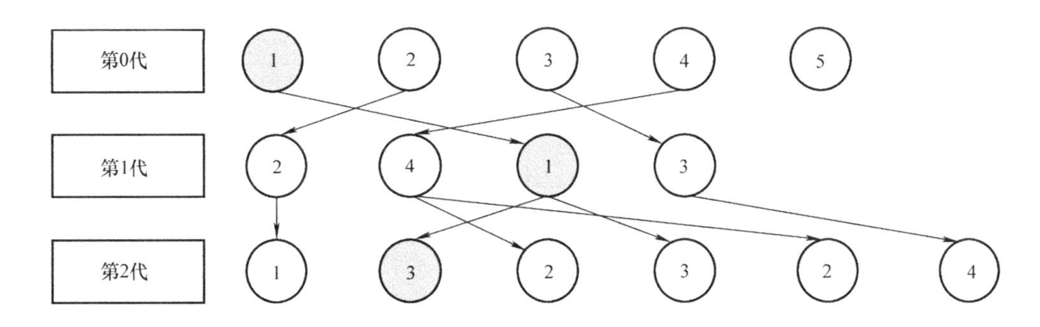

图 14-6　追踪个体历史信息的示意图

3. 预测模型

自回归模型是一种常用于时间序列分析的策略，首先它具有简单、直接的过程，计算复杂度要比其他预测算法小，其次自回归模型可以充分利用早期的所有历史信息，不仅保证了预测的准确性和连续性，而且不会遗漏任何有用的信息。而且，当数据实时更新时，它也能够动态地确定模型的参数。这里，基于自回归模型简单而有效的预测能力，就利用自回归模型作为预测模型。

在第 t 代，可以得到前一代前沿中 $P_{t-1}=(X_{t-1}^1, X_{t-1}^2, \cdots, X_{t-1}^{N_{pt-1}})$ 每个个体的历史信息 $(X_{t-N_{history}}, \cdots, X_{t-2}, X_{t-1})$。对一个个体 X_{t-1} 来说，决策变量有 n 维，记作 $(x_{t-1}^1, x_{t-1}^2, \cdots, x_{t-1}^n)$。然后，对个体的每一维 $x_{t-1}^i\ i\in[1,n]$ 来说，可以得到历史信息 $(x_{t-N_{history}}^i, \cdots, x_{t-2}^i, x_{t-1}^i)$，并且可以通过自回归模型预测下一代的位置，公式如下：

$$x_t^i = w^i + \sum_{k=1}^{N_{history}} a_k^i \times x_{t-k}^i \quad i=1,\cdots,n \tag{14-1}$$

式中，a_k^i 是自回归系数，w^i 是截距项。

预测的个体和由其他操作算子产生的个体一起构成新的种群。预测下一代个体的具体过程如下：

1）根据标签信息 N_{gen} 和 L_{father}，追踪前 $N_{history}$ 代历史信息，即找到每个个体的 $N_{history}$ 代父代 $(X_{t-N_{historry}}, \cdots, X_{t-2}, X_{t-1})$。

2）对每个个体 $(X_{t-N_{historry}}, \cdots, X_{t-2}, X_{t-1})$，有一个时间序列 $(x_{t-N_{history}}^i, \cdots, x_{t-2}^i, x_{t-1}^i)\ i\in[1,n]$。根据预测模型，得到每个维度的预测值 x_t^i。于是就产生了一个新个体。

3）重复步骤 2）$N_{p_{t-1}}$ 次，产生 $N_{p_{t-1}}$ 个新个体，输出 $(X_t^1, X_t^2, \cdots, X^{N_{p_{t-1}}})$。

4. 基于前沿预测的多目标进化算法

基于问题特性分析和已有的算法研究，提出了基于前沿预测的多目标进化算法（PP-MOEA），主要包括“精英”策略，基于缩减规模的快速非支配排序（SDNS）的方法和前沿预测的策略。表 14-2 给出了算法中需要用到的符号。其中，下标 t 和 $t-1$ 代表的是当前代和前一代。

表 14-2 PP－MOEA 算法中的符号含义

n	任务的数量	m	设备的数量
N_{pop}	种群的数量	P_t，P_{t-1}	当前和上一代前沿
$Max\_iteration$	总的迭代次数	N_{P_t}	前沿中解的数量
N_{gen}	当代种群的数量	L_{father}	上一代种群中父亲的位置
$N_{predict}$	开始使用预测策略的代数	$N_{history}$	用作前沿预测的代数
N_{select}	每个目标上选择参加非支配排序的个体数量	i	当前代数

PP－MOEA 的具体步骤实现如下：

（1）初始化

1）初始化参数 N_{pop}、$Max\_iteration$、$N_{predict}$、$N_{history}$、n、m；

2）产生初始种群 $Pop_0=(X_0^1,X_0^2,\cdots,X_0^{N_{pop}})$，计算每个个体每个目标的适应度值；

3）使用 *SDNS* 策略找到前沿解集，并进行去重操作得到 P_0。

（2）重复步骤

当“没有达到理想的效果或者预设的条件没有达到”，重复以下步骤：

1）如果 $i\leqslant N_{predict}$，基于前沿解集 P_{i-1} 通过基本操作算子产生新种群 Pop_i；

2）否则，产生新种群 Pop_i 按照如下的方式：

a）计算在 P_{i-1} 中的个体数量 $N_{p_{i-1}}$；

b）基于前沿解集 P_{i-1}，通过基本操作算子产生新种群 $Pop_i=(X_i^1,X_i^2,\cdots,X_i^{N_{pop}-N_{p_{i-1}}})$；

c）基于前沿解集 P_{i-1} 的历史信息，用预测的方法产生新种群 $Pop_i=(X_i^{N_{pop}-N_{p_{i-1}}+1},\cdots,X_i^{N_{pop}})$；

3）新种群 Pop_i 和上一代前沿 P_{i-1} 一起构成新集合 Q；

4）采用 *SDNS* 策略在 Q 中找到前沿解集，并进行去重操作得到 P_i。

（3）输出前沿解集。

14.2.5 变尺度的搜索策略

1. 递推操作

基于前沿预测的策略有效地利用了历史前沿解的信息，提高了搜索过程中的多样性，促进了收敛性，使得算法更有方向性，但是预测模型的时间复杂度较高，算法效率低下。为了利用前沿信息，并提高效率，本节采用一个新的递推操作算子，方程如式（13-5）所示，不仅简化了原本复杂的操作算子，而且引进了变尺度的搜索策略。于是不仅可以提高效率，利用前沿信息，而且有利于平衡搜索过程中探索与开发的关系。综合纯粹的“精英”策略和递推操作算子，提出了更高效率，更适合解决 Job－based 类调度问题的多目标变尺度搜索算法（MOVS）。与 PP－MOEA 不同的是不再使用预测前沿的策略，而是直接在前沿解集上使用递推方程，产生新种群。

MOVS 将 Pareto 前沿作为每一代的中心，结合递推方程从全局搜索到局部搜索的过程，就会在算法初期加快算法向较好区域收敛的速度，然后在较好的区域进行更深入的局部搜索，使得算法在整个算法周期都有不断搜索的动力。而且 Pareto 前沿就是指导算法收敛的方向，充分利用算法本身和问题特性两方面的信息。MOVS 的搜索示意图如图 14-7 所示。基于前沿的“精英”策略，加快算法收敛的速度。此外，递推方程其实就是最简单的预测模型，不仅利用了前沿信息，而且提高了算法效率。递推方程中还加入了变尺度搜索策略，在搜索的不同时期，实施了不同的搜索策略，增强了搜索过程的适应性。

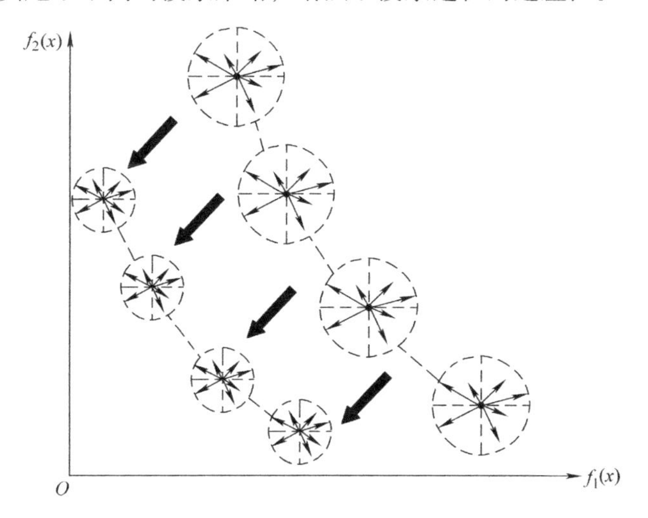

图 14-7　多目标变尺度搜索算法示意图

2. 多目标变尺度优化算法

多目标变尺度优化算法（MOVS）使用递推方程作为新种群的产生方式，不仅提高了效率，而且粗搜和精搜策略平衡了探索和开发的关系，提高了多目标优化算法的整体性能。MOVS 的具体步骤如下：

（1）初始化

1）初始化参数：N_{pop}，$Max\_iteration$，n，m；

2）随机初始化种群 Pop_0，并计算各个目标上的适应度值；

3）找出前沿解集，并进行去重操作得到 P_0。

（2）重复步骤

当“没有达到理想的效果或者预设的条件没有达到”，重复以下步骤：

1）随机挑选前沿解集中一个解作为基准，根据递推方程产生一个新解，重复该操作直到产生 N_{pop} 个新个体，组成新种群 Pop_i；

2）新种群 Pop_i 与上一代前沿 P_{t-1} 组成一个集合 Q；

3）根据集合 Q 找出前沿解集，并进行去重操作得到 P_t。

（3）输出前沿解集。

14.3　基于多目标前沿分布的适应性参数控制

14.3.1　前沿分布

多目标 Job－based 类调度问题是离散问题，前沿点的分布不是连续的。此外，因为适应度值在各个目标上呈中间居多的特征，导致多目标 Job－based 类调度问题的真实前沿数量较少，所以在搜索过程中，特别容易出现如图 14-8 所示的前沿数量极少的现象。由于前沿分布性特别不均匀，因此不利于算法进一步的优化。

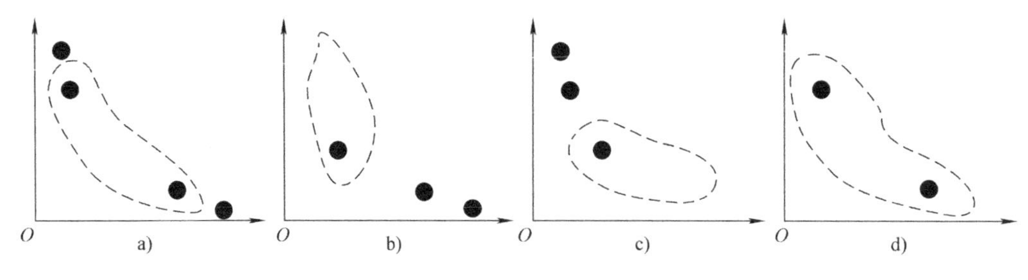

图 14-8　前沿分布示意图

如图 14-8a）所示，前沿分布会出现往各个目标的最优解靠拢，导致前沿中间断开，如果继续按着这个方向走下去，不仅最终得到的前沿分布不均匀，而且得到的可能是各个目标上的最优解，就相当于单独做两次单目标的优化，并没有达到多目标优化的目标，不能为决策者提供充分的选项。图 14-8b）、图 14-8c）属于相同的情况，都是前沿往一个目标上靠拢，偏向性比较大，对多个目标来说不公平。最后，图 14-8d）说明的是前沿数量特别少的情况，以此为引导，决策空间会出现多样性不足的情况。所以，为了提高前沿的多样性和分布性，需要对算法过程中得到的前沿做适应性的调整。

14.3.2　调整策略

如果前沿数量少于预设的阈值，就在每个目标上取最优的解加入前沿解集中，作为算法的中心参与下一次迭代。否则，通过聚类将相邻解距离分为两类。如果属于距离较大的，就在该解的邻域插入其他支配解，提高整个中心的多样性和分布性。具体的调整方法如下，其中数量的阈值设为 N_c。

1）计算前沿解集 P_{t-1}的大小 N_{pareto}；

2）如果 N_{pareto}小于 N_c，就选择各个目标上更优的 N_{add1}个解组成集合 O_{add1}，将该集合加入前沿 P_{t-1}作为算法的中心 C_{t-1}；

3）否则，按照一个目标给前沿解集排序，并计算相邻解之间的距离。通过聚类的方法，自动将这些距离分为两类，选择距离较大的一类。在这些解的邻域内，选择 N_{add2}个解记作 O_{add2}。将 O_{add2}加入 P_{t-1}中作为算法中心 C_{t-1}。

基于该调整中心数目的方法，就可以在算法过程中适应性地调整前沿的数目，从而增加算法的多样性和前沿的分布性，提高最终前沿解集的性能。

14.4　实验仿真与应用

14.4.1　评价指标

衡量多目标优化算法取得的前沿解集的质量最简单的方法就是与问题真实的前沿相比，但是在一般实际复杂的问题中，真实前沿是未知的，这样就只能选用其他衡量的方法。其中，Hyper Volume（HV）指标是一项具有综合衡量收敛性和分布性的指标，应用十分广泛。

假设 S 是一个非支配解集，参考点记为 $Ref=(r_1,r_2,\cdots,r_M)$，其中 M 是目标数。解集 S 的 HV 指标定义为由解集 S 中所有点与参考点在目标空间中所围成的超立方体的体积，表示为 $Hv(S)$[17]

$$Hv(S)=Leb\left(\bigcup_{X\in S}[f_1(X),r_1]\times[f_2(X),r_2]\times\cdots[f_M(X),r_M]\right) \tag{14-2}$$

式中，$Leb(S)$为解集 S 的勒贝格测度（Lebesgue Measure），$[f_1(X),r_1]\times[f_2(X),r_2]\times\cdots[f_M(X),r_M]$表示被 X 支配而不被参考点 Ref 支配的所有点围成的超立方体。

14.4.2　基于前沿预测多目标优化算法的性能分析

以 TTSP 为例，将 PP－MOEA 与 NSGA－Ⅱ[1]和 VNM[2]做对比，主要从 HV 指标和前沿图观察它们的性能表现。其中，PP－MOEA 中产生新个体的操作算子是多点交叉和变异。三个算法具体的参数配置见表 14-3。

表 14-3　PP－MOEA 与其他多目标优化算法求解多目标 TTSP 的参数配置

实例	种群	迭代次数	P_c，P_m (NSGA－II)	P_c，P_m (PP－MOEA)	VNM
20×8	70	120	0.9，0.1	1，0.1	$CR=0.5$，$F_1=1$，$F_2=1$，$P=0.5$
30×12	100	250	0.9，0.1	1，0.1	
40×12	100	250	0.9，0.1	1，0.1	
50×15	100	250	0.9，0.1	1，0.1	

表 14-4　PP－MOEA 与其他多目标优化算法在解决 TTSP 问题的比较情况

实例	指标	NSGA－II	VNM	PP－MOEA
20×8	均值	2.8135e3	2.5790e3	***2.9651e3***
	方差	4.1715e3	2.4034e4	***2.7384e3***
30×12	均值	2.9621e3	2.6348e3	***3.1372e3***
	方差	***1.1129e4***	4.2399e4	1.3998e4
40×12	均值	3.3072e3	3.1174e3	***3.4252e3***
	方差	2.5621e4	3.8665e3	***1.5059e3***
50×15	均值	***4.8358e3***	4.2486e3	4.6542e3
	方差	3.1217e4	7.8373e4	***1.1229e4***

每次实验运行 50 次，取其平均值，记录在表 14-4 中，性能表现最优的以加粗和斜体突出。可以看出，不管是从均值还是方差的角度，PP－MOEA 在大部分案例的表现优于其他两个算法，说明算法的收敛性和稳定性都较好。为了更直观地比较算法，图 14-9 展示了这三个多目标优化算法在 TTSP 不同实例中得到的前沿图。PP－MOEA 得到的前沿图整体比其他两个算法收敛，而且多样性也较好，只有在大规模实例方面稍有欠缺。

PP－MOEA 算法探讨了只基于前沿进化的“精英”策略，加快了算法的收敛速度，并推进了算法更深入的探索。根据多目标 Job－based 类调度问题解在目标空间分布的特点，提出了基于缩减规模的快速非支配排序策略，极大地提高了算法的效率。另外，为了使算法能有效地利用进化信息，提出了前沿预测的策略。总体上，算法在解决调度问题上取得了一定的效果，但是也存在一定的问题。例如，自回归预测模型非常耗时，使得整个算法时间复

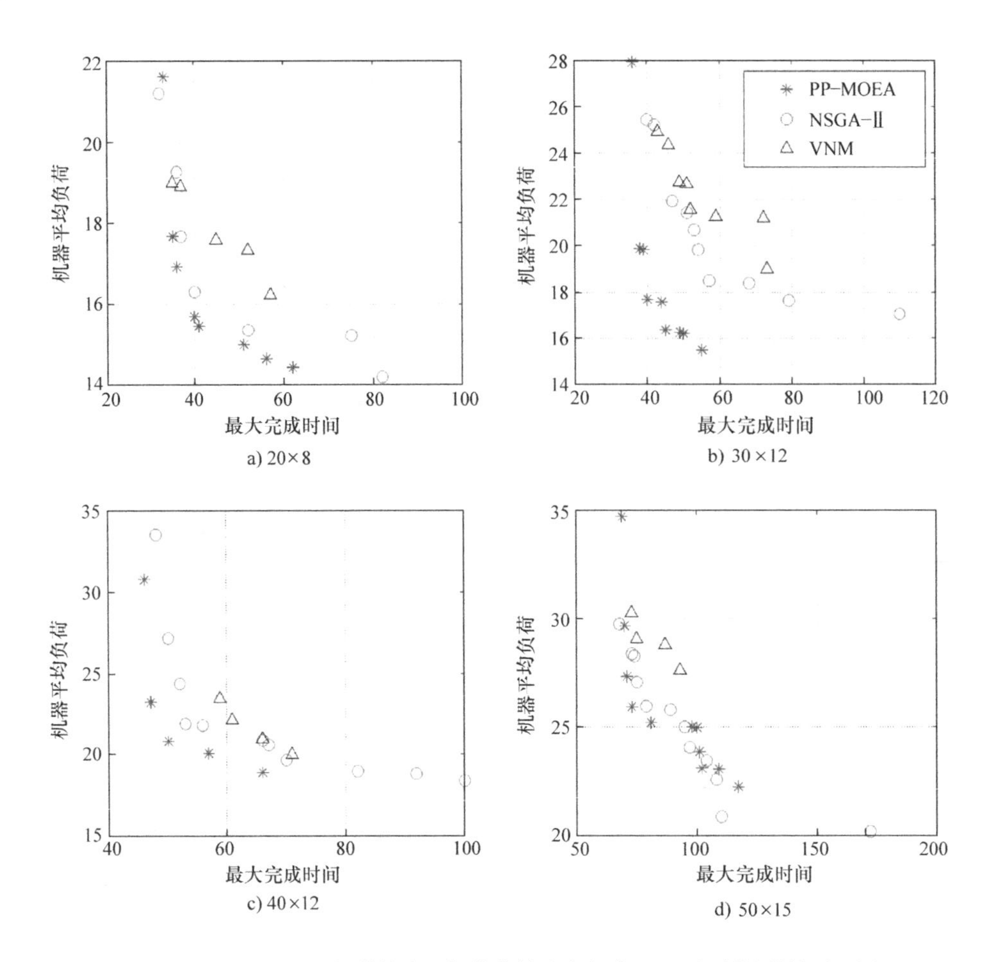

图 14-9　PP－MOEA 与其他多目标优化算法在解决 TTSP 问题的前沿对比图

杂度更高，没有充分发挥精简非支配排序策略的优势。另外，只是单纯的根据时间序列，通过预测模型得到下一代解的位置，也没有充分利用搜索信息。因此，PP－MOEA 不管从效率还是收敛性方面都值得进一步研究。

14.4.3　多目标变尺度搜索算法的性能分析

在 PP－MOEA 的基础上，MOVS 算法使用了简洁的递推方程实现了历史信息的利用，同时兼顾了粗搜与精搜策略的结合，增加了算法的适应性。将该算法应用到三个 Job－based 类调度问题分析算法的性能表现。

将 MOVS 算法应用于解决 TTSP 问题，与表 14-4 结果相比，其中递推方程的参数配置见表 13-5。另外，中心点的个数不是固定的，而是每一代前沿解的个数。MOVS 与其他多目标优化算法比较的结果见表 14-5。

表 14-5　MOVS 与其他多目标优化算法在解决 TTSP 问题的比较情况

实例	HV	NSGA－II	VNM	PP－MOEA	MOVS
20×8	均值	2.8135e3	2.5790e3	2.9651e3	***2.9932e3***
	方差	4.1715e3	2.4034e4	***2.7384e3***	5.5609e3

（续）

实例	HV	NSGA - II	VNM	PP - MOEA	MOVS
30×12	均值	2.9621e3	2.6348e3	3.1372e3	***3.2597e3***
	方差	1.1129e4	***4.2399e3***	1.3998e4	7.9393e3
40×12	均值	3.3072e3	3.1174e3	3.4252e3	***3.7784e3***
	方差	2.5621e4	3.8665e4	1.5059e4	***1.4588e4***
50×15	均值	4.8358e3	4.2486e3	4.6542e3	***5.3973e3***
	方差	3.1217e4	7.8373e4	***1.1229e4***	2.1440e4

从 HV 指标上看，基于递推方程的多目标优化算法在 TTSP 各个规模的表现性能都明显优于其他多目标优化算法，而且稳定性比较好，这说明了递推方程充分发挥了问题特性的优势。MOVS 与其他多目标优化算法的前沿对比如图 14-10 所示，MOVS 得到的前沿明显地更接近真实前沿，在目标空间的分布性也是较为多样和均匀的。综合从指标和前沿对比图，可知 MOVS 在性能上极大地提高了算法的收敛性，使得算法找到了更收敛的前沿解集。

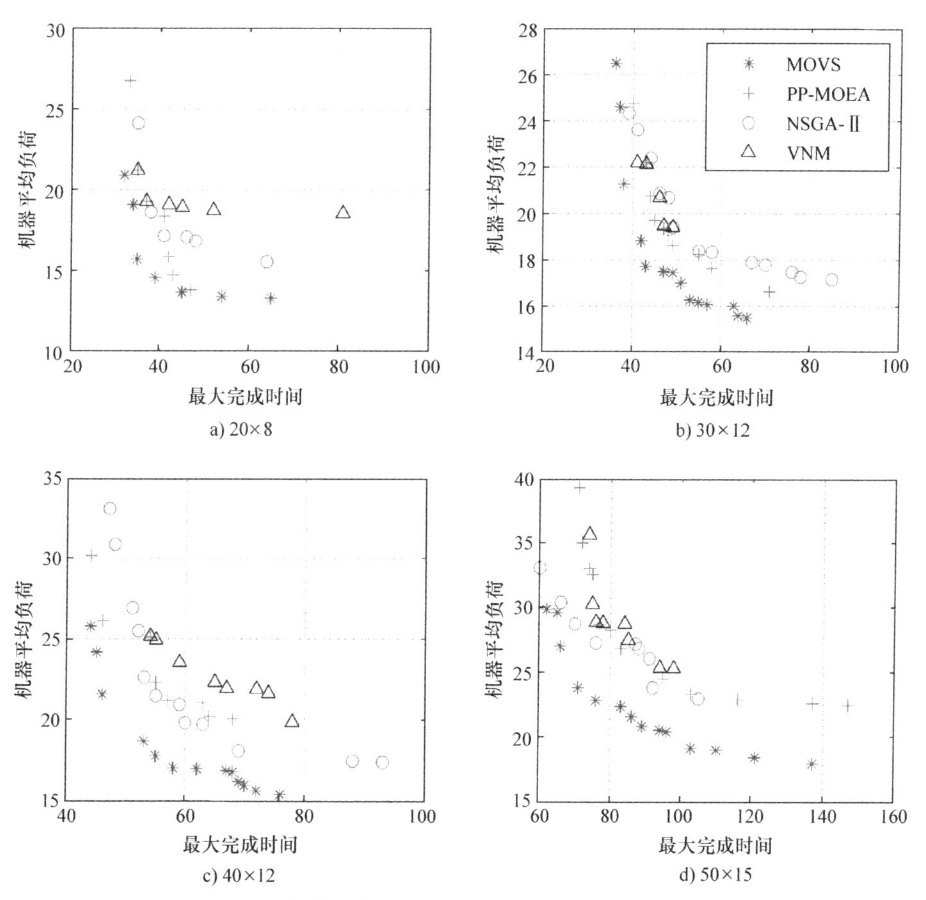

图 14-10　MOVS 与其他多目标优化算法在解决 TTSP 问题的前沿对比图

从分析可知，MOVS 与其他算法的对比过程中取得了最优的性能表现，将该算法应用于 FJSP 和 UPMSP 问题，并且与其他两个多目标优化算法相比。所有实例的种群数量都是 100，迭代次数都是 250，其他的参数配置与表 14-3 一致。

表 14-6 MOVS 与其他多目标优化算法在解决 FJSP 和 PMSP 问题的比较情况

问题	案例	HV	NSGA - II	VNM	MOVS
FJSP	15 × 3	均值	1. 6369e5	1. 5047e5	***2. 6836e5***
		方差	3. 8474e8	7. 8003e8	***7. 0678e7***
	15 × 4	均值	7. 8873e4	6. 2027e4	***1. 4652e5***
		方差	7. 6407e7	2. 3983e8	***1. 9865e8***
	20 × 3	均值	2. 5230e5	1. 4857e5	***5. 2805e5***
		方差	7. 3279e8	6. 0519e9	***2. 7925e9***
	20 × 4	均值	1. 8000e5	1. 6161e5	***4. 0828e5***
		方差	1. 3317e9	1. 9267e9	***6. 8903e8***
UPMSP	20 × 10	均值	3. 0245e3	3. 5107e3	***4. 4985e3***
		方差	6. 8853e4	***2. 7911e4***	3. 8833e4
	30 × 10	均值	4. 4744e3	5. 3834e3	***6. 0511e3***
		方差	1. 0518e5	***7. 9967e3***	6. 7131e4
	40 × 15	均值	2. 0552e4	2. 4055e4	***2. 9172e4***
		方差	4. 8111e6	4. 2209e6	***2. 5660e6***
	50 × 15	均值	3. 7875e4	4. 3920e4	***4. 6198e4***
		方差	5. 2559e6	4. 1305e6	***4. 0779e6***

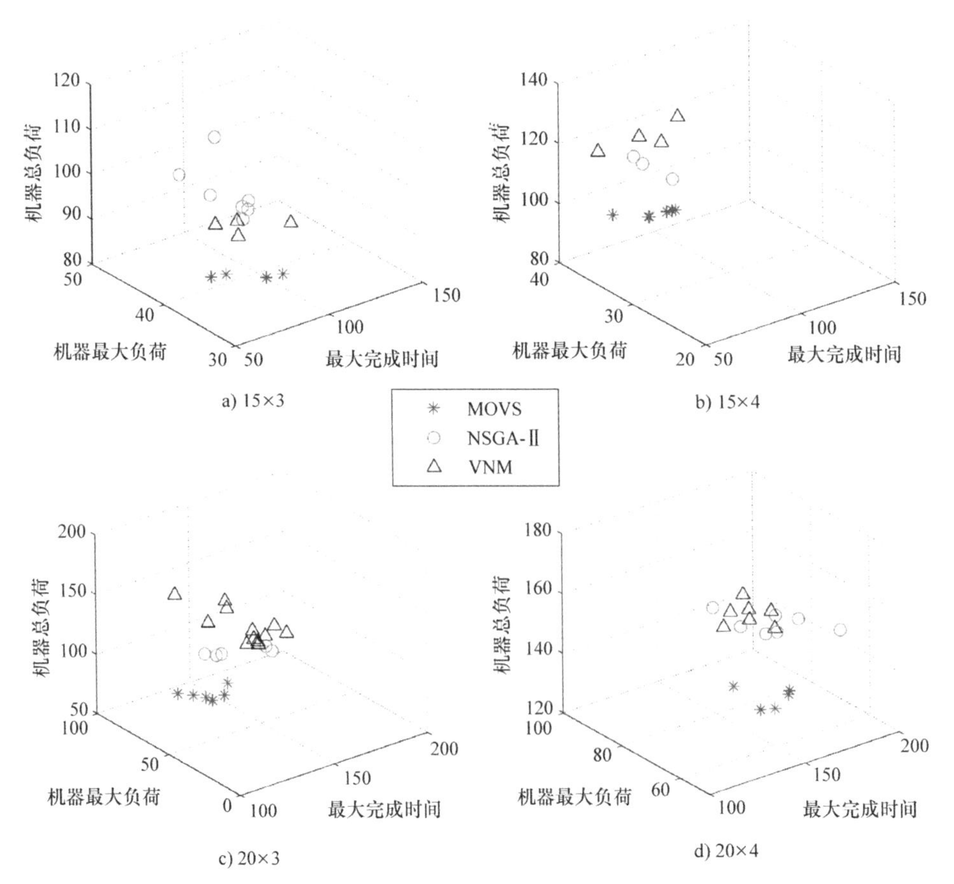

图 14-11 MOVS 与其他多目标优化算法在解决 FJSP 问题的前沿对比图

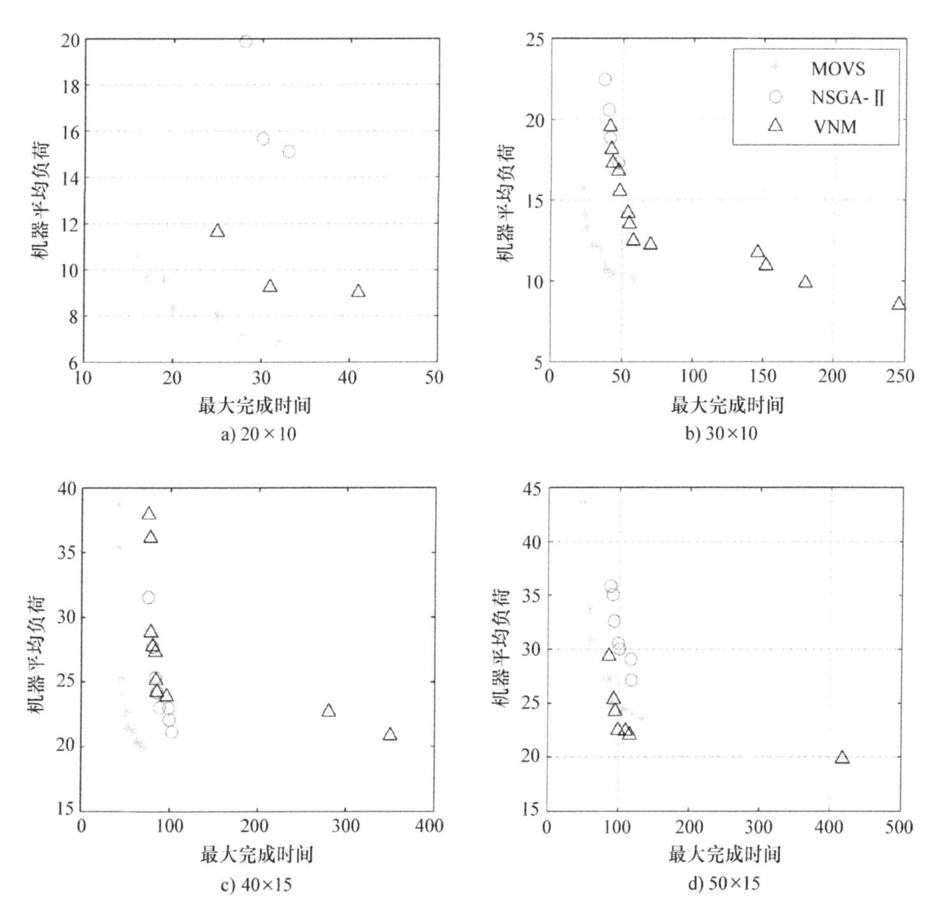

图 14-12　MOVS 与其他多目标优化算法在解决 UPMSP 问题的前沿对比图

算法对比的情况展示在表 14-6 中，通过分析可知，MOVS 在 FJSP 和 UPMSP 所有的实例上都取得了更大的平均 HV 值，这说明了整体上的 MOVS 搜索到了更接近真实前沿的解集。从方差的角度来看，MOVS 在大部分实例中表现较好，只有部分实例中表现中等，说明算法是相对稳定的。另外，从图 14-11 和图 14-12 的前沿对比图也可以看出，MOVS 得到的前沿解集更收敛。这说明 MOVS 可以有效应用于 Job - based 类调度问题，并且性能表现相对于已有的经典多目标优化算法更优。

14.4.4　前沿点数目的调参

将上述基于前沿分布的适应性控制调参方法，用于求解多目标 Job - based 类调度问题，然后与未调参之前的对比结果见表 14-7。

表 14-7　多目标变尺度搜索算法前沿点数目调参情况的对比

问题	案例	均值（前）	方差（前）	均值（后）	方差（后）
UPMSP	20×8	***2. 9932e3***	***5. 5609e3***	2. 9702e3	5. 7595e3
	30×12	3. 2597e3	7. 9393e3	***3. 2801e3***	***7. 4650e3***
TTSP	40×12	3. 7784e3	1. 4588e4	***3. 8605e3***	***1. 0801e4***
	50×15	5. 3973e3	***2. 1440e4***	***5. 4519e3***	2. 3626e4

（续）

问题	案例	均值（前）	方差（前）	均值（后）	方差（后）
FJSP	15 ×3	2. 6836e5	***7. 0678e7***	***2. 7831e5***	1. 1488e8
	15 ×4	1. 4652e5	1. 9865e8	***1. 5839e5***	***1. 0574e8***
	20 ×3	5. 2805e5	2. 7925e9	***5. 4434e5***	***2. 5953e9***
	20 ×4	4. 0828e5	***6. 8903e8***	***4. 1174e5***	7. 2566e8
UPMSP	20 ×10	4. 4985e3	***3. 8833e4***	***4. 6137e3***	3. 9737e4
	30 ×10	6. 0511e3	6. 7131e4	***6. 2085e3***	***1. 7612e4***
	40 ×15	2. 9172e4	2. 5660e6	***2. 9748e4***	***1. 6071e6***
	50 ×15	4. 6198e4	4. 0779e6	***4. 8714e4***	***2. 6854e6***

从 HV 指标的平均性能来看，调整前沿点数目之后的结果在大部分实例上都取得了更好的性能表现，而且从数值上来看，优势是明显的，说明调整中心点数目提高了种群的多样性，最终获得前沿解集更加收敛。另外，从方差的角度来看，超过半数的案例上取得了更优的稳定性，减少了前沿解集数量少和分布性不好的情况出现的概率。综上所述，基于多目标前沿分布的适应性参数控制方法整体上提高了搜索到前沿的整体性能。

14.5 本章小结

本章重点对多目标 Job - based 类调度问题展开研究工作，对多目标 Job - based 调度问题的问题特性进行了分析，并探讨其对优化算法的具体需求。基于分析结果，重点对基于前沿预测理论的调度算法进行阐述，对其变尺度搜索策略、去重策略等进行了介绍，并探讨了利用适应度地形参数作为反馈量的多目标调度方法的参数自适应控制方法。基于上述理论研究，对测试任务调度问题、柔性车间调度问题和并行机调度问题进行求解，给出相应的仿真结果以及性能分析。

参考文献

[1] Lu Hui, Niu Ruiyao, Liu Jing, et al. A chaotic non - dominated sorting genetic algorithm for the multi - objective automatic test task scheduling problem [J]. Applied Soft Computing, 2013, 13 (5): 2790 - 2802.

[2] Lu Hui, Zhu Zheng, Wang Xiaoteng, et al. A variable neighborhood MOEA/D for multiobjectivetest task scheduling problem [J]. Mathematical Problems in Engineering, 2014: 1 - 14.

[3] Luo Jianping, Yang Yun, Li Xia, et al. A decomposition - based multi - objective evolutionary algorithm with quality indicator [J]. Swarm and Evolutionary Computation, 2018 (39): 339 - 355.

[4] WOLPERT D H, MACREADY W G. No free lunch theorems for optimization [J]. IEEE Transactions on Evolutionary Computation, 1997, 1 (1): 67 - 82.

[5] Hu Ziyu, Yang Jinming, Sun Hao, et al. An improved multi - objective evolutionary algorithm based on environmental and history information [J]. Neurocomputing, 2017 (222): 170 - 182.

[6] Bao Chunteng, Xu Lihong, GOODMAN E D, et al. A novel non - dominated sorting algorithm for evolutionary multi - objective optimization [J]. Journal of Computational Science, 2017 (23): 31 - 43.

[7] DEB K, AGRAWAL S, PRATAP A, et al. A Fast Elitist non - dominated sorting genetic algorithm for multi - objective optimisation: NSGA - II [C]. In: Schoenauer M, et al. (Eds), Parallel Problem Solving from Na-

ture PPSN VI. PPSN 2000. Lecture Notes in Computer Science, vol 1917. Springer, Berlin, Heidelberg, 2000.

[8] HATZAKIS I, WALLACE D. Dynamic multi - objective optimization with evolutionary algorithms: a forward - looking approach [C]. Proceedings of the 8th annual conference on Genetic and evolutionary computation. Seattle, Washington, USA; ACM. 2006: 1201 - 1208.

[9] Zhou Aimin, Jin Yaochu, Zhang Qingfu, et al. Prediction - based population re - initialization for evolutionary dynamic multi - objective optimization [C]. Proceedings of the 4th international conference on Evolutionary multi - criterion optimization. Matsushima, Japan; Springer - Verlag. 2007: 832 - 846.

[10] Zhou Aimin, Jin Yaochu, Zhang Qingfu. A Population Prediction Strategy for Evolutionary Dynamic Multiobjective Optimization [J]. IEEE Transactions on Cybernetics, 2014, 44 (1): 40 - 53.

[11] KOO W T, GOH C K, TAN K C. A predictive gradient strategy for multiobjective evolutionary algorithms in a fast changing environment [J]. Memetic Computing, 2010, 2 (2): 87 - 110.

[12] Zhong Huang. Trend Prediction Model Based Multi - Objective Estimation of Distribution Algorithm [J]. Artificial Intelligence and Robotics Research, 2016, 05 (01): 1 - 12.

[13] 彭星光, 徐德民, 高晓光. 基于 Pareto 解集关联与预测的动态多目标进化算法 [J]. 控制与决策, 2011, (04): 615 - 618.

[14] 武燕, 刘小雄, 池程芝. 动态多目标优化的预测遗传算法 [J]. 控制与决策, 2013 (05): 677 - 682.

[15] 彭舟. 动态环境下多目标进化优化的预测和保持种群多样性策略研究 [D]. 湘潭: 湘潭大学, 2015.

[16] 丁进良, 杨翠娥, 陈立鹏, 等. 基于参考点预测的动态多目标优化算法 [J]. 自动化学报, 2017, (02): 313 - 320.

[17] 喻果. 基于分解的偏好多目标进化算法及其评价指标的研究 [D]. 湘潭: 湘潭大学, 2015.

[18] Zhang Qingfu, Li Hui. MOEA/D: A Multiobjective Evolutionary Algorithm Based on Decomposition [J]. IEEE Transactions on Evolutionary Computation, 2007, 11 (6): 712 - 731.

[19] Lu Hui, Zhou Rongrong, Cheng Shi, et al. Multi - center variable - scale search algorithm for combinatorial optimization problems with the multimodal property [J]. Applied Soft Computing, 2019 (84): 105726.

第 15 章 调度问题的集成分析平台

为了实现基于适应度地形分析的调度问题求解框架的仿真验证，且为后续其他优化算法研究和其他调度问题的求解提供支撑，本章探讨集适度地形分析，调度算法以及参数控制为一体的平台设计调度仿真平台。下面将从调度平台的需求分析、架构设计和原型平台三方面进行介绍。

15.1 需求分析

为了增加调度平台的通用性，该平台面向调度问题的选择，可以增加其他调度问题进行测试验证。平台主要集成选择与产生实例、适应度地形分析、参数调整及调度规划等模块，最终呈现出最优的调度方案给用户，为调度问题提供策略支持。在 TTSP、FJSP 以及 UPMSP 中，任务排序和资源选择的方式众多，特别是规模增大时，很难人为地确定较优的解决方案。另外，用户对不同调度问题的性质也没有清晰地认识，因此需要调度仿真平台提供适应度地形分析，快速了解问题特性，根据实际需求，完成单目标和多目标的调度优化，得到较优的调度结果。该平台的主要功能有：

1）调度平台的运行管理：启动、切换、设置和终止各模块的运行，各模块之间的协同管理。

2）调度实例的管理：选择不同调度问题对应不同的测试实例可供选择，新实例的参数配置及产生，调度实例可供其他模块使用。

3）适应度地形分析：根据选择的调度实例，配置分析方式遍历或者采样，采样方式需要配置参数，从时域、频域和空间分析地形并展示，计算特征参数。

4）参数配置：根据不同的算法配置相应的参数，可以选择进行了参数调整的调度优化算法。

5）调度规划：根据选择的实例和配置的参数，运行调度算法，输出最优结果和调度甘特图，如果是多次运行，附加输出平均调度结果。对于多目标调度优化结果，显示算法得到的 Pareto（帕累托）前沿，用户可以决策选择某一种方案，并且同时显示该方案的调度甘特图。

15.2 架构设计

为了直观地展示基于适应度地形的调度求解框架的有效性，本章基于 MATLAB 搭建通用的调度仿真原型平台。该平台的整体架构如图 15-1 所示。

在图 15-1 中，该原型平台主要包括三个模块，分别是调度实例的选择和产生模块、适应度地形分析模块以及调度规划模块，其中在调度规划模块还包括算法的参数调整模块。在平台中，首先选择需要仿真的调度问题和实例，实例包括存储在平台中的测试用例和随机产

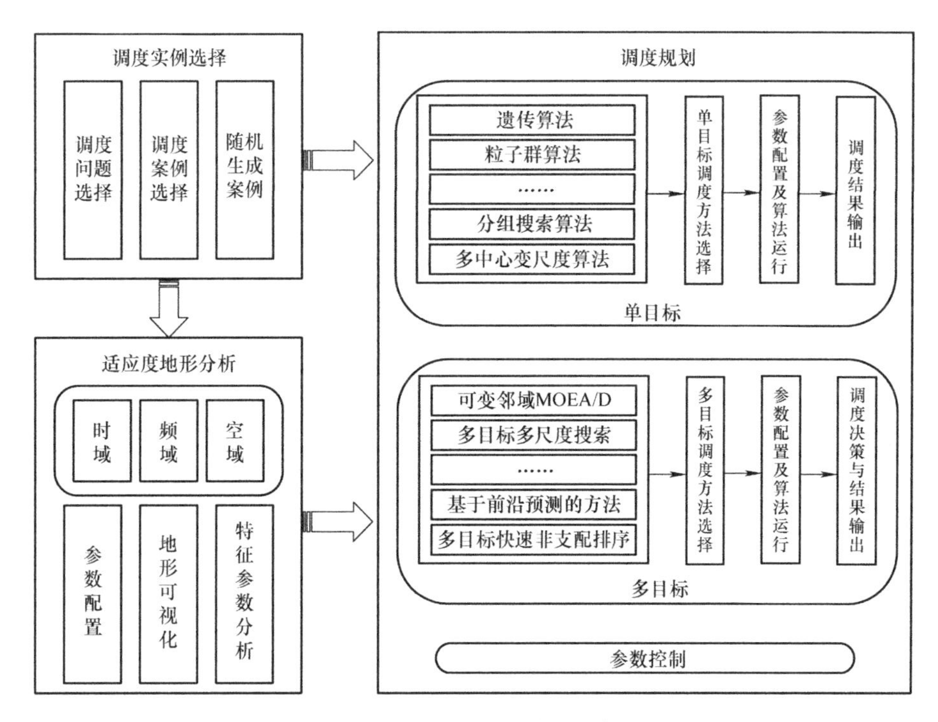

图 15-1　调度问题集成分析平台架构

生的新实例。然后，在适应度地形分析模块需要配置时域、频域和空域分析的方法和参数，根据不同的选择，展示出适应度地形分析的可视化结果和特征参数。最后，在调度规划模块，根据实际需求，选择单目标和多目标优化算法，对应不同的算法配置相应的参数，还可以选择进行参数调整的优化算法，然后运行算法得到最终的调度结果，展示调度甘特图。

15.2.1　实例选择与产生模块

该模块主要负责选择需要进行仿真的测试案例，首先需要选择调度问题，然后选择相应的调度实例，此调度实例不仅包括标准的测试案例，而且可以是根据用户的需求随机产生的新案例。此仿真验证平台包括三个调度问题，因此所有的功能都分别可供不同的调度问题进行选择。实例选择的界面如图 15-2 所示，TTSP 问题产生新实例的参数配置界面如图 15-3 所示。

1）调度问题的选择：根据用户的需求，选择需要进行仿真分析的调度问题。

2）调度实例的选择：根据已经选择的调度问题，用户选择不同的测试实例，也可以选择随机产生实例的方法。

3）产生新实例：根据不同的问题，出现不同的参数配置界面。用户输入相应的参数，并且满足一定的条件，就可以产生新案例。另外，设置了确定、重置、取消和主页四个选项，可以方便用户进行各种操作。对新实例产生的结果也做了一定的检查与反馈，产生实例成功或者失败都会出现相应的提示框。

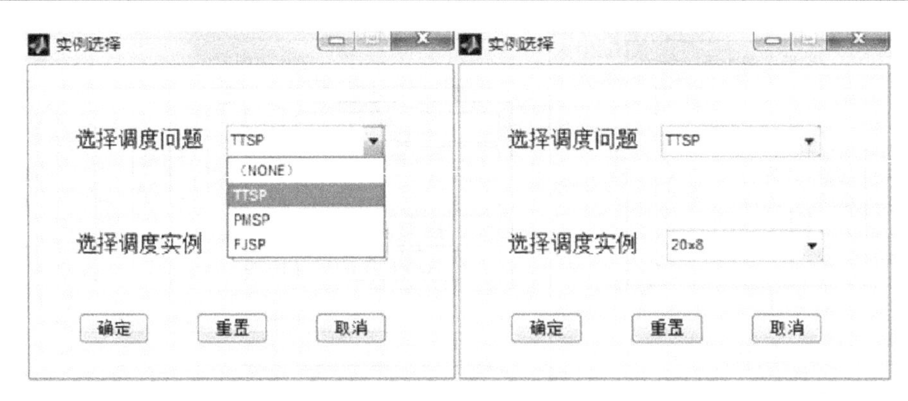

图 15-2　实例选择的界面

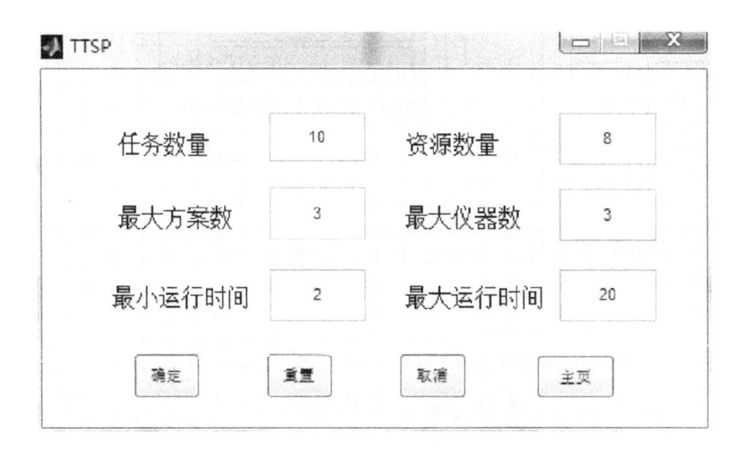

图 15-3　TTSP 新实例产生的参数配置界面

15.2.2　适应度地形分析模块

该模块的主要功能是对已经选择的测试案例进行适应度地形分析，具体包括基本配置、可视化结果以及特征参数分析结果展示、相似性分析等几个部分。适应度地形分析模块的界面如图 15-4 所示。

1）基本配置：时域和频域适应度地形分析中的高频阈值和中频阈值，解获取的方式包括遍历和采样，如果选择了采样的方式，还需要设置采样点数。同理，空域适应度地形的分析方法需要选择可视化的形式，包括整体地形和区域采样，如果选择了区域采样的方式，也需要设置采样点数。

2）地形分析结果可视化：分别从时域、频域和空域三个部分展示地形分析的结果。时域分析展示解空间遍历或者采样的时序结果，频域分析展现的是频谱图，空域分析直接展示空间地形。

3）特征参数分析：通过对测试实例的适应度地形分析，将时域、频域和空域的特征参数计算结果分别输出到屏幕上，方便分析问题特性。

4）相似性分析：适应度地形分析部分还提供了对于两个不同测试实例相似性的分析，主要从时域和频域两个方面的特征参数比较，得出相似性程度，具体界面如图 15-5 所示。

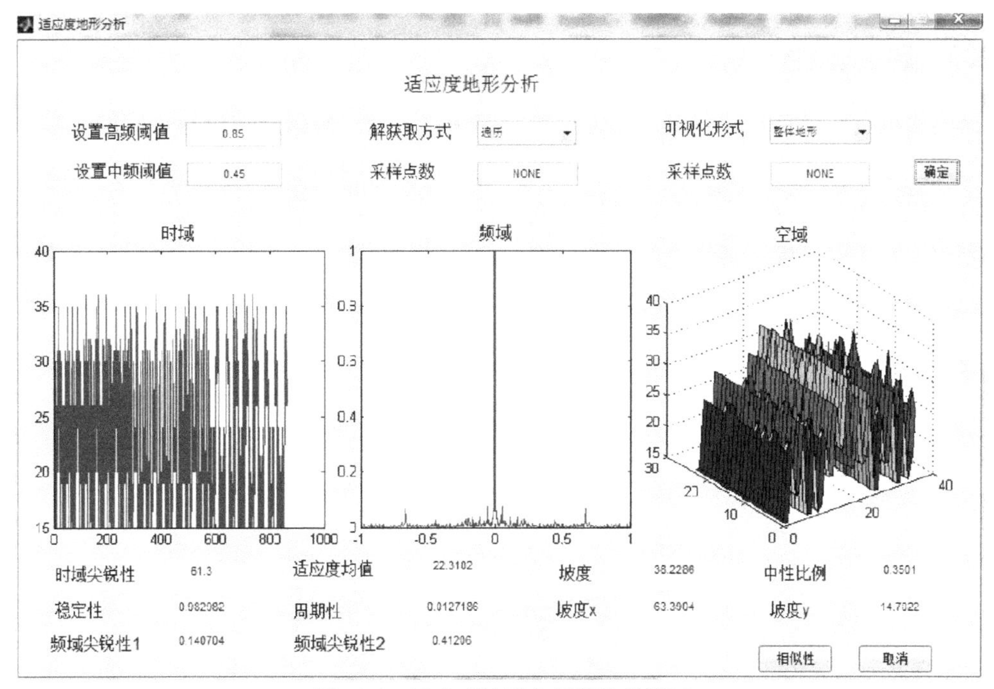

图 15-4　适应度地形分析模块的界面

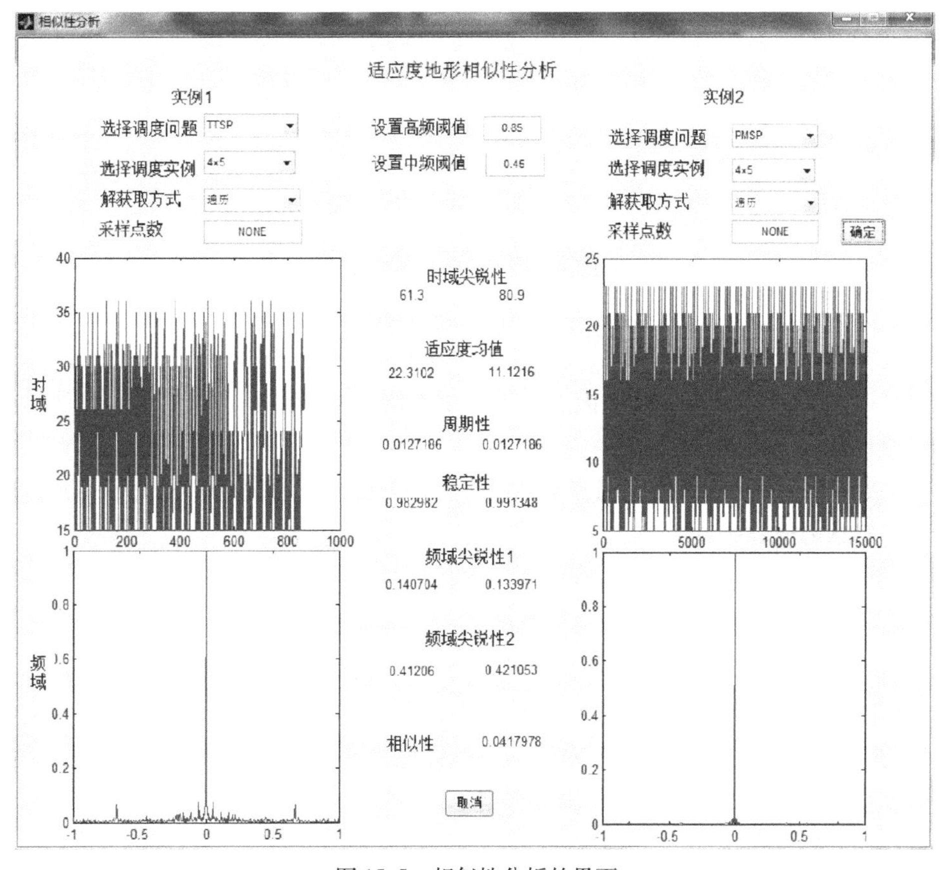

图 15-5　相似性分析的界面

15.2.3　调度规划模块

该模块负责的是单目标和多目标优化算法的仿真，用户根据需求选择相应的算法。算法仿真的部分包括基本的参数设置、算法运行与输出结果，特别地是，如果需要进行参数控制，可以选择相应的方法。对于单目标调度优化结果，展示的是最优的调度甘特图和最优的适应度值。对于多目标调度优化的结果，展示的是 Pareto 前沿，用户可以根据自己的需求选择不同的调度方案，最终的调度甘特图也会相应地给出。调度算法选择的界面如图 15-6 所示。

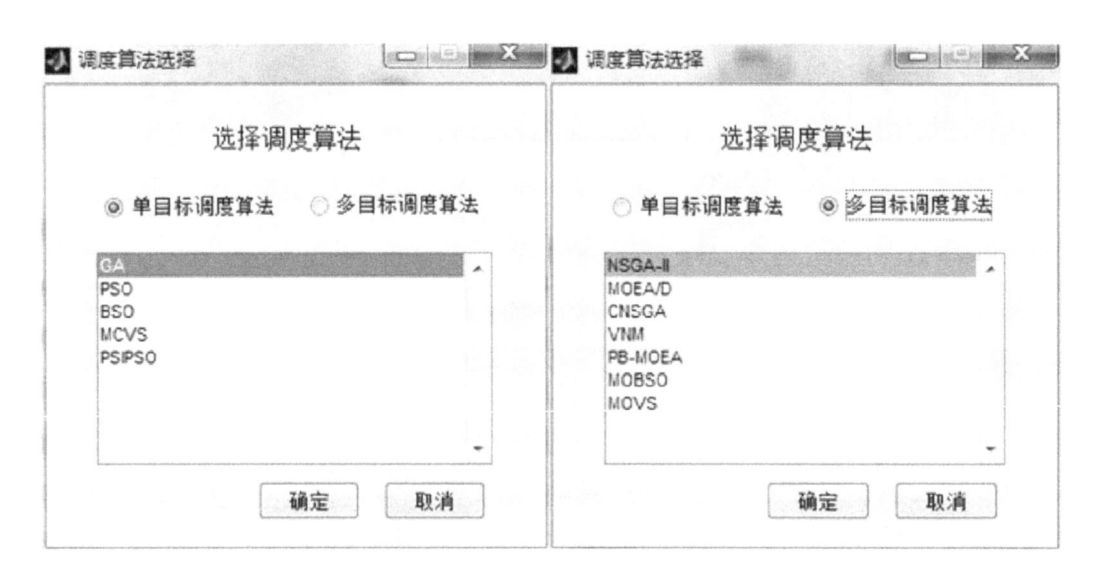

图 15-6　调度算法选择的界面

该仿真验证平台包含多种调度优化算法，因此分别选择单目标调度算法中的 GA 和多目标优化算法中的 PB - MOEA 进行功能展示，分别如图 15-7 和图 15-8 所示。算法的仿真验证部分主要包括以下几点：

1）参数配置：不同的算法有相应不同的参数，需要进行手动配置。为了用户方便，平台也给出了默认的经验参数。

2）参数控制：如果有算法的参数使用了参数控制的方法，用户也可以选择相应的方法进行仿真。

3）算法运行：算法运行需要一定的时间，界面上设置了提示框给出进度提示。

4）输出结果：对于单目标优化，给出一次运行的最优结果，并给出相应的调度图。如果多次运行，则增加一个平均结果。对于多目标优化，不仅给出 Pareto（帕累托）前沿，而且用户根据自己的偏好，选择合适的调度方案。

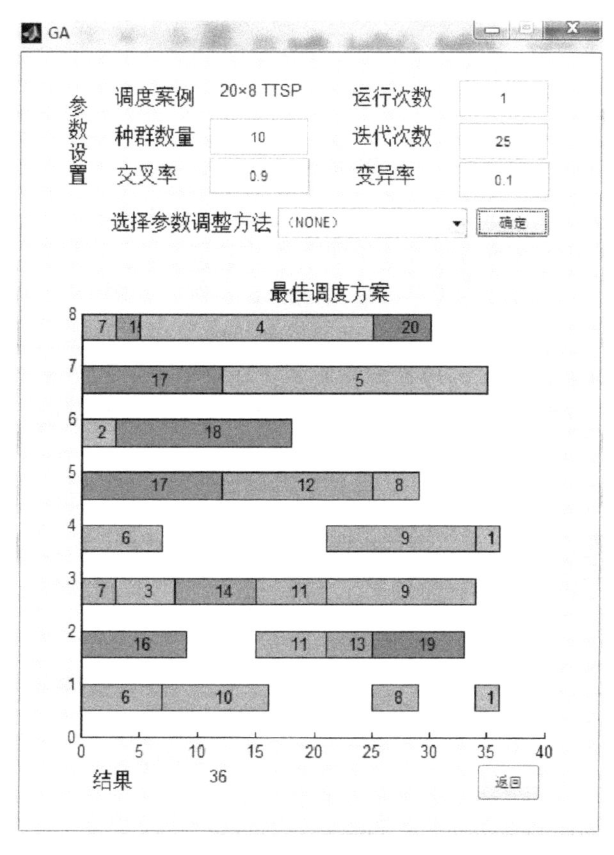

图 15-7　单目标调度优化算法的界面

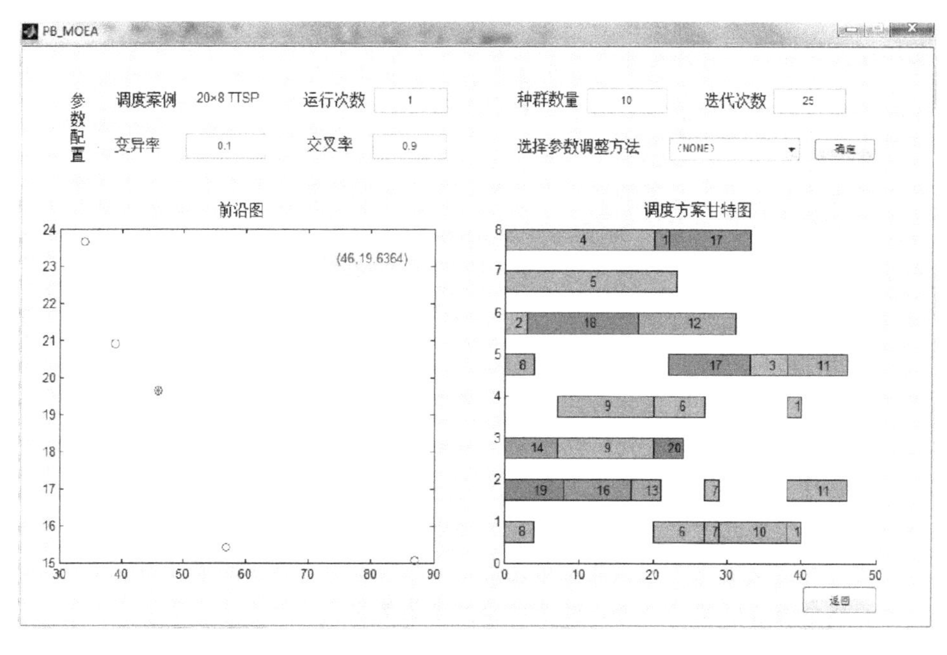

图 15-8　多目标调度优化算法的界面

15.3　原型平台

下面以20×8的TTSP为例，分别使用MCVS与MOVS算法进行仿真验证来展示该平台的功能。

首先，从如图15-9所示的调度仿真验证平台的功能选择界面和调度实例，进入调度问题和调度实例的选择，这里选择TTSP问题的20×8实例，如图15-2所示。

其次，可以在功能选择界面进入适应度地形分析模块或者调度算法模块。在地形分析模块，由于选择实例的规模较大，所以在解获取方式和可视化地形时都选择了采样的方法，这里可以设置采样点数。当确认了基本的配置，适应度地形可视化和特征参数分析的结果如15-10所示，该界面不仅展示了时域的采样序列和频域的频谱图，而且展示了空间适应度地形，这样对问题的特性就有了一个直观地了解。另外，从时域、频域和空域三个维度的特征参数分析，反映了问题的崎岖性、中性和尖锐性等特性。因此，该适应度地形分析模块不仅从多方面对问题进行了深入分析，而且提出了可视化地形与特征参数共同分析的方法，避免了可能出现的误判情况。

然后，在算法的性能分析部分主要包括单目标和多目标调度优化算法两个部分，这里选择两个算法举例演示一下算法的仿真。另外，参数控制的模块是内嵌在各个算法中的，可以在界面上选择是否选用经过参数调整的算法，选用哪一种参数调整的方法。如图15-11所示，界面主要分为参数配置和调度结果输出部分。

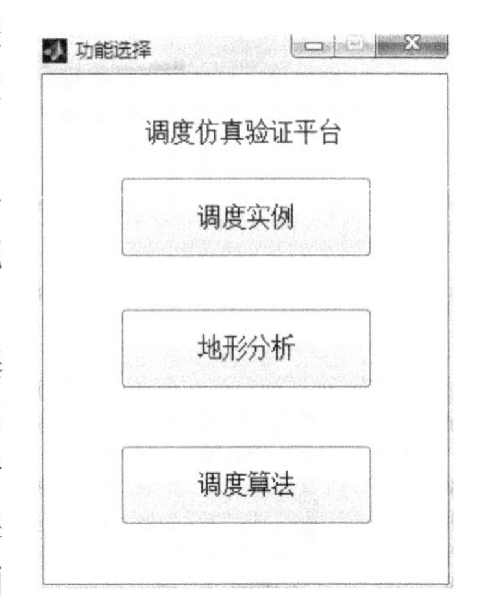

图15-9　调度仿真验证平台的功能选择界面

每个算法有不同的参数需要配置，对于MCVS来说，基本的参数包括种群数量、迭代次数、中心数和迭代方程的系数，同样地也有可以选择参数调整方法。确认好参数，运行算法需要等待一段时间后，调度结果的输出一个是优化结果的数值显示，另一个是调度方案的展示，这样可以直接给用户一个可行的优化方案。另外，为了得到算法的平均性能，该界面还设置了运行次数这个参数，只要将运行次数设置为多次，就会出现多次算法运行结果的平均值和最优值，并且调度方案也会展示最优的调度结果，便于用户进行仿真分析。

同样地，对于多目标调度优化算法的仿真界面，包括参数配置和调度结果输出。与单目标问题仿真不同的是，多目标优化的结果是Pareto（帕累托）前沿图，用户需要在前沿解集中根据自己的偏好，选择相应的调度方案。图15-12是MOVS算法的仿真的结果，左边是前沿图，用户选择某一个前沿点，就会同时显示该前沿解的值和对应的调度方案。

综上所述，该调度集成平台功能相对完善，实现了从调度实例选择、适应度地形分析到算法仿真验证整个求解框架，为进行调度理论的仿真验证提供了支撑。另外，平台集成了多种调度问题和多种优化算法，采用模块化的架构，支持添加新的调度问题和新的调度算法，可方便地对平台进行扩展，为后续调度问题的研究提供了基础。

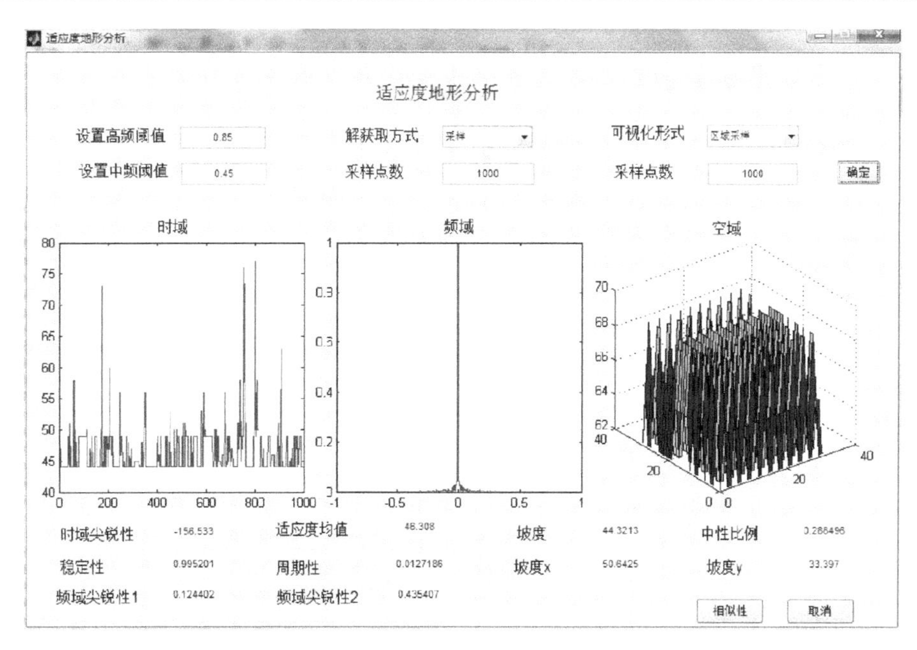

图 15-10　适应度地形分析结果

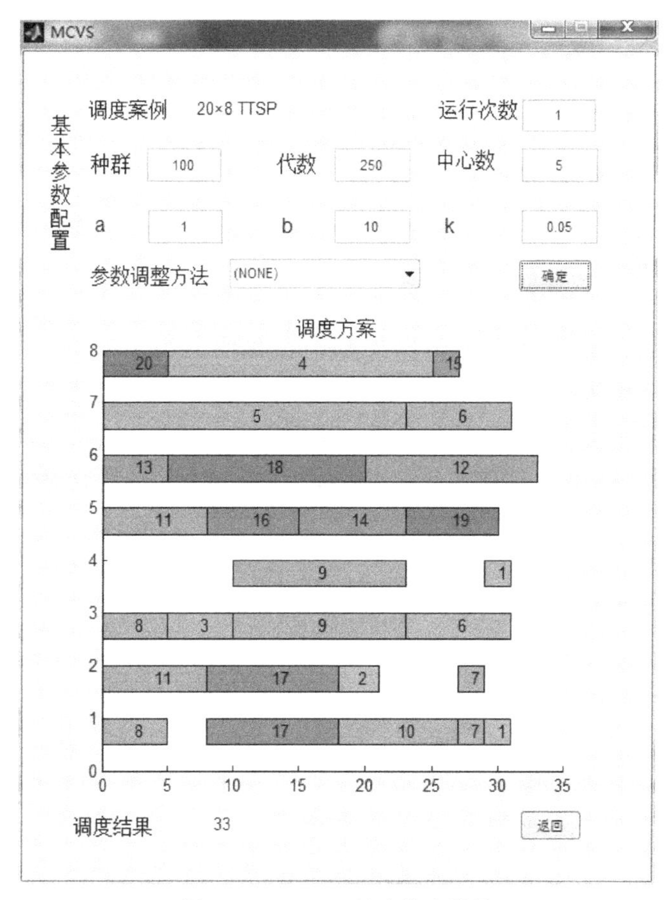

图 15-11　MCVS 算法仿真结果

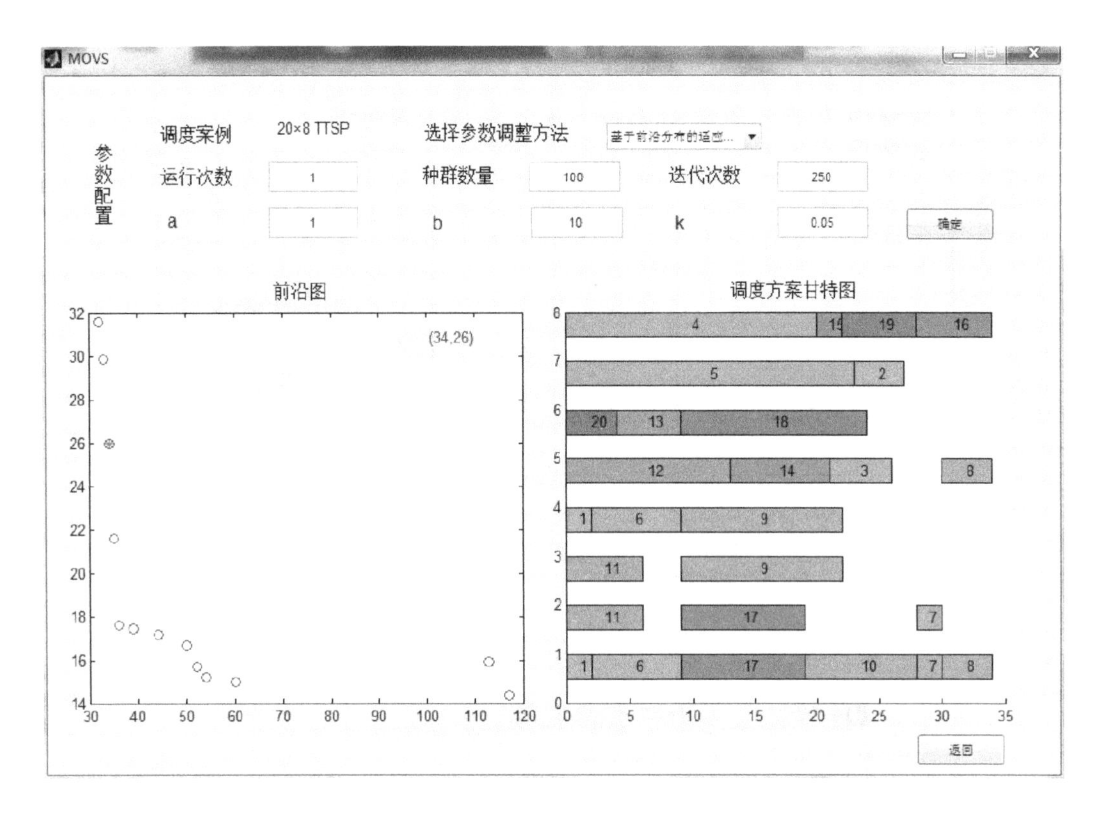

图 15-12　MOVS 算法的仿真结果

15.4　本章小结

本章重点对基于上述理论研究成果以及实际应用结果进行了统筹考虑，构建了调度问题的集成分析平台，分别从调度平台的需求分析、架构设计、模块化设计以及平台运行效果等方面进行了阐述。该平台将适应度地形分析、调度方法、调参方法和实验验证融为一体，形成了扩展性和开放性良好的一体化平台，为后续相关领域技术的研究提供了相应的技术框架和平台支撑。

参考文献

[1] Zhou Rongrong, Lu Hui, Shi Jinhua. A solution framework based on packet scheduling and dispatching rule for job - based scheduling problems [C]. In: Tan Y, Shi Y, Tang Q (Eds.), Advances in Swarm Intelligence. ICSI 2018. Lecture Notes in Computer Science, vol 10942. Springer, Cham, 2018.

[2] Liu Yaxian, Lu Hui. Outlier Detection Algorithm based on SOM Neural Network for Spatial Series Dataset [C]. 10th Internaltional Conference on Advanced Computational Intelligence, Xiamen, China, 2018.

[3] Cheng Shi, Lu Hui, Wu Song, et al. Dynamic Multimodal Optimization Using Brain Storm Optimization Algorithms [C]. International Conference on Bio - Inspired Computing: Theories and Applications, Springer, 2018.

[4] Zhou Qianlin, Lu Hui, Qin Honglei, et al. TS – Preemption Threshold and Priority Optimization for the Process Scheduling in Integrated Modular Avionics [C]. In: He C, Mo H, Pan L, Zhao Y (Eds.), Bio – inspired Computing: Theories and Applications. BIC – TA 2017. Communications in Computer and Information Science, vol 791. Springer, 2017: 9 – 23.

[5] Zhou Qianlin, Lu Hui, Shi Jinhua, et al. The Analysis of Strategy for the Boundary Restriction in Particle Swarm Optimization Algorithm [C]. In: Tan Y, Takagi H, Shi Y (Eds.), Advances in Swarm Intelligence. ICSI 2017. Lecture Notes in Computer Science, vol 10385. Springer, Cham, 2017.

[6] Shi Jinhua, Lu Hui, Mao Kefei. Solving the test task scheduling problem with a genetic algorithm based on the scheme choice rule [C]. In: Tan Y, Shi Y, Li L (Eds.), Advances in Swarm Intelligence. ICSI 2016. Lecture Notes in Computer Science, vol 9713. Springer, Cham, 2016: 19 – 27.

[7] Lu Hui, Zhou Rongrong, Fei Zongming, et al. Spatial – domain fitness landscape analysis for combinatorial optimization [J]. Information Sciences, 2019 (472): 126 – 144.

[8] Lu Hui, Liu Yaxian, Fei Zongming, et al. An outlier detection algorithm based on cross – correlation analysis for time series dataset [J]. IEEE Access, 2018: 53593 – 53610.

[9] Lu Hui, Zhou Qianlin, Fei Zongming, et al. Scheduling based on Interruption Analysis and PSO for Strictly Periodic and Preemptive Partitions in Integrated Modular Avionics [J]. IEEE Access, 2018, 6 (1): 13523 – 13540.

[10] Lu Hui, Zhou Rongrong, Fei Zongming, et al. A multi – objective evolutionary algorithm based on Pareto prediction for automatic test task scheduling problems [J]. Applied Soft Computing, 2018 (6): 394 – 412.

[11] Lu Hui, Shi Jinhua, Fei Zongming, et al. Analysis of the similarities and differences of job – based scheduling problems [J]. European Journal of Operational Research, 2018, 270 (3): 809 – 825.

[12] Cheng Shi, Lu Hui, Lei Xiujuan, et al. A quarter century of particle swarm optimization [J]. Complex & Intelligent Systems, 2018 (4): 227 – 239.

[13] Lu Hui, Shi Jinhua, Fei Zongming, et al. Measures in the time and frequency domain for fitness landscape analysis of dynamic optimization problems [J]. Applied Soft Computing, 2017 (51): 192 – 208.

[14] Lu Hui, Zhang Mengmeng, Fei Zongming, et al. Multi – objective energy consumption scheduling based on decomposition algorithm with the non – uniform weight vector [J]. Applied Soft Computing, 2016 (39): 223 – 239.

[15] Lu Hui, Zhang Mengmeng, Fei Zongming, et al. Multi – objective energy consumption scheduling in smart grid based on Tchebycheffdecomposition [J]. IEEE Transactions on Smart Grid, 2015, 6 (6): 2869 – 2883.

[16] Lu Hui, Liu Jing, Niu Ruiyao, et al. Fitness distance analysis for parallel genetic algorithm in the test task scheduling problem [J]. Soft Computing, 2014, 18 (12): 2385 – 2396.

[17] Lu Hui, Niu Ruiyao, Liu Jing, et al. A chaotic non – dominated sorting genetic algorithm for the multi – objective automatic test task scheduling problem [J]. Applied Soft Computing, 2013, 13 (5): 2790 – 2802.

[18] Lu Hui, Niu Ruiyao. Constraint – guided methods with evolutionary algorithm for the automatic test task scheduling problem [J]. Chinese Journal of Electronics, 2014, 23 (3): 616 – 620.

[19] Lu Hui, Yin Lijuan, Wang Xiaoteng, et al. Chaotic multiobjectiveevolutionary algorithm based on decomposition for test task scheduling problem [J]. Mathematical Problems in Engineering, 2014.

[20] Lu Hui, Zhu Zheng, Wang Xiaoteng, et al. A variable neighborhood MOEA/D for multiobjectivetest task scheduling problem [J]. Mathematical Problems in Engineering, 2014.

[21] Lu Hui, Wang Xiaoteng, Fei Zongming, et al. The effects of using chaotic map on improving the performance of multi - objective evolutionary algorithms [J]. Mathematical Problems in Engineering, 2014.

[22] Lu Hui, Chen Xiao, Liu Jing. Parallel test task scheduling with constraints based on hybrid particle swarm optimization and taboo search [J]. Chinese Journal of Electronics, 2012, 21 (4) : 615 - 618.